高职高专土建施工与规划园林“十四五”系列教材

园林规划设计

（第二版）

主编 潘冬梅 闻治江
副主编 孙馨 张智勇 陈尚玲
刘金萍 肇丹丹
主审 孟祥彬

华中科技大学出版社
http://press.hust.edu.cn
中国·武汉

内容简介

本书是从工学结合模式的教学需要出发、以培养高素质技能型人才为目标来编写的。本书打破了传统教材的理论体系,根据企业园林规划设计岗位的职业技能要求,以真实的园林设计任务组织教学内容。

本书编写团队由长期从事园林规划设计教学的一线教师和长期从事园林设计工作的一线设计师共同组成,保证每个任务都来自园林设计一线,使学生更紧密地感受和接受设计一线的设计任务,在完成任务的过程中提高职业能力,也更有利于教师实施教、学、做一体化教学。

本书共分八个学习项目:园林绿地构成要素设计、园林规划设计基本理论的应用、城市道路绿地设计、城市广场设计、居住区绿地设计、单位附属绿地规划设计、公园规划设计、屋顶花园规划设计。

本书可供高等职业技术院校园林技术、园艺技术、环境艺术、城市规划专业及相关专业的学生使用,也可供园林绿化工作者和园林爱好者阅读参考。

图书在版编目(CIP)数据

园林规划设计 / 潘冬梅,闻治江主编 . —2 版 . —武汉:华中科技大学出版社,2024.3
ISBN 978-7-5772-0544-1

Ⅰ . ①园… Ⅱ . ①潘… ②闻… Ⅲ . ①园林—规划—教材 ②园林设计—教材 Ⅳ . ① TU986

中国国家版本馆 CIP 数据核字(2024)第 059685 号

园林规划设计(第二版)
Yuanlin Guihua Sheji(Di-er Ban)
潘冬梅 闻治江 主编

策划编辑:袁 冲
责任编辑:刘 静
封面设计:刘 卉
责任监印:朱 玢
出版发行:华中科技大学出版社(中国·武汉) 电话:(027)81321913
武汉市东湖新技术开发区华工科技园 邮编:430223
录 排:武汉创易图文工作室
印 刷:武汉科源印刷设计有限公司
开 本:889 mm × 1194 mm 1/16
印 张:18
字 数:550 千字
版 次:2024 年 3 月第 2 版第 1 次印刷
定 价:59.00 元

编审委员会名单

■ 主　编　潘冬梅　闻治江

■ 副主编　孙　馨　张智勇　陈尚玲　刘金萍　肇丹丹

■ 编　者　(以姓氏笔画为序)

于江跃(唐山市城市发展集团有限公司)
王毅承(北京京林一诚生态工程技术有限公司)
朱惠英(苏州洁美生态环境建设工程有限公司)
刘金萍(黑龙江农业职业技术学院)
孙　馨(唐山园林规划设计研究院)
李庆华(山西林业职业技术学院)
张玉芹(唐山职业技术学院)
张智勇(宣城职业技术学院)
陈尚玲(广西生态工程职业技术学院)
孟雪松(北京市公园管理中心)
赵丽薇(唐山职业技术学院)
郝　嘉(唐山职业技术学院)
闻治江(芜湖职业技术学院)
徐景贤(唐山职业技术学院)
肇丹丹(唐山职业技术学院)
潘冬梅(唐山职业技术学院)

■ 主　审　孟祥彬(中国农业大学)

前言 QIANYAN

园林规划设计是高职高专园林技术专业的一门专业必修课，也是该专业的学生从初学者成长为有能力的园林设计岗位人才过程中的一门专业核心课程。本课程的功能是培养学生对城市常见绿地进行规划设计的能力，学生通过学习，应能够独立完成各类园林规划设计图纸的设计、绘制相关的园林设计图纸、编制设计说明书和进行简单的设计概算，同时形成良好的职业素质和自我学习、可持续发展的能力，具备强烈的岗位责任感、精益求精的意识、大局意识和团队合作精神。

本书根据《教育部关于全面提高高等职业教育教学质量的若干意见》(教高〔2006〕16号)文件精神，以培养高素质技能型人才为目标，创设理论与实践一体化的学习情境，以满足工学结合模式的教学需要。本书具有如下特点。

(1)本书根据企业园林规划设计岗位的职业技能要求，分为八个学习项目，每个项目下设学习型工作任务，学习的过程就是完成设计任务的过程。

(2)本书编写团队由教学一线具有“双师”素质的教师和企业一线的园林设计师共同组成，保证每个任务都来自园林设计一线，使学生更紧密地感受和接受设计一线的设计任务，也更有利于教师实施教、学、做一体化教学。

(3)本书的学习项目由浅入深，每个学习型工作任务也由简单到复杂，这样学生的学习是循序渐进的，学生理论知识的提升随着项目由易到难的训练而实现。

(4)为突出技能学习的重点，将引领的设计任务分为两种：一种为园林设计任务，用以引领实践中常用的设计类型；一种为赏析任务，用以引领实践中较少用到的设计类型。

本书可供高等职业技术院校园林技术、园艺技术、环境艺术、城市规划专业及相关专业教学使用，也可供园林绿化工作者和园林爱好者阅读参考。

长期从事园林规划设计教学的一线教师潘冬梅(唐山职业技术学院)、闻治江(芜湖职业技术学院)、郝嘉(唐山职业技术学院)、张智勇(宣城职业技术学院)、陈尚玲(广西生态工程职业技术学院)、刘金萍(黑龙江农业职业技术学院)、李庆华(山西林业职业技术学院)、肇丹丹(唐山职业技术学院)、赵丽薇(唐山职业技术学院)、徐景贤(唐山职业技术学院)、张玉芹(唐山职业技术学院)和来自企业设计一线的朱惠英(苏州洁美生态环境建设工程有限公司)、孙馨(唐山园林规划设计研究院)、于江跃(唐山市城市发展集团有限公司)、孟雪松(北京市公园管理中心)、王毅承(北京京林一诚生态工程技术有限公司)组成编写组，共同承担本书的编写工作。本书由潘冬梅、闻治江共同担任主编。全书由潘冬梅负责统稿。

中国农业大学孟祥彬教授担任主审，在审稿过程中提出了中肯的修改意见，在此衷心地表示感谢。

在编写过程中，我们参考了国内外相关著作、论文，在此向作者深表谢意。由于编者水平有限，书中难免有疏漏错误之处，敬请广大读者和同行批评指正。

编　者

2024年1月

目录 MULU

YUANLIN GUIHUA SHEJI

项目一
园林绿地构成要素设计

YUANLIN
GUIHUA
SHEJI

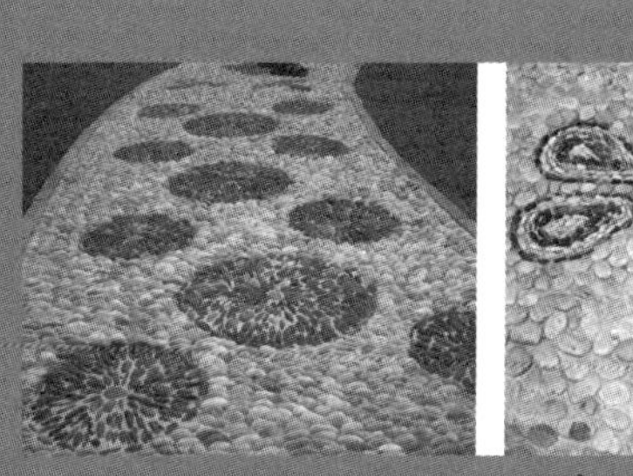

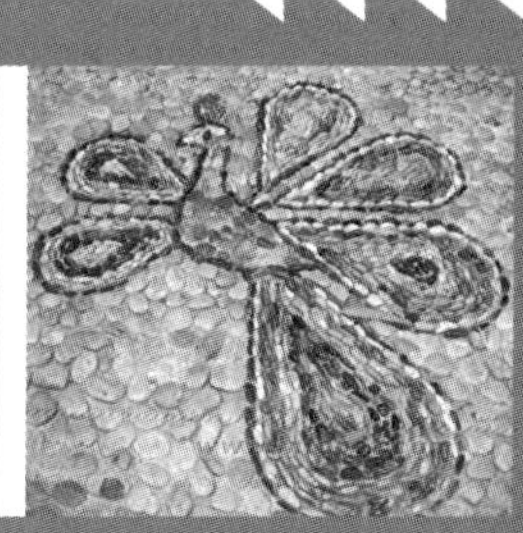

导　语

图 1–1 所示的是承德避暑山庄内的园林景观。作为我国现存最大的皇家园林，承德避暑山庄中的苑景区地形丰富，可分成湖泊区、平原区和山峦区三部分；拥有殿、堂、楼、馆、亭、榭、阁、轩、斋、寺等园林建筑一百余处；各级园路设置巧妙，形成方便的游览线路；园内植物更是许多景区的主角，如康熙定名的三十六景中就有梨花伴月、曲水荷香、青枫绿屿、金莲映日，等等。以上地形、建筑、园路、植物为园林四大要素，巧妙设计并组合成步移景异的园林景观。

图 1–1　承德避暑山庄内的园林景观

园林四大要素的塑造是园林创作的基本技能。在本项目中，通过逐一完成一个小型绿地的各园林要素的塑造，学习地形设计、园林建筑布局、园路设计、植物配置的基本技能。

技能目标

1. 能运用园林要素的设计理论，进行园林山水地形、道路桥梁、园林建筑小品的布局设计。
2. 能根据造景需要和植物的生态特性因地制宜地布置植物。

知识目标

1. 了解园林四大要素的地位和作用。
2. 掌握山水地形、假山置石、道路桥梁、园林建筑小品的布局设计要点。
3. 掌握园林植物的配置方法。

思政目标

1. 自觉学习和挖掘中国传统文化，进而提高传统文化素养。

2. 培养爱国主义情怀和民族自豪感，激发对祖国大好河山的热爱。

3. 培养对新知识的探求欲。

任务一

地形的塑造

任务提出

图 1–2 所示为华北地区某满族自治县城区主要道路弯道外侧的一块不规则绿地，该地块东西向长约 160 m，图纸所示东西两侧过渡为与道路平行的绿地，南侧折线为现有的挡土墙，墙外侧地面高出该地块 2 m。拟在该地块中塑造地形，请做出设计方案。

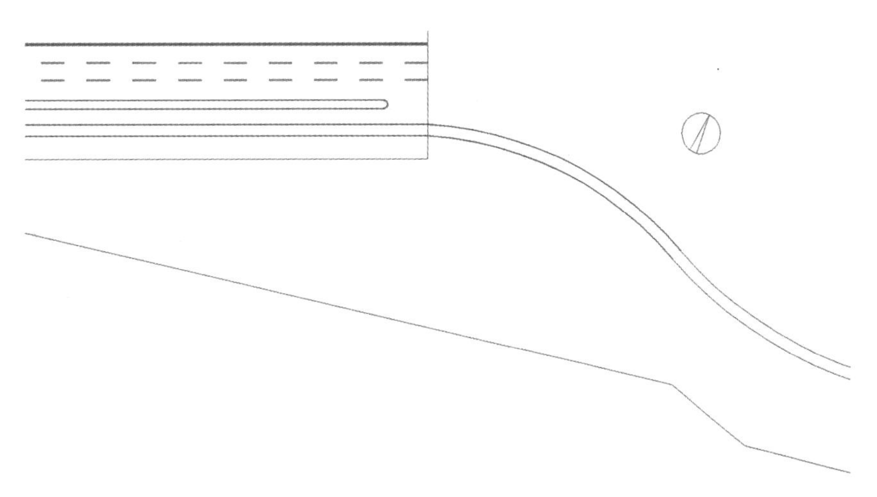

图 1–2　基地原图

任务分析

从基地介绍来看，该地块为某山区县城的路旁绿地，外侧挡土墙以外地面高出该绿地 2 m。要完成该地块地形的塑造，我们需要具备地形设计的基本知识，熟悉园林绿地地形的基本类型，并根据基地的现状，塑造适宜基地条件又和谐美观的地形景观。

相关知识

地形是园林的骨架，以自然界的地貌类型为蓝本，是优美环境和园林意境的物质基础。我国传统园林为自然山水园，在地形创造方面技艺娴熟，巧夺天工。南宋时期园林杰出的代表作“艮岳”就是历史上著名的大型山水园，这座宋徽宗亲自参与筹划修建的山水园全由人工所作，为我国古代山水工程的代表作。其他著名园林如北京的颐和园、苏州的四大名园、扬州的个园，也都是山水园林的典范。

一、园林地形的设计原则 ONE

（一）因地制宜，利用为主

"因地制宜，利用为主"是园林地形设计的基本原则，也是我国传统造园理论和实践经验的总结。因此，在进行园林设计时，首先应考虑园林内自然地形条件的特点，原有地形或平坦或起伏，或山峦或沼泽等，可能基本符合或部分符合设计要求，这就应在原有的地形基础上，结合园林使用功能和园林景观构图等方面的要求，加以利用和改造。"高方欲就亭台，低洼可开池沼"，使之"自成天然之趣，不烦人事之工"，使园林中的山水景观达到"虽由人作，宛自天开"的艺术境界。整理和改造时，也应将土石方工程量降至最低限度，并尽量使土石方就地平衡。如：我国古代深山寺庙建筑，就很巧妙地利用了峰顶、山腰、山麓富于变化的地形；近代南方园林，利用沟壑山坡，依山傍水，高低错落地布置园林建筑，使人工建筑融于自然地形之中；现代的一些自然风景区、森林公园等无须大兴土木，而是侧重对原有地形的改造，这些都是因地制宜利用地形的范例。

（二）满足使用功能要求

游人在园林中进行各种游憩活动时，对园林空间环境有一定要求，园林地形设计要尽可能为游人创造出各种游憩活动所需要的不同地形环境，即园林地形设计应满足开展活动的功能要求。如：有大量游人集散的出入口和群众性文娱体育活动场所需要有平坦的地形；安静休息地段需要有山有水，地形起伏多变，景色富于变化。如要创造划船、游泳、观荷、垂钓等活动的条件，就需开辟或利用水体。

（三）符合园林艺术要求

地形设计要善于运用园林绿地构图的有关规律和造景手法，创造出具有不同景观效果的开敞、半开敞、封闭的园林空间景域，使景观层次更加丰富。如要构成开敞的空间，需要有大片的平地或水面；如要形成曲径通幽的意境，则要有山重水复、峰回路转和茂密的森林等。

（四）符合自然规律

符合自然规律，一方面是指设计地形要合乎自然山水形成和分布规律，如大自然中的瀑布、溪涧大都起源于高山峡谷，而不是平地或山凸处；另一方面是指园林地形要合乎自然山水稳定协调的状态，如根据各类土壤的自然安息角确定山坡、堤岸的角度，使之稳定、安全。同时，园林地形设计还应考虑植物种植环境对地形的生态要求。

二、园林地形的处理手法 TWO

等高线法
绘制山体示范

（一）陆地及地形

陆地一般占全园的 2/3 ~ 3/4，其余为水域。陆地又可分为平地、坡地、山地三类。

1. 平地

在园林中平地占陆地的 1/2 ~ 2/3，平地常作游憩广场、草地、休息坪等（见图 1-3），易于形成开敞空间。平地的设计可采用灵活多样的铺装材料及地被植物。为了便于排水，平地一般要保持 0.5% ~ 2% 的坡度。

图 1-3　平地景观

2. 坡地

坡地又称微地形，在园林中占陆地的 1/3 ~ 1/2。起伏的坡地配以草坪、树丛等，可形成亲近自然的园林景观。坡地多用于自然式园林，可具体设计为缓坡（见图 1-4，坡度为 8% ~ 10%）、中坡（坡度为 10% ~ 20%）、陡坡（坡度为 20% ~ 40%）。

图 1-4　缓坡景观

3. 山地

在园林中山地占陆地的 1/3 ~ 1/2，常作为地形间架，形成丰富的空间变化。园林中山地的设计以自然山景为蓝本。我国境内有很多以山景取胜的风景名胜区，如著名的五岳，即山东泰山（东岳）、湖南衡山（南岳）、陕西华山（西岳）、山西恒山（北岳）和河南嵩山（中岳）。园林山体的设计模拟自然，但不是在绝对高度上取胜，而是注重神似。设计山体时可设计成土山、石山和土石混合的山体，其中以土石混合的山体最为理想，这种山体既能形成自然险峻的山体景观，如峰峦、峭壁、岩崖、洞府等，又能广植树木，形成富有生机的园林外貌。堆山时山要有主、次、客之分，高低错落，顾盼呼应；独山忌堆成馒头状，群山忌堆成笔架状；山体应与水体巧妙配合，形成山水相依、山环水绕的自然景观（见图 1–5）。

图 1–5　山地景观

（二）水景工程

中国传统园林讲究山水相依，山得水而活，因此水景的设计必不可少。水景以清灵、妩媚、活泼见长。

1. 水体分类

水体按其形式来分，可以分为规则式和自然式；按水的状态来分，可以分为静态水体和动态水体。静态水体如湖、池等，可以反映天光云影，给人以明净、开朗、幽深、虚幻的感受；动态水体如瀑布、溪流、喷泉等，给人以清新活泼、激动兴奋的感受。狭长的水体婉转逶迤，可沿途设置步移景异的风景；开阔的水面安详深沉，可用来开展水上活动。

2. 常见水景

1）湖、池

湖、池为静态水体，有自然式和规则式两种，面积较大的水体多称为湖，较小的则称为池。池可做成规则式，如圆形、多边形等，也可做成自然式；湖则多做成自然式，是自然式静态水景的典型代表。湖多因地制宜，依天然水体或低洼地势建成，湖岸线宜蜿蜒曲折、收放自如（见图 1–6）。湖面较大时还可设堤、岛、桥等以丰富水景层次，这其中以我国古典园林“一池三山”模式较为常见，即于水面设三岛，以象征海上神山，同时可以划分和丰富水域空间，增加景观层次的变化。岛的设计切忌居中、整形、排比，岛的形状忌雷同，面积不宜过大。岛上适当点缀亭廊等园林建筑及植物山石等，以取得小中见大的效果。

在园林中开辟湖要有稳定的湖岸线，防止地面被淹，因此常做人工驳岸，以稳定和控制水体。同时，园林驳岸也是园景的组成部分，宜在实用、经济的前提下注意外形的美观，使之与周围的景色协调。理想的自然驳岸为生态驳岸，由水生植物、湿生植物过渡到土草护坡，景色浑然天成，具有自然野趣。此外，水体驳岸还有沙砾卵石护坡、自然山石驳岸、条石驳岸、钢筋混凝土驳岸、打棒护岸等。水体驳岸要注重自然的景观外貌和安全稳定的结构（见图 1-7）。

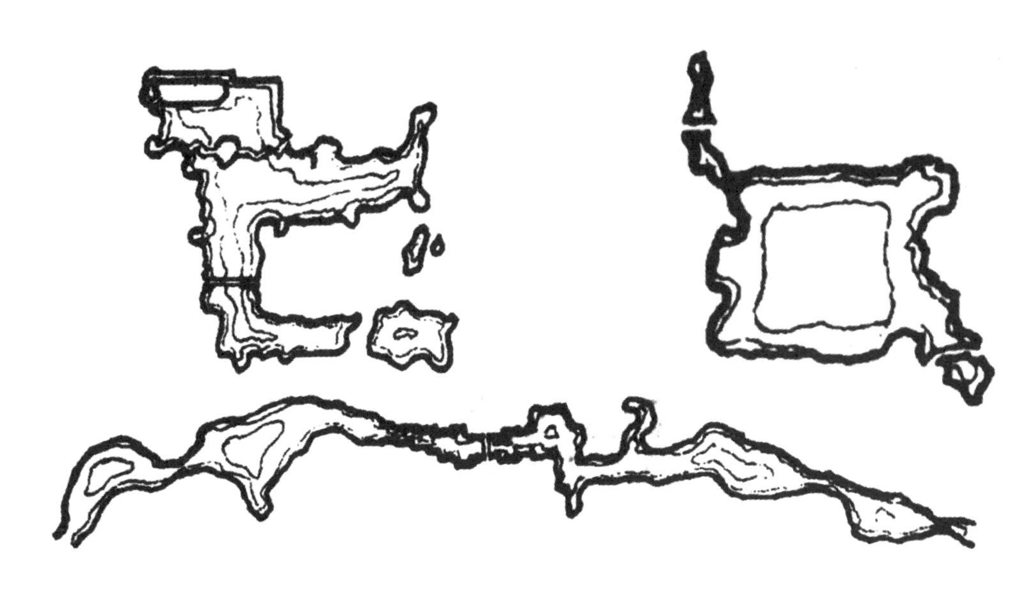

图 1-6　园林中的经典水景

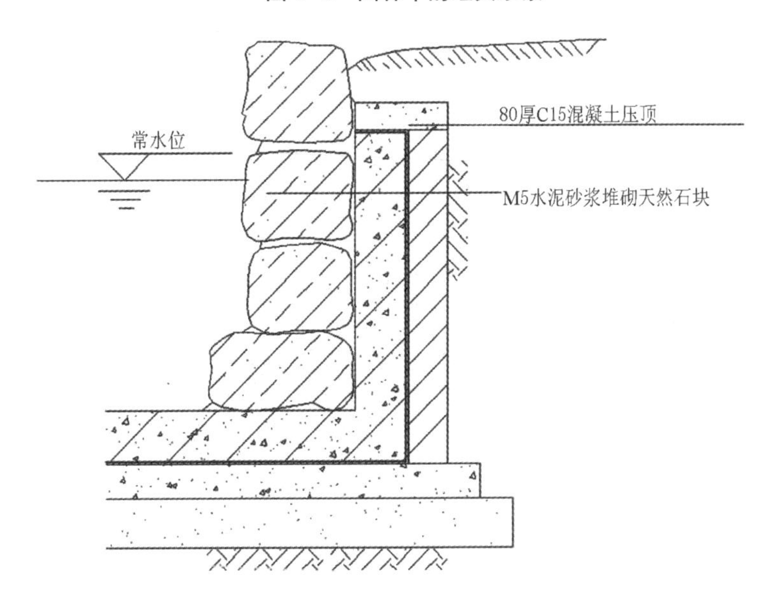

图 1-7　水体驳岸断面图举例

2）溪涧

溪涧本是自然界山景中蜿蜒流淌的水景（见图 1-8），水流和缓者为溪，水流湍急者为涧。园林中可利用地形高差设置溪涧。溪涧的走向应蜿蜒曲折、有分有合、有收有放、有陡有缓，配合山石使水流时急时缓、时聚时散，形成多变水形、悦耳水声，给人以视觉与听觉上的双重享受。

3）落水

当水遇到突然的高差时，形成的动水景观与溪涧有所不同，称为落水。落水又可分为跌水、瀑布、漫水等。图

1-9 所示为云南白水河的跌水景观，图 1-10 所示为跌水断面图。一般瀑布又可分为挂瀑、帘瀑、叠瀑、飞瀑等。

图 1-8　自然界中的溪涧

图 1-9　云南白水河的跌水景观

钢筋混凝土池壁
水面
400
300
150 150
150
H
100 100
水面
面层自定
水泥基渗透结晶型掺合剂
防水钢筋混凝土池底
100厚C15素混凝土垫层
300厚3∶7灰土
素土夯实
面层自定
水泥基渗透结晶型掺合剂
防水钢筋混凝土池底
100厚C15素混凝土垫层
300厚3∶7灰土
素土夯实

图 1-10　跌水断面图

4）喷泉

喷泉又叫喷水，常用于城市广场、公共建筑、园林小品等室内外空间。它不仅是一种独立的艺术品，而且能增加周围空气的湿度，减少尘埃，提高环境质量，增进身体健康。喷泉常与水池、雕塑同时设计，三者结合为一体，起装饰和点缀园景的作用。喷泉在现代园林中应用很广，其类型有涌泉型、直射型、雪松型、半球型、牵牛花型、蒲公英型、雕塑型等。另外，喷泉又可分为一般喷泉、时控喷泉、声控喷泉和激光音乐喷泉等。其中，激光音乐喷泉利用喷泉水型、灯光及色彩的变化与音乐情绪的完美结合，使喷泉水景更加生动，更加富有内涵（见图 1-11）。将激光技术与喷泉结合，可做成水幕电影（见图 1-12）。

在北方，为了避免冬季冻结期喷泉管道和喷头等外露不美观的缺点，常设计旱喷泉（见图 1-13），喷水设施设于地下，地面设有铁篦子，并留有水的出口，有无水喷射都很美观，铺装场地还可供游人活动。为了塑造朦胧的水景效果，现代园林中还可设计雾状喷泉（见图 1-14）。喷泉可与其他园林水景相结合设计，如图 1-15 所示，喷泉水景与水面的汀步石相结合，游人可从清凉的水景通道中信步而过，充分满足游人的亲水心理，增加游人游览的兴趣。

图 1–11 激光音乐喷泉

图 1–12 水幕电影

图 1–13 旱喷泉

图 1–14 雾状喷泉

图 1–15 喷泉水景与水面的汀步石相结合

任务实施

根据该地块的面积和周围状况分析，它只适宜作微地形。因其外侧挡土墙高度为 2 m，该微地形最高点标高宜设计为 1 m 左右，这样既能表现自然景观地貌，又能实现该地块与挡土墙之间的高差过渡。微地形设计三个连续的起伏，中间最高标高 1 m，与最低标高相差 0.4 m，且二者之间的距离较近，居中的标高为 0.8 m，稍远(见图 1–16)。

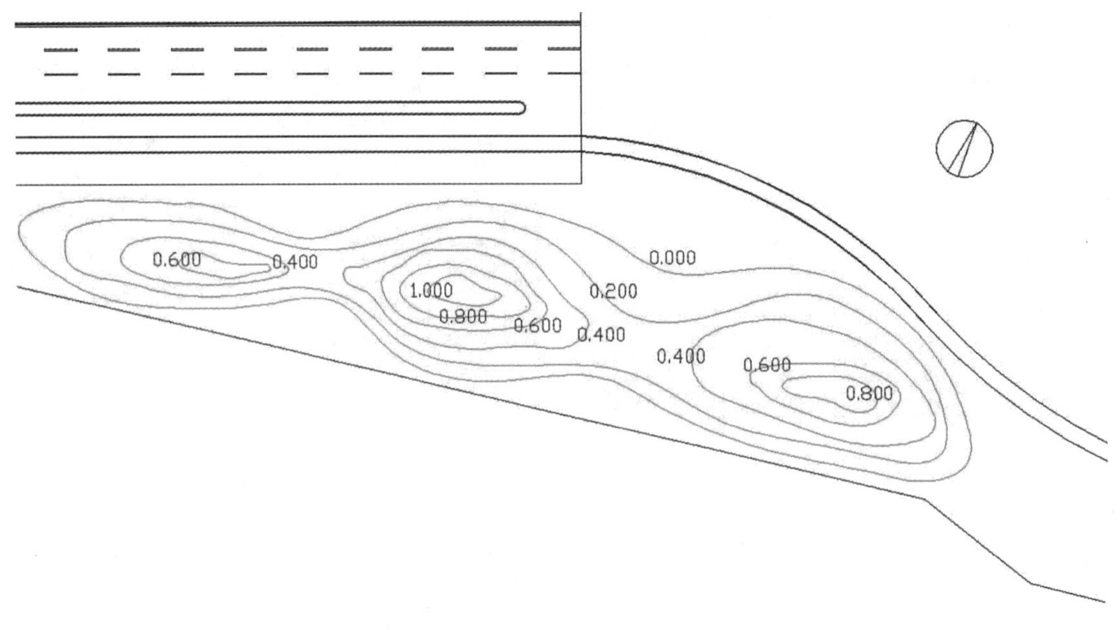

图 1–16　微地形等高线图

任务二

园路、园桥的设计

任务提出

图 1–16 所示是在任务一中已完成地形塑造的绿地。拟在该绿地中设计一条散步小路，请给出设计方案。

任务分析

从要求来看，拟设计的小路要符合散步用的功能要求，因此需要我们确定其宽度、铺装形式，进而设计出铺装路面结构。

相关知识

园林中的道路是游人在园中通行的必要条件，充当着导游的作用；当有水景的时候，园桥成了园路的延伸，保障通行。园路和园桥系统将设计师创造的景观序列传达给游人；同时它们又以线的形式将园林划分为若干园林空间；园林中的园路、园桥还是不可缺少的艺术要素，设计师可用优美的道路曲线、丰富多彩的路面铺装、造型美观的园桥构成独特的园景。

一、园路工程 ONE

(一)园路的分类

园路的设计

园路按功能可分为主要园路(主干道)、次要园路(次干道)和散步小路(游步道)。

1. 主干道

主干道是从园林出入口通向园林主景区的道路,构成全园的主干路线和骨架。设计主干道时主要考虑交通功能。主干道一般较宽,应考虑能通行大型客车,一般路宽设计为 6 m 以上。主干道铺装材料应考虑耐压性,一般以沥青和混凝土现浇路面为多。

2. 次干道

次干道是景区内连接各景点的道路(见图 1–17)。设计次干道时要求其平面和立面造型与园林整体风格相协调。路宽一般设计为 3 ~ 4 m。

3. 散步小路

散步小路是伸入到景点内部各角落的道路。路宽一般为 0.8 ~ 1.5 m,以能容两个人并肩通行为准。也可设计汀步石(见图 1–18),以人的自然步长为设计依据。

图 1–17 园林中的次干道

图 1–18 汀步式散步小路

(二)园路的设计

1. 平面设计

园路的平面设计在规则式园林中应用直线条,在自然式园林中宜用曲线。

2. 立面设计

依据因地制宜的原则,尽量利用原地形,随地形的起伏而变化。为了满足排水的需要,一般路面要有 1% ~ 4% 的横坡,纵坡坡度在 8% 以下。

3. 路面的铺装

路面的铺装材料常用的有水泥、沥青、块石、卵石、方砖、青瓦、水泥预制块等。铺装形式有整体路面、嵌草路面(见图 1–19)、冰纹碎拼路面(见图 1–20)、预制块路面(见图 1–21)、卵石路面(见图 1–22)、汀步石等。路面图案能衬托景物,富于观赏效果。路面的铺装还应与景区环境相结合,如竹林中小径用竹叶图案(见图 1–23)、梅林中小径用冰纹梅花图案。在传统私家园林中，常用砖、瓦、卵石拼接传统图案，这称为花街铺地（见图 1–24）。

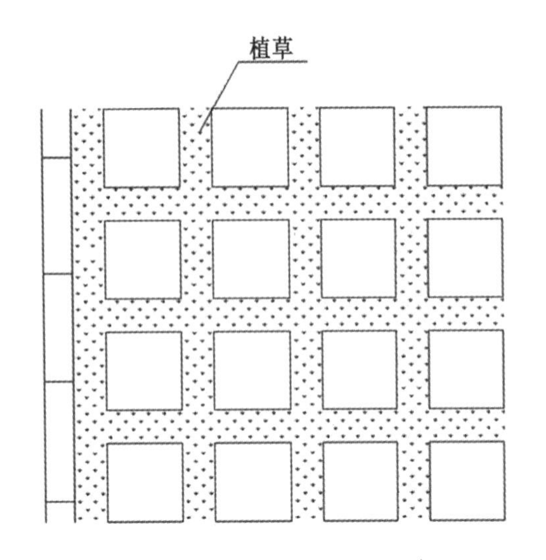

图 1–19　嵌草路面

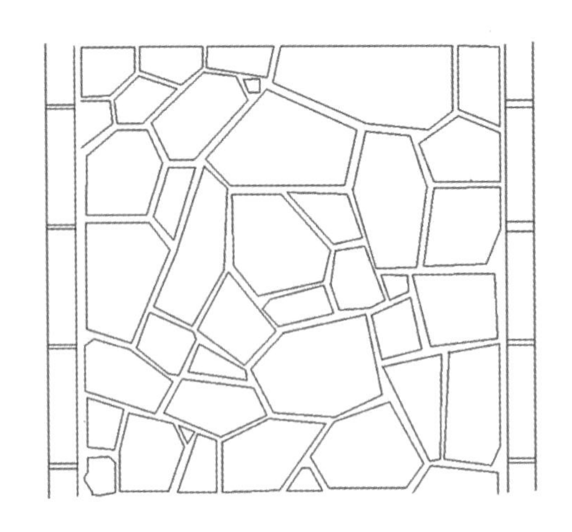

图 1–20　冰纹碎拼路面

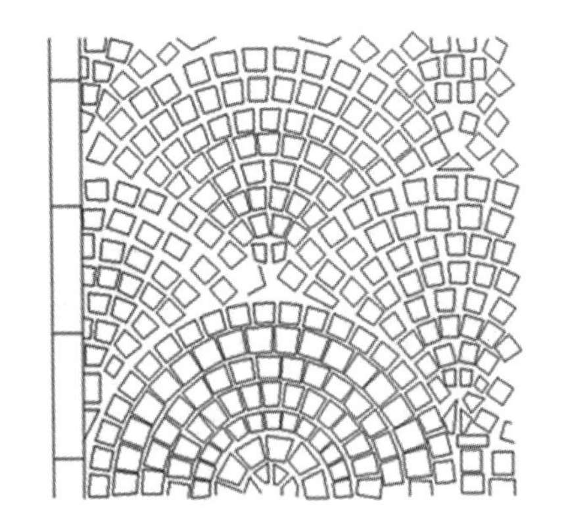

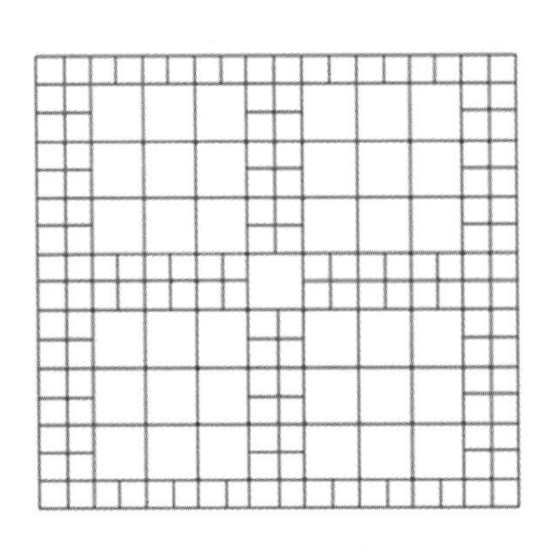

图 1–21　预制块路面

图 1–22　卵石路面

图 1-23　北京紫竹院公园竹林掩映下的园路

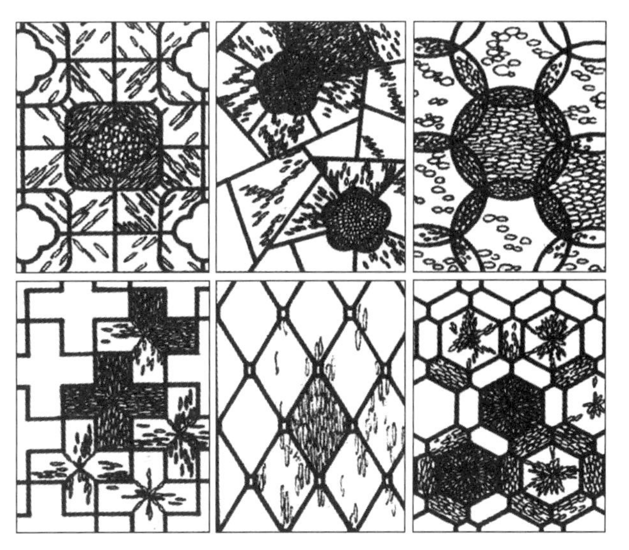

图 1-24　花街铺地举例

二、园桥工程　TWO

桥是道路在水中的延伸，是跨越水流的悬空的道路（见图 1-25），同道路一样起导游和组织交通的作用，同时桥的造型多样、风格各异，又是园林中的重要风景。

图 1-25　木栈桥

（一）园桥的分类

园桥按建筑材料可分为石桥、木桥、铁桥、钢筋混凝土桥、竹桥等，按造型可分为平桥、曲桥、拱桥、屋桥、汀步等。

1. 平桥

平桥桥面平行于水面并与水面贴近,便于观赏水中倒影和游鱼,朴素亲切。为了避免平桥的单调,常做成平曲桥(见图 1-26)。平曲桥增加了水上游览的长度,并为游人提供不同的观赏角度。

图 1-26 苏州拙政园平曲桥

2. 曲桥

在桥的前进方向上形成多个弯曲,游人在桥上自然行走时就可随时观赏到不同角度的风景,达到步移景异的效果。

3. 拱桥

拱桥(见图 1-27)桥面高出水面呈圆弧状,桥洞一般为半圆形,与水中倒影共同组成近圆形,立面效果良好,桥下还可通船。

图 1-27 拱桥

4. 屋桥

屋桥以桥为基础，桥上建亭或建廊(见图 1–28)，是桥与亭、廊等园林建筑相结合的形式。

图 1–28　苏州拙政园小飞虹

5. 汀步

由在浅水中按一定间距布设块石而形成(见图 1–29)，供游人信步而过的桥称为汀步，又称跳桥、点式桥。单体造型可根据环境设计成荷叶形、树桩形等，能增加园林的自然意趣，营造富有韵律的活泼气氛。石墩要注意防滑，间距不能过大，一般为 8 ~ 15 cm 即可。

图 1–29　汀步

(二)园桥的设计要点

(1)小水面设桥:水面小则桥宜更小,并建于偏侧水面较狭处,利用对比反衬水面的“大”。

(2)大水面设桥:大水面往往设游船,因此桥的设计要考虑船的通行,多做拱桥,以丰富水面的立体景观,克服大水面的空旷单调之感。

(3)桥梁与水流宜成直角,桥面要防滑。

任务实施

拟设计的小路供散步用,因此应与该城市干道的人行道相连,方便游人进入。小路宽度为 1 m,片石碎拼(铺装样式见图 1-30 左下角),并在小路 1/2 路长位置设计汀步,满足人们抄近路的需要。

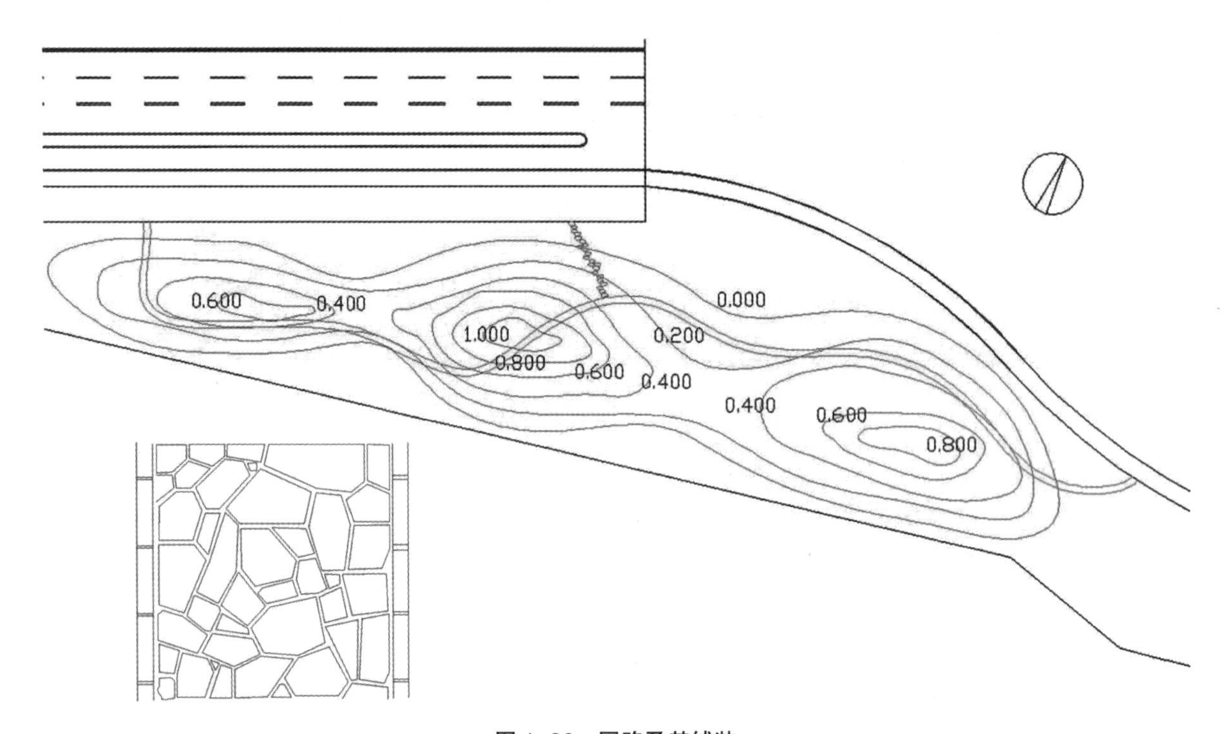

图 1-30　园路及其铺装

任务三

园林景观建筑与小品

任务提出

在任务一、任务二的基础上配置建筑小品。

任务分析

本任务要求设计建筑小品，因此需要我们在对基地环境进行分析的基础上，合理配置景观，以与环境协调。

相关知识

一、园林建筑 ONE

在风景园林中，园林建筑既能遮风避雨、供人休息赏景，又能与环境组合形成景致。我国的传统园林中，无论是皇家园林，还是私家园林，都很注重建筑的布局，园林建筑在园林中起着提纲挈领的作用，与周围景物共同塑造优美意境，令人流连忘返。图 1-31 所示为苏州拙政园的建筑布局图。

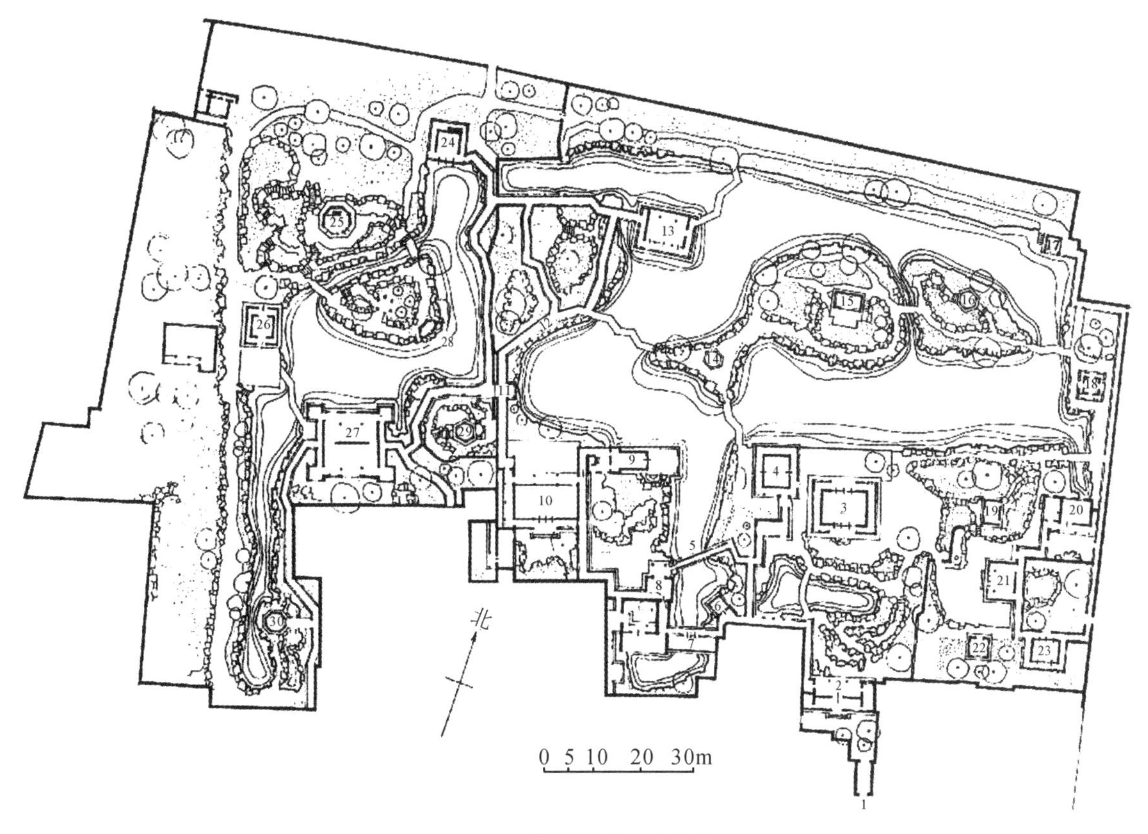

图 1-31　苏州拙政园建筑布局

1. 园门　2. 腰门　3. 远香堂　4. 倚玉轩　5. 小飞虹　6. 松风亭　7. 小沧浪　8. 得真亭　9. 香洲　10. 玉兰堂　11. 别有洞天　12. 柳荫曲路　13. 见山楼　14. 荷风四面亭　15. 雪香云蔚亭　16. 北山亭　17. 绿漪亭　18. 梧竹幽居　19. 绣绮亭　20. 海棠春坞　21. 玲珑馆　22. 嘉宝亭　23. 听雨轩　24. 倒影楼　25. 浮翠阁　26. 留听阁　27. 卅六鸳鸯馆　28. 与谁同坐轩　29. 宜两亭　30. 塔影亭

(一)亭

亭是有顶无墙的小型建筑，是供人休息赏景之所。"亭者，停也。人所停集也。"(《园冶》)亭的功能之一是作为供人休息、避雨、观景的场所，同时，亭在园林中还常用于对景、借景、点缀风景。亭是园林绿地中最常见的建筑，在古典园林中更是随处可见，形式丰富多彩。一般南北方古典园林中的亭子风格差别很大(见表 1-1)。

亭的设计

表 1-1　北方与南方亭子比较

	北方亭	南方亭
风格	庄重、宏伟、富丽堂皇	清素雅洁
整体造型	体量较大,造型持重	体量较小,造型轻巧
亭顶造型	脊线平缓,翼角起翘轻微	脊线弯曲,翼角起翘明显
色彩	一般红色柱身,屋面多覆色彩艳丽的琉璃瓦,常施彩画	一般深褐色柱身,屋面覆小青瓦,不常施彩画
举例	北京北海公园五龙亭	苏州网师园月到风来亭

1. 亭的位置选择

1) 山地建亭

山地建亭多见于山顶、山腰等处。山顶之亭(见图 1-32)成为俯瞰山下景观、远眺周围风景的观景点,是游人登山活动的高潮。山腰之亭(见图 1-33)可作为登山中途休息的地方,还可丰富山体立面景观。山地建亭造型宜高耸,使山体轮廓更加丰富。

图 1-32　山顶之亭

图 1-33　山腰之亭

2) 临水建亭

临水之亭是观赏水景的绝佳处,同时又可丰富水景。其布局位置或在岸边,或入水中,或临水面(见图 1-34)。水边设亭,应尽量贴近水面,宜低不宜高,亭的体量应与水面大小相协调。

3) 平地建亭

平地之亭常作为景区的标志(见图 1-35),也可位于林荫之间形成私密性空间。平地建亭时应注意造型新颖,打破平地的单调感,但要与周围环境协调统一。

图 1-34　水边设亭

图 1-35　平地建亭

2. 亭的平面与立面设计

亭从平面上可分为圆形、长方形、三角形、四角形、六角形、八角形、扇形等（见图 1-36）。亭顶造型最为丰富（见图 1-37、图 1-38），通常以攒尖顶为多，多为正多边形攒尖顶，屋顶的翼角一般反翘。另一大类亭顶是正脊顶，包括歇山顶、卷棚顶等。我国古代的亭子多为木构瓦顶。

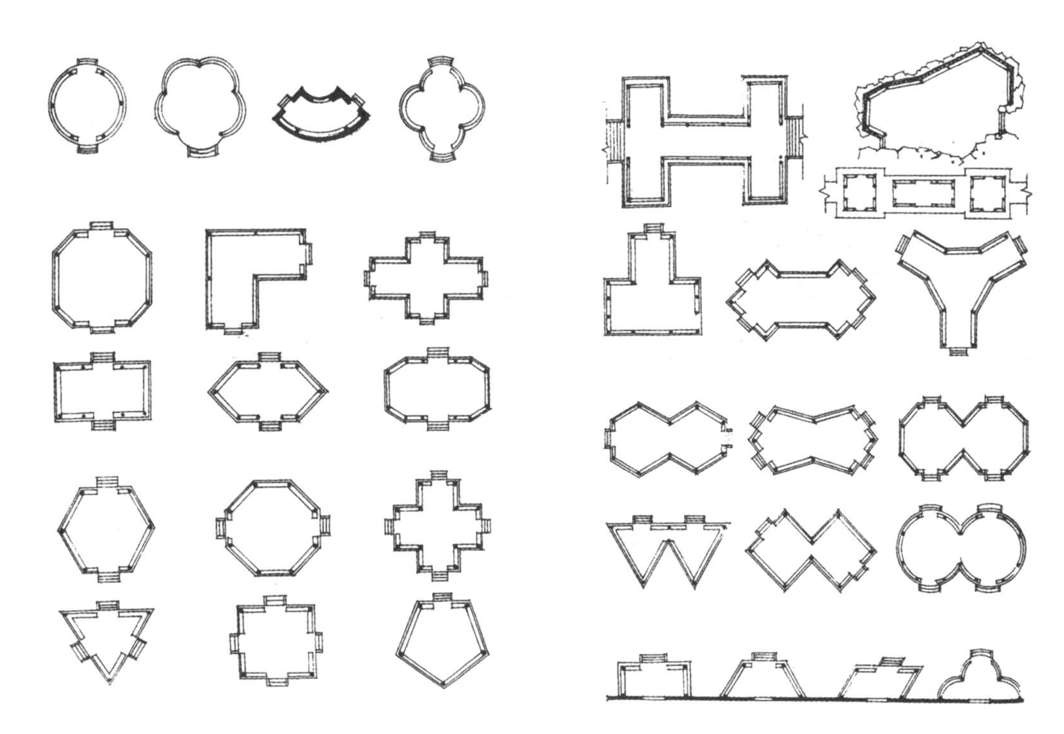

图 1-36　亭平面举例

（二）廊

廊（见图 1-39）是亭的延伸，为长形建筑。廊除能遮阳、防雨、供坐憩外，最主要的是供导游参观和组织空间用。廊通常布置在两个建筑物或两个观赏点之间，成为空间联系和空间划分的一个重要手段。廊柱间空间通透，可用于透景、隔景、框景，使空间产生变化。

1. 廊的类型

廊依空间分，有沿墙走廊、爬山廊、水廊等；依结构形式分，有两面柱廊、单面柱廊、一面为墙或中间有漏窗的漏花墙半廊、花墙相隔的复廊（也称复道）等；依平面分，有直廊、曲廊、回廊等。

图 1–37　亭的造型举例

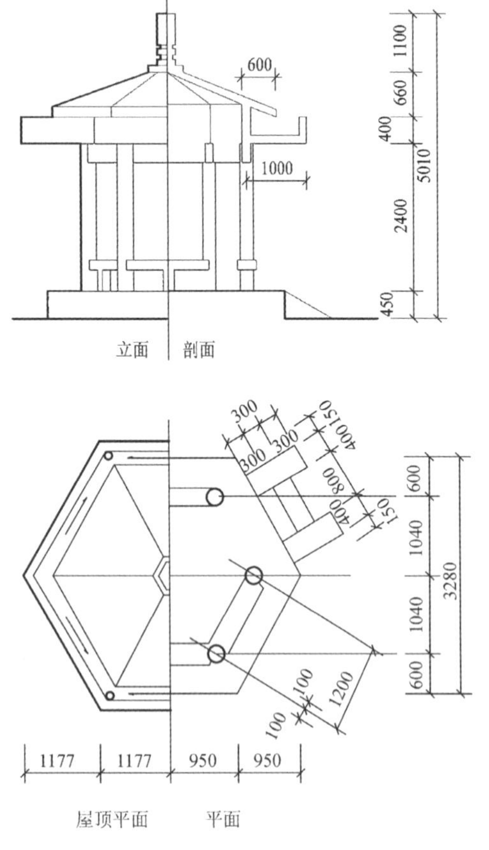

图 1–38　亭的平面、立面、剖面图

2. 廊的布置

廊的布置常见的有平地建廊、水际建廊和山地建廊。平地建廊时，可建于休息广场一侧，也可与园路或水体平行而设，也有的用来划分园林空间，或四面环绕形成独立空间，在视线集中的位置布置主要景观；水边或水上建廊时，一般应紧贴水面，打造好似飘浮于水面的轻快之感；山地建廊时，多依山的走势做成爬山廊。

3. 廊的平面与立面设计

廊的平面为长形，以廊柱分为开间，开间一般不宜过大，宜在 3 m 左右，横向净宽 1.2 ~ 3.0 m 不等，可视园林大小和游人量而定。廊顶常见的有平顶、坡顶、卷棚顶等。廊柱之间可附设座凳。廊还可与亭相结合，使其立面造型更加丰富。

（三）榭

榭一般指有平台挑出水面、用以观赏风景的园林建筑（见图 1–40）。平台四周常以低平的栏杆相围绕，平台中部布置单体建筑，且建筑的平面形式多为长方形。水榭是一种亲水建筑，设计时宜突出池岸，形成三面临水的态势，造型上宜突出水平线条，体形扁平，贴近水面。临水一面特别开敞，柱间常设鹅颈椅，以供游人倚水观景，突出其亲水特征。

图 1-39 颐和园长廊

图 1-40 拙政园芙蓉榭

（四）舫

舫也称旱船、不系舟（见图 1-41），是一种建于水中的船形建筑物。舫中游人有置身舟楫之感。舫的基本形式与真船相似，一般分为前、中、后三部分，中间最矮、后部最高，有时为两层，类似楼阁的形象，四面开窗，以便远眺。如颐和园中的清晏舫，头舱实为敞轩，供赏景谈话之用；中舱是主要的休息、宴客场所，舱的两侧做成通长的长窗，以便坐着观赏时有宽广的视野；尾舱下实上虚，形成对比。

图 1-41 南京煦园中的不系舟

（五）花架

花架为攀缘植物的棚架，是将绿色植物与建筑有机结合的形式。

1. 花架的种类

花架大体有廊式（见图 1-42）、亭式（见图 1-43）、单片式（见图 1-44）等。廊式花架最为多见，在攀缘植物的覆盖下，形成绿荫长廊。亭式花架与亭功能相似，可设计成伞形、方形、正多边形。单片式花架可设计成篱垣式，攀缘植物爬满花架时就是一面植物墙，花开时节就是一面花墙；也可与景墙相结合，在景墙之上搭花架条，墙上之景与墙体之景相映成趣。花架造型宜简洁美观，既是攀缘植物的支架，又可独立成景。

图 1-42　异形廊式花架

图 1-43　亭式花架

图 1-44　单片式花架

2. 花架常用植物

可用于花架的植物为攀缘植物，常用的有紫藤、凌霄、金银花、南蛇藤、络石、藤本蔷薇、藤本月季等。

总之，园林建筑形式多样，与环境关系密切，在单体建筑的基础上，大型园林中还常做园林建筑群(见图1-45)，形成宏大的气势。

图 1-45 依山而建的园林建筑（王晓俊《风景园林设计》）

二、石景工程 TWO

石材除用于地形中山体的塑造之外，还独立成景作观赏用。石景常见的布置手法有点石成景和整体构景两大类。

（一）点石成景

点石成景即由单块山石布置成石景，其中单块山石的布置形式分为特置和散置。

1. 特置

特置是指单块山石独立布置。特置对山石的要求较高：或体量巨大，如颐和园的青芝岫（见图 1-46）；或姿态优美，如苏州留园的冠云峰；或形似奇禽异兽。我国园林中特置的石材首选湖石。湖石亦称太湖石，因原产太湖一代而得名，水的冲刷使湖石上遍布涡洞，玲珑剔透。因此，湖石的传统欣赏标准为“透、漏、瘦、皱、丑”。“透”指水平方向有洞，“漏”指竖直方向有洞，“瘦”指秀丽而不臃肿，“皱”指脉络分明，“丑”指独特、不流于常形（见图 1-47）。与太湖石相似的还有产于北京房山区的房山石，有人称之为北太湖石，但它的颜色较太湖石深，外观较太湖石浑厚。

石景工程之特置

2. 散置

散置是指单块山石散落放置的方式（见图 1-48）。散置对个体石材的要求相对较低，但要组合得当，其布置要点在于有聚有散、有主有次、断续错落、顾盼呼应。

图 1-46　颐和园青芝岫

图 1-47　园林中特置石景

(二)整体构景

整体构景是指用一定的工程手段堆叠多块山石,构成一座完整的形体(见图 1-49)。

整体构景在艺术造型和叠石工程技术上都要求较高,造型宜朴素自然,手法宜简洁,要有巧夺天工之趣,不能矫揉造作,更不能露斧凿之痕。

选择并堆叠山石构成整体景观时要考虑六要素,即山石的质、色、纹、面、体、姿。山石之间的关系讲究石不可杂、纹不可乱、块不可均、缝不可多。

图 1-48 散置石景

图 1-49 整体构景石景

三、雕塑 THREE

雕塑是具有三维空间特征的造型艺术。在我国古典园林中，雕塑内容集中反映我国传统文化的内涵和古代高超的雕刻技艺，几乎每一处雕塑都有特定的象征意义，外形大多取材于人物或具有吉祥含义的动植物形象。在现代园林中，雕塑更广泛地应用于园林建设中，带有鲜明的时代特色。图 1-50 所示是现代园林绿地中的人物雕塑，所表现的场景来源于生活本身，并运用人体真实尺寸，生动而具有亲和力，营造了一种轻松愉快的氛围，生活气息浓郁。图 1-51 所示为大连星海广场雕塑，极富动感和时代气息。

图 1-50 取材于普通人日常行为的雕塑

1. 雕塑的类型

雕塑按其性质可分为纪念性雕塑、主题雕塑（见图 1-52）和装饰性雕塑等，按形象分类包括人物雕塑、动植物雕塑、神像雕塑和抽象雕塑等。

2. 雕塑的位置安排

常见的位置有广场中央、花坛中央、路旁、道路尽头、水体岸边、建筑物前等。

3. 雕塑的取材与布局

雕塑的题材应与周围环境和所处的位置相协调，使雕塑成为园林环境中一个有机的组成部分（见图 1-53）。雕塑的平面位置、体量、色彩、质感等也都要结合园林环境综合考虑。

图 1-51　大连星海广场雕塑

图 1-52　大连老虎滩海洋公园主题雕塑

图 1-53　园林中的雕塑

四、其他园林小品　FOUR

园林建筑小品一般体形小，数量多，分布广，起局部装饰作用。园林建筑小品主要包括园桌、园椅、栏杆、景门、景窗、景墙、花钵、园灯等。

(一)园椅

园椅的设计

园椅为供游人就座休息、赏景的人工构筑物。

1. 园椅的种类

1)以材料来分

园椅按其材料可分为人工材料园椅和自然材料园椅两大类。人工材料包括钢筋混凝土、砖材、金属、陶瓷等。利用人工材料做成的园椅大多造型美观而重复出现于同一园林中，可呈现出整齐美观的效果。自然材料包括石材、木材等。利用自然材料做成的园椅既可取得整齐美观的效果，又可利用天然材质塑造自然造型，与自然式绿地相协调。

2)以外形来分

园椅的外形有规则型、自然型和附属型。规则型园椅具有固定的制式，大体有椅形园椅、凳形园椅、鼓形园椅三种。自然型园椅形状常不重复，常见的有天然石块及树根，可就地取材，也可用钢筋混凝土仿制。附属型园椅附属于其他园林要素，多利用花池、树池边沿(见图 1-54)，或做于园林建筑梁柱之间(见图 1-55)。

图 1–54　树池坐凳

图 1–55　附属于亭的“美人靠”坐凳

2. 园椅的布置要点

园椅一般布置在安静、有景可赏、游人驻足休息的地方，如树下、路边、池旁、广场边缘等处。

园椅应简洁大方，安全、舒适、坚固，制作方便，易于清洁，与周围环境相协调，起到点缀风景、增加趣味的作用。园椅南侧一般要有落叶乔木，用以在夏季遮阴。

（二）栏杆

栏杆为栅栏状构筑物。园林中的栏杆主要起防护、分隔、装饰园景的作用。

1. 栏杆的材料

栏杆常用的材料有竹、木、石、砖、钢筋混凝土、金属等。低栏可用竹、木、石、金属、钢筋混凝土，高栏可用砖、金属、钢筋混凝土等。

2. 栏杆的高度

栏杆的高度应为 15 ~ 120 cm。广场、草坪边缘的栏杆为低栏，高度不宜超过 30 cm；侧重安全防护的栏杆高度可达 80 ~ 120 cm。

3. 栏杆的设置要点

栏杆在园林中不宜多设，应主要用于绿地边缘及水池、悬崖等危险环境旁（见图 1–56），栏杆式样及色彩应与环境相协调。

图 1–56　围墙栏杆

（三）景门、景窗与景墙

1. 景门

园林中的景门常为不装门扇的洞门。洞门的形状有圆形、长方形、六边形、海棠形、桃形、瓶形等（见图 1–57）。

景门的位置既要方便导游,还要形成优美的框景(见图 1-58)。

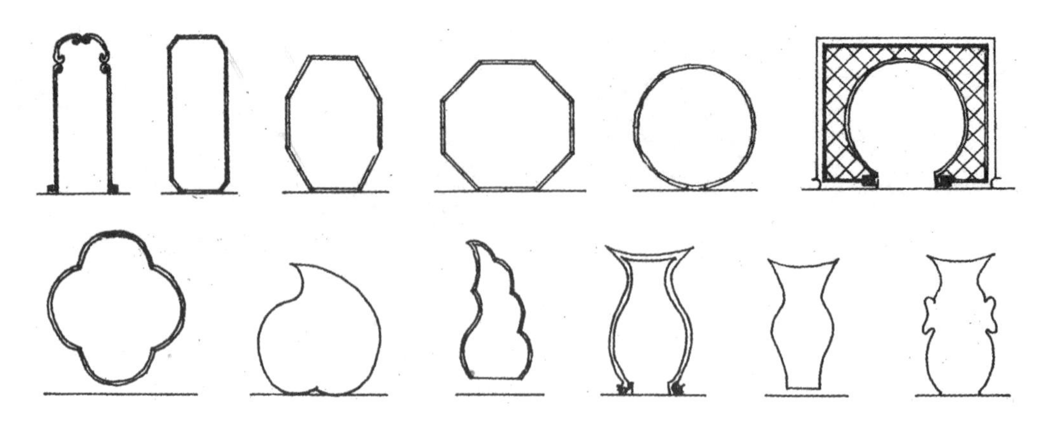

图 1-57 景门

图 1-58 景门与花木山石相映成趣

2. 景窗

景窗有空窗和漏窗两种。空窗有圆形、长方形、多边形、扇形等,除作采光用之外,还常作框景用。空窗框起来的景物如美妙的图画,使游人在游览过程中不断观赏到新的画面。漏窗窗框内装饰着镂空图案,极富装饰性,在我国古典园林中非常多见(见图 1-59)。漏窗透过之景若隐若现,虚中有实、实中有虚,加上玲珑剔透的画框自身有景,令人回味无穷。景窗材料包括瓦、砖、木、铁、预制钢筋混凝土等。设计景窗时要注意使景窗与建筑物相协调,空窗的位置要有景可框,漏窗的内容应符合周围环境的意境格调。

3. 景墙

园林中的景墙具有隔断、导游、装饰、衬景的作用。景墙的形式有很多。在古典园林中,景墙多作云墙,墙上多设景门、空窗和漏窗,且常与山石、竹丛、花木等组合起来,相映成趣。

景墙的设计

(四)园灯

造型新颖的园灯白天可作为园景的点缀,夜晚又是必不可少的照明用具。园林中大多是观赏与照明兼顾的灯具。在现代园林中，园灯还与音乐喷泉相结合，色彩斑斓，绚丽多姿。

图 1-59 漏窗举例

园灯的设计是综合光影艺术、侧重夜景的第二次景观设计。道路两侧的园灯宜用高杆灯具（见图 1-60），既要考虑夜晚的照明效果，又要考虑白天的园林景观；草坪中和小径旁可用低矮灯具，如草坪灯；喷水池、广场等强调近观效果的重点活动区要营造不同的环境气氛，故这里园灯的造型可稍复杂，重视装饰性。古典园林常用宫灯、石灯笼等，现代自然式山水园林中也有应用。

图 1-60 园林景观灯

任务实施

在任务一、任务二中设计的微地形和自然式园路决定了这块绿地的自然风格。因此，主要用散置的石景作为景观的点缀，强化自然气息。同时，在重点部位点缀一组铜雕人物，并选用满族文化特色鲜明的文体项目“珍珠球”场景，以渲染满族文化气息，与该县城的整体格调相吻合。另外，雕塑尺寸以常人身高为准，生活气息浓郁（见图 1–61）。

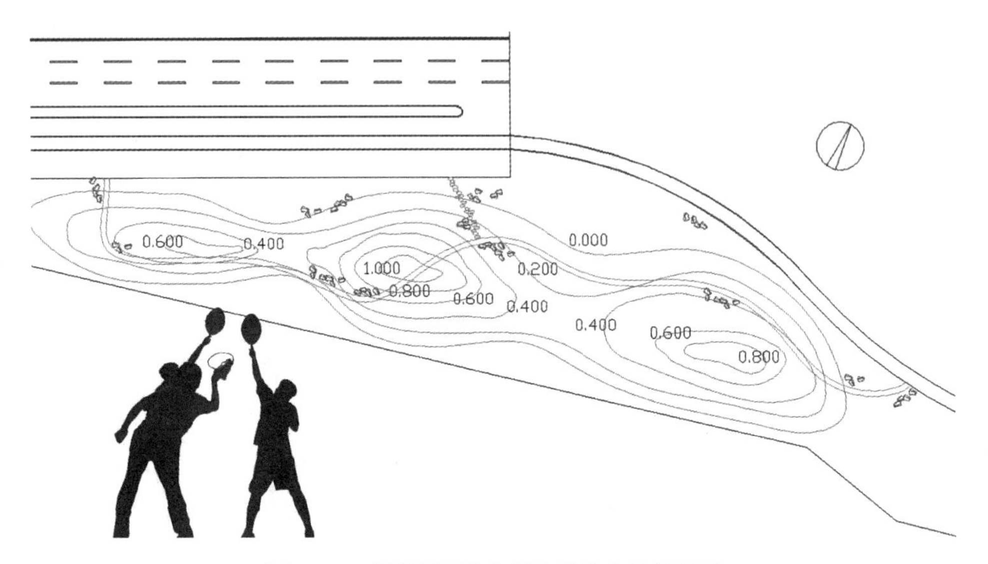

图 1–61 园林景石的布局及装饰小品效果图

任务四

园林植物种植设计

任务提出

在任务一、任务二、任务三的基础上进行植物配置。

任务分析

要对该地块进行植物配置，创造科学合理、美观稳定的植物景观，需要熟悉植物的配置技巧，了解植物选择与基地环境的关系，并根据基地状况进行合理的植物设计。

相关知识

植物造景，就是运用乔木、灌木、藤本植物及草本植物等，通过艺术手法，充分发挥植物形体、线条、色彩等的自然美（包括把植物整形修剪成一定形体）来创作植物景观。园林植物是园林绿地中最主要的构成要素。

一、植物造景原则　ONE

(一)功能性原则

根据不同园林绿地的功能要求,应选择不同的树种和栽植方式。例如,综合性公园要求绿化能实现遮阴、美化和划分区域的多重功能,应使树种丰富、季相景观丰富、观赏效果好。在纪念性园林中,多选用常绿树种,体现庄严肃穆的气氛和万古长青的寓意。城市干道行道树的主要功能是遮阴、形成整齐街景和组织交通,因此要选择冠大荫浓、耐修剪、分枝点和树冠整齐的树种并等距离栽植。

(二)艺术性原则

1. 总体艺术布局上要协调

规则式园林植物配置多对植、行植;而在自然式园林中植物则采用不对称的自然式配置,充分发挥植物的自然姿态美。根据局部环境和在总体布置中的要求,植物采用不同的种植形式,如一般在大门、主要道路、规整形广场、大型建筑附近多采用规则式种植形式,而在自然山水中、草坪上及不对称的小型建筑物附近多采用自然式种植形式。

2. 考虑四季景色变化

园林植物的色彩、形态随季节而不断变化,从而使园林植物的观赏重点也不断发生变化,如春花、秋实、夏荫、冬姿等。在设计时可分区分段配置,使每个分区或地段突出一个季节植物景观主题,在统一中求变化。但总的来说,一座园林,或一个小区,或一个小游园,应做到四季有景;即使以某一季节景观为主的地段也应点缀其他季节的植物,否则一季过后,就显得单调和无景可赏。

3. 全面考虑植物在观形、赏色、闻味、听声上的效果,塑造意境

植物的姿态各异,将其与环境相配合或将不同形态树种相互配合,能形成独特意境。植物的树冠、树干、花、果等观赏特征各不相同,有观姿、观花、观果、观叶、观干等区别。如雪松的树冠为尖塔形,垂柳为垂枝形,馒头柳为圆球形,合欢为平顶伞形(见表 1–2)。

园林植物与文化

表 1–2　植物的树冠特性

树冠形态	特点	树种举例
尖塔形	树冠轮廓为塔状,有层次	雪松、冷杉、水杉
圆柱形	树干通直,冠高与冠径之比大于 3∶1	钻天杨、龙柏、珊瑚树、南洋杉
圆锥形	树冠呈圆锥形	圆柏、侧柏
伞形(半球形)	树冠下部平,顶部呈半圆形	凤凰木
平顶伞形	树冠上顶平,下部呈半圆形	合欢
椭圆形	树冠冠高大于冠径,枝条中间多、上下略少	悬铃木
圆球形	树冠呈圆球形	馒头柳、九里香、石楠
垂枝形	枝条柔软下垂	垂柳、迎春
匍匐形	无主干,枝条匍匐于地面	沙地柏、平枝栒子
棕榈形	枝条簇生于独立的主干顶部	棕榈、椰子、蒲葵

植物的叶色也是重要的观赏点。植物的叶形多样,本身就可供观赏,叶色变化丰富,也是常用的造景元素。适当运用彩叶树种和秋色叶树种,结合不同季节的观花树种,可以创造丰富的色彩层次,创造多彩园林景观。

植物的花色最为丰富,乔灌木多集中于春季开花,因此夏季、秋季、冬季及四季开花的树种极为珍贵,如紫薇、凌霄、美国凌霄、石榴、栀子、广玉兰、醉鱼草、糯米条、海州常山、红花羊蹄甲、扶桑、蜡梅、梅花、金缕梅、云南山茶、冬樱花、月季等。不同花色组成的绚丽色块、色带及图案配置于园林中,能够形成欢快热烈的气氛,进而吸引游人。

园林植物的果实也极富观赏价值。如象耳豆、秤锤树、腊肠树、神秘果等的果实外形奇特,木菠萝、番木瓜等的果实巨大。很多果实色彩鲜艳:紫珠、葡萄等的果实呈紫色;天目琼花、平枝栒子、金银木等的果实呈红色;白檀、十大功劳等的果实呈蓝色;珠兰、红瑞木、玉果南天竹、雪果等的果实呈白色。

乔灌木枝干也具有重要的观赏特性,可以成为冬园的主要观赏树种,如:酒瓶椰子,树干如酒瓶;佛肚竹、佛肚树,枝干如佛肚;白桦、白桉、粉枝柳等,枝干发白;红瑞木、碧桃、青藏悬钩子、紫竹等,枝干红紫;棣棠、竹、青桐、青榨槭等,枝干呈绿色或灰绿色;干皮斑驳呈杂色的有白皮松、榔榆、悬铃木、木瓜等。

很多植物花香怡人,如丁香、木香、月季、菊花、桂花、梅花、白兰花、含笑花、米仔兰、九里香、夜香树、茉莉、鹰爪花、柑橘类等。

4. 配置植物要从总体着眼

在平面上要注意配置的疏密和轮廓线,在竖向上要注意树冠线,树林中要组织透景线。要重视植物的景观层次和远近观赏效果:远观常看整体、大片效果,如大片秋叶;近处欣赏单株树形、花、果、叶等姿态。在配置植物时,应做到主题突出、层次清楚,应避免喧宾夺主。配置植物还要处理好与建筑、山、水、道路的关系。植物的个体选择,也要先看总体,如体形、高矮、大小、轮廓,其次才是叶、枝、花、果。

(三)生态性原则

植物设计的生态性原则包括两个方面的含义。一是因地制宜,适地适树,选择植物时应以当地乡土植物为主,也可采用引种驯化成功的外地优良植物种类。根据绿地状况选择不同生态习性的树种,使植物的生态习性和栽植地点的生态条件基本上得到统一。山体绿化植物要求耐干旱,并要衬托山景;水边植物要求能耐湿,且与水景相协调。二是在树种的配置上尽量营造稳定的生态群落,乔木、灌木、藤本植物、草本植物等保持适当的比例和稳定的群落关系,落叶树和常绿树适当配合,树种密植搭配时还要考虑到下层树种和地被植物的耐阴性。总之,要满足各种树木的生态要求。

二、乔灌木种植设计 TWO

(一)列植

列植就是沿直线或曲线呈线性的等距离排列种植,多称行植、行列式栽植。列植包括同树种排列和不同树种穿插排列。树列的应用最常见的是道路绿地(见图 1-62)和广场树阵,追求整齐划一的景观外貌。因此,在选择树种时要求树冠整齐,每株树形一致,分枝点高矮一致,栽植间距以树冠大小为依据。一般乔木列植时栽植间距常采用 5 m、6 m、8 m,灌木列植时栽植间距常采用 1.5 m、2 m、2.5 m、3 m 等。

(二)对植

对植一般是指两株树或两丛树,按照一定的轴线关系左右对称或均衡种植的方式。规则式园林中多用对称式,自然式绿地中多用均衡式(见图 1-63),在构图上形成配景或夹景,起陪衬和烘托主景的作用。对植可以应用在园林建筑入口两旁、小桥头和蹬道石阶的两旁,并以假山石调节重量感,力求均衡。

图 1-62 道路绿地中的列植

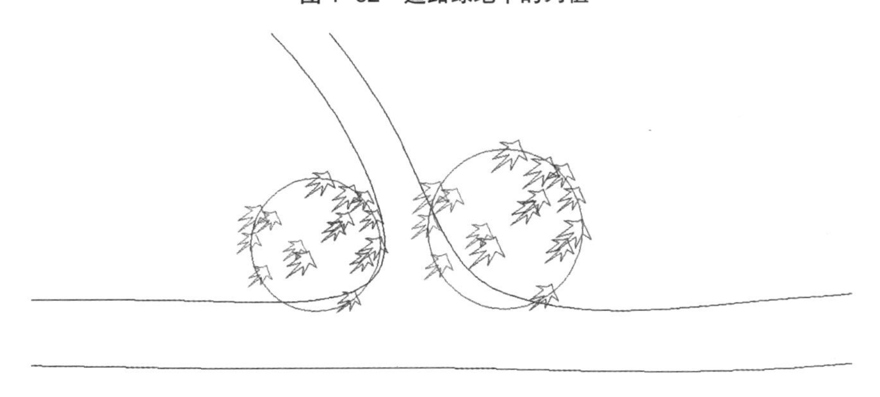

图 1-63 均衡式对植

(三)孤植

树木的单体栽植称为孤植,作孤植用的树木称为孤植树(见图 1-64)。黄山的迎客松就是典型的孤植树。孤植树有两种类型:一种是与园林构图相结合的庇荫树,主要功能是遮阴;另一种是单纯作艺术构图用的,主要体现观赏功能。

1. 孤植树应具备的条件

由于孤植树常作庇荫和观赏用,因此要突出其个体美,要求冠大荫浓(如悬铃木)、寿命长(如银杏)、病虫害少、体形端庄(如雪松)、姿态优美(如白皮松)、开花繁茂(如合欢、白玉兰)、色泽鲜艳或有浓郁芳香。

2. 孤植树的位置选择

在孤植树的周围要求有一定的空间供枝叶充分伸展,并要有适宜的视距,这样才能欣赏到它独特的风姿。因而，孤植树适宜的栽植位置首选空旷的草地。在林中空地、庭院、路旁、水边、石旁、林缘、高地等处，也可栽植孤植树。孤植树在构图上并不是孤立的，它存在于四周景物之中。孤植树如果作为主题出现，应放在周围景物向心的焦点上；如果作为园林建筑的配景出现，则可作前配景、侧配景和后配景等。如果在登山道口、园路或河流溪涧的转弯处栽种孤植树，既可作对景，又能起导游作用，如黄山的迎客松。孤植树的位置应适当升高，并有良好的地被植物作衬托，这样能产生更好的艺术效果。

图 1–64　广场上的孤植树

在配置孤植树时，其体量要与周围环境相协调，大型园林绿地选择体形巨大的树种，小型绿地则应选择小巧玲珑而观赏价值高的树种。但培养大型孤植树并非一日之功，因而在规划设计大型园林时应结合绿地中原有的大树进行，这样可提前达到预期的景观效果。孤植树可以是单干树、双干树和多主干树，作为庇荫树应采用单干树，观赏树则以双干树和多主干树的风景效果更好。

3. 孤植树的树种选择

适宜作孤植树的树种有雪松、白皮松、云杉、金钱松、悬铃木、香樟、榕树、桂花、元宝枫（平基槭）、紫薇、垂丝海棠、樱花、白玉兰、重阳木、七叶树等。

（四）丛植

丛植是由同种或不同种的两株到十几株树木组合成一个整体结构的自然式栽植方式，丛植树的一个群体称为树丛。丛植主要表现树木的群体自然美（见图 1–65），但对个体的要求也很高，选择单株树的条件和孤植树相似，即必须是在庇荫、树姿、色彩、芳香等方面有突出特点的树木。丛植树在体形上要求有大小、高矮之分。

丛植设计示范

树丛可分为单纯树丛和混交树丛两类。在功能上，除作为绿地空间的构图骨架之外，还有作庇荫用的树丛、作主景用的树丛、作引导用的树丛、作配景用的树丛等。

作庇荫用的树丛，最好采用单纯树丛形式，一般不用灌木或少用灌木配置，通常以树冠开张的高大乔木为宜，而体现构图艺术的主景树丛、引导树丛、配景树丛，则多采用乔灌木混交的形式。

作主景用的树丛，采取针阔叶混交观赏效果好。主景树丛可在大草坪中央、水边、土丘上、林带边缘作主景的焦点。

图 1-65　丛植所表现的群体自然美

作引导用的树丛,多布置在绿地的进口、道路交叉口和道路弯曲的地方,还可作小路分支的标志或遮蔽小路的前景,达到峰回路转的效果。

树丛配置必须符合多样统一的原则,既要有调和,又要有对比。常见的树丛配置有二株丛植、三株丛植、四株丛植、五株丛植及六株以上的配合等。

1. 二株丛植

最好采用同一树种但树木的形体、姿态、动势有所差别,要分出主次,才能使树丛活泼。两株的栽植间距要小于两株树冠半径之和(见图 1-66)。距离过大,不成树丛;距离过小,则影响单株形体美的发挥和展现。

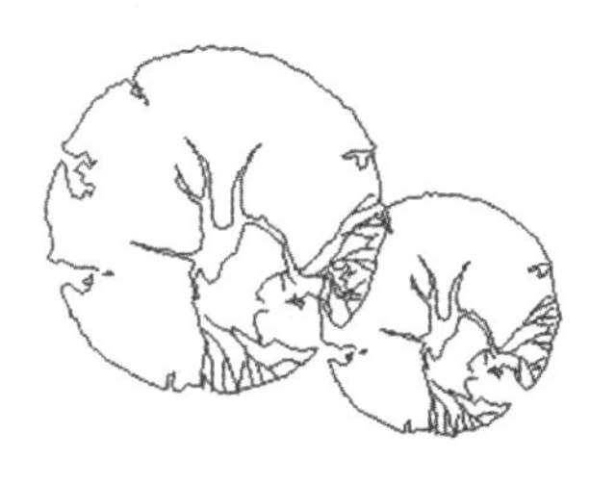

图 1-66　二株丛植

2. 三株丛植

最好选用同一树种。如采用两个树种,最好为类似的树种。栽植时三株忌在一条直线上,也不能呈等边三角形,应为不等边三角形,如图 1-67(a)所示。最大的一株和最小的一株配置在一起,中等的一株稍微远一些。如果是两个树种,则最小的一株是另一树种,如图 1-67(b)所示。

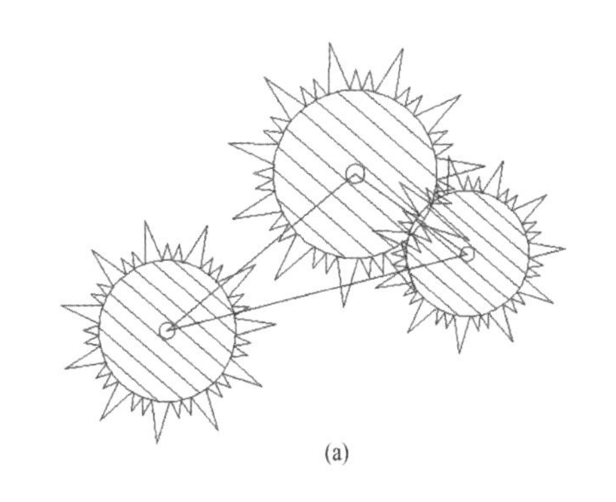

图 1-67　三株丛植

3. 四株丛植

四株配置在一起可以呈不等边三角形或不等边四边形。将四株树按大小进行编号,1 号树最大,4 号树最小。如果四株树呈不等边三角形,应把 1 号树种在重心的位置,4 号树种在离重心最近的角上,2 号树种在离重心最远的角上,剩下的角上种 3 号树,如图 1-68(a)所示。这样种植,三面都很丰满。如果四株树呈不等边四边形,则宜将 1 号树种在最大的钝角上,2 号树种在离 1 号树最远的角上,4 号树种在离 1 号树最近的一角,余下的种 3 号树,如图 1-68(b)所示。如果有两个树种,最大的树和最小的树为同种,或者最小的树单独为一种,位于三角形中心,如图 1-68(c)所示。

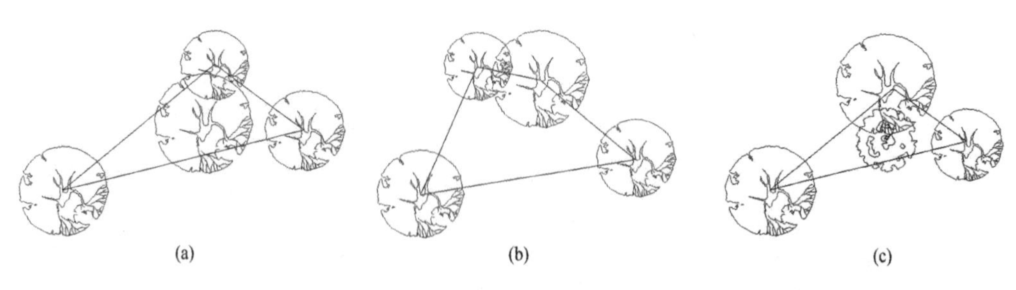

图 1-68　四株丛植

4. 五株丛植

树种不宜超过两个。五株树丛可以分为两组，可以是 3 : 2，也可以是 4 : 1。

在 3 : 2 的配置中，最大的一株要布置在三株的一组中，两组的距离不能太远；在 4 : 1 的配置中，一株一组的树不能是最大的树，也不能是最小的树。构图可以是不等边三角形或不等边四边形、不等边五边形（见图 1-69(a)、(b)）。

如果有两个树种，应使其中三株是一种，另两株是一种。同一树种不能全放在一组中（见图 1-69(c)、(d)）。

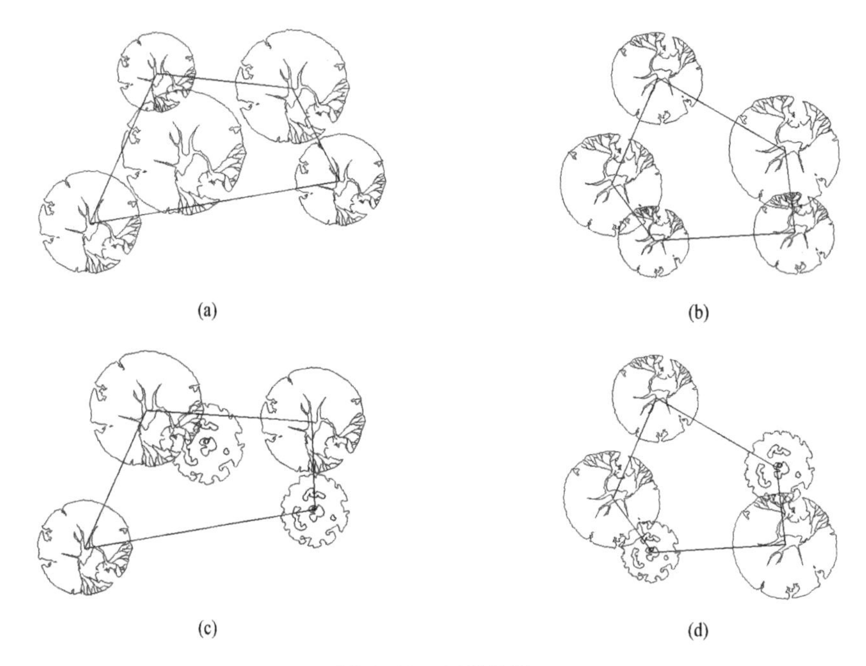

图 1-69　五株丛植

5. 六株以上的配合

有了二株、三株、四株、五株的配置方法，六株以上的树丛可以分解成这几种的组合。株数多时，树种可增加。一般来说，树丛总株数在七株以下时不宜超过三个树种，在七株以上、十五株以下时不宜超过五个树种。

（五）群植

大量乔灌木的配置称为群植，大量乔灌木生长在一起的组合体称为树群。树木的数量一般在二十株以上，主要表现群体美。

1. 作用

树群所需面积较大，在园林绿地中可以用来分隔空间、增加层次，达到防护和隔离作用。树群本身也可作漏景，通过树干间隙透视远处景物，具有一定的风景效果。

2. 配置

树群的基本配置有单纯树群和混交树群两种(见图1-70),一般较多采用混交树群。单纯树群由同一树种构成,其下应有阴性多年生草花作地被植物。混交树群通常是由大乔木、亚乔木、大灌木、中小灌木以及多年生草本植物所构成的复合体。它是暴露的群体,配置时要注意群体的结构和植物个体之间相互消长的关系。一般来讲,高的宜种在中间,矮的宜栽在外边,常绿乔木栽在开花灌木的后面作背景。阳性植物栽在阳面,阴性植物栽在阴面,小灌木作下木。灌木的外围还可以用草花作为与草地的过渡,树群的外貌要使林冠线起伏错落、林缘线富于变化。除层次、外缘变化外,还有季相变化。树群内部植物栽植距离要有疏密变化,每三株树要呈不等边三角形。

图1-70 群植

(六)树林设计

1. 密林

密林郁闭度在0.7以上,包括单纯密林和混交密林两种。单纯密林应该用异龄树种;混交密林应该注重生态效果,兼顾植物层次和季相变化。

2. 疏林

疏林郁闭度在0.4~0.6之间。疏林中树木的间距为10~20 m;林中空地种植草坪,称为疏林草地。

(七)绿篱设计

绿篱是用耐修剪的灌木或小乔木,以相等距离的株行距,单行或双行排列而组成的规则式绿带。较之用建筑材料所构成的篱垣,绿篱价廉物美,富有生机。绿篱的高度一般在0.2 m以上、1.6 m以下,超过1.6 m足以阻挡人们视线的绿篱称为绿墙。

早在三千年以前就有应用绿篱的记载。绿篱在欧洲的庭院之中应用很广:16—17世纪,绿篱常用作道路或花坛的镶边(见图1-71);17—18世纪,雕塑式的绿篱盛行,绿篱多被修剪成鸟兽形状及各种几何形状。我国自20世纪以来,在新建的公园和城市绿地中较普遍地利用绿篱,用以作绿地和道路的镶边和雕塑及花坛的背景。

1. 绿篱的类型与植物选择

1)根据绿篱的高度分类

绿篱按其高度分为绿墙(1.6 m以上)、高篱(1.2~1.6 m)、中篱(0.5~1.2 m)和矮篱(0.2~0.5 m)。

2)根据功能要求和观赏要求分类

(1)常绿篱:园林中应用最多的绿篱形式,常修剪成规则式;常用的树种有圆柏、侧柏、大叶黄杨、女贞、冬青、蚊母树、小叶女贞、小叶黄杨、海桐等。

图 1-71 绿篱镶边

(2)花篱：大多用开花灌木，一般多用于重点美化地段，常用的树种有丁香、珍珠梅属、榆叶梅、绣线菊属、迎春、连翘属、太平花等。

(3)观果篱：常由果实色彩鲜艳的灌木组成，常用的树种有枸杞、火棘、紫珠、忍冬、胡颓子、花椒等。

(4)编篱：通常用枝条柔韧的灌木编制而成，常用的树种有木瑾、紫穗槐、枸杞等。

(5)刺篱：由带刺的灌木组成，常用的树种有黄刺玫、小檗、皂角、胡颓子等。

(6)落叶篱：由一般的落叶树种组成。

(7)蔓篱：由攀缘植物组成。

2. 绿篱的作用和功能

(1)作防范和防护用。

(2)作为绿地的边饰和美化材料。

(3)屏障和组织空间。

(4)作为园林景观背景。

(5)用绿篱组成迷园。

(6)作为建筑构筑物的基础栽植。

(7)用矮小的绿篱构成各种图案和纹样。

(八)花卉造景设计

1. 花坛

1)花坛的规划类型

花坛实际上是用来种植花的种植床，具有一定的几何形状(一般有方形、长方形、圆形、梅花形等)，具有较高的装饰性和观赏价值。它不同于苗圃的种植床。花坛根据对植物的观赏要求不同基本上可以分为盛花花坛、毛毡花坛、立体花坛、草皮花坛、木本植物花坛及混合式花坛等，根据季节分为春季花坛、夏季花坛、秋季花坛、冬季花坛和永久花坛，根据花坛规划类型可分为独立花坛、花坛群和带状花坛等多种花坛。

(1)独立花坛。独立花坛大多作为局部的构图中心，一般布置在轴线的焦点、道路交叉口或大型建筑前的广场。面积不宜过大，若太大，需与雕塑、喷泉或树丛等结合起来布置，才能取得良好的效果。

(2) 花坛群。花坛群是由许多花坛组成的不可分割的整体。组成花坛群的各花坛之间是用小路或草皮互相联系的。花坛群的用苗量大、管理费工和造价高，因此除在重点布置的地方外，一般不随便应用花坛群。若布置成草皮花坛群，则比较节约，可广泛应用。

(3) 带状花坛。带状花坛呈狭长形，长度比宽度大三倍以上，可以布置在道路两侧、大草坪周围或做大草坪的镶边。带状花坛可分成若干段落，作有节奏的简单重复。

2) 花坛设计的一般原则

花坛设计包括花坛的外形轮廓、花坛高度、边缘处理、花坛内部的纹样、色彩的设计以及植物的选配等。

(1) 主题原则：作为主景的花坛，是全对称的；作为建筑陪衬的花坛，则可用单面对称。

(2) 美学原则：花坛的设计主要应体现美，包括形式美、色彩美、风格美等。

(3) 文化性原则：花坛的设计要有文化气息。

(4) 花坛布置与环境相协调原则：花坛的风格与外形轮廓均应与外界环境相协调。

(5) 花坛植物选择原则：因花坛种类和观赏特点而异。

2. 花境

花境的英文名称为 flowerborder，沿着花园的边界或路缘种植花卉即形成花境（见图 1-72）。它与花坛的不同之处在于它的平面形状较自由灵活，可以作直线布置，也可以作自由曲线布置。花境表现的主题是花卉形成的群体景观外貌。

图 1-72　花境

1) 花境的位置

(1) 设在道路边缘：常用于单面观赏，以深绿色的常绿乔灌木或绿篱为背景，各种颜色的花卉交错配置，配置密度以成年后不漏土面为度。入冬后可点缀观叶植物。

(2) 设在园路的两侧：构成花径，可以是一色的或多色呈色块状配置。

(3) 设在草坪的边缘：可以柔化草坪的直线和单调的色彩，增加草坪的曲线美和色彩美。

(4) 设在建筑构筑物的边缘：可与基础栽植结合，以绿篱或花灌木作为背景，前面种多年生花卉，边缘铺草坪。

2) 花境的植物选择

各种花卉的配置既要考虑同一季节中不同花卉的对比，又要考虑到一年中季相的变化。花卉依花境的自然条件相应而设。

花境常用植物有铃兰、荷包牡丹、耧斗菜、鸢尾、钓钟柳、美国石竹、荆芥、金鸡菊、紫露草、薄荷、宿根福禄考、大滨菊、月见草、火炬花、萱草、蓍草、婆婆纳、玉簪、蛇鞭菊、落新妇、堆心菊、假龙头花、景天、紫菀、小菊等。

（九）草坪的设计

草坪可以塑造开阔的景观，结合树木的设计，可以塑造开朗风景与闭锁风景适中的自然景观。草坪作为地被，可以做到黄土不露天。

草坪一般分为冷季型草坪与暖季型草坪。冷季型草坪绿期长，但养护管理费工、费力、费水，病虫害多，适合精细管理的重点地段铺建；暖季型草坪绿期短，但养护管理容易，适合粗放管理的一般地段铺建。

（十）水生植物种植设计

1. 水生植物的设计原则

（1）疏密有致，若断若续，不宜过满。

（2）植物种类和配置方式因水体大小而异。

（3）植物选择要充分考虑植物的生态习性。

（4）安装设施，控制生长。

2. 驳岸的种类

驳岸一般有自然驳岸和人工驳岸两种。

（十一）攀缘植物

1. 攀缘植物的生物学特性

攀缘植物不能独立生长，必须以某种方式攀附于其他物体上。按照攀缘方式的不同，攀缘植物可以分为自身缠绕、依附攀缘和复式攀缘三种。自身缠绕的植物依靠自己的主茎缠绕其他植物或物体向上生长。依附攀缘植物具有明显特化的攀缘器官，如吸盘、倒钩刺、卷须等。复式攀缘植物兼有多种攀缘能力。

2. 攀缘植物的种植设计

（1）墙壁、护坡的装饰。

（2）窗、阳台的装饰。

（3）花架、棚架、灯柱的装饰。

常见的攀缘植物有爬山虎、紫藤、金银花、凌霄、藤本月季、五叶地锦、牵牛花、茑萝、葫芦、丝瓜等。

任务实施

1. 不规则地块

在任务一至任务三的基础上，在不规则地块上植物的种植以自然式种植方式为主。因为考虑到行车速度较快，自然布置的植物宜采用大块面的树群，强化每种植物的观赏特点。在植物的选择上，选用乔木、灌木、绿篱色块、宿根花卉。其中，乔木可选择常绿乔木油松、青杄或小乔木，花灌木或小乔木选择不同花期的树种，错开花期，与宿根花卉配合，使该地块在生长季节花开不断，深秋亦有黄栌、五角枫叶色变红。人行道外侧绿带与道路平行则作规则式种植，并留出散步小路的出入口。植物配置和在任务二中设计的园路发生矛盾时，园路作适当调整（见图 1–73 和表 1–3）。

2. 过渡区

在该地块与平行道路相交的地块，作过渡性设计。将红瑞木、红王子锦带分别密栽成规则但轮廓不同的色块，并以一定间隔排列，向道路绿地的规则式种植过渡。

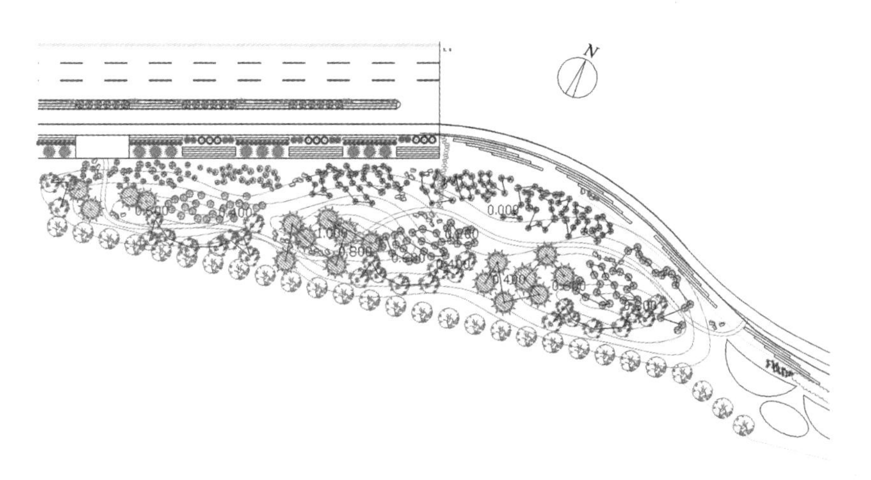

图 1–73　植物配置平面图

表 1–3　苗木统计表

序号	名称	图例	规格	序号	名称	图例	规格
1	垂柳		胸径 13 cm，全冠，分枝点 2.5 cm 以上	13	剑麻		树高 1.2 m，蓬径 0.6 m，冠幅饱满
2	油松		树高 4.5 m，冠径 2.5 m 以上，冠幅饱满	14	鸢尾		二年生，36 株 /m^2
3	五角枫		胸径 13 cm，全冠	15	金娃娃萱草		二年生，36 株 /m^2
4	青杆		树高 4.5 m，冠径 2.5 m 以上，冠幅饱满	16	水蜡树		树高 0.6 m，大于 5 分枝，30 株 /m^2
5	红宝石海棠		地径 5 cm，冠径 1.5 m 以上，树高 2 m 以上，7 分枝	17	金叶榆		树高 0.6 m，大于 5 分枝，30 株 /m^2
6	碧桃		地径 5 cm，冠径 1.5 m 以上，树高 2 m 以上，非丛生，8 分枝	18	紫叶小檗		树高 0.6 m，大于 5 分枝，30 株 /m^2
7	榆叶梅		冠径 1.5 m 以上，树高 2 m 以上，8 分枝	19	金叶女贞		树高 0.6 m，大于 5 分枝，30 株 /m^2
8	黄栌		地径 5 cm，冠径 1.5 m 以上，树高 2 m 以上，非丛生，8 分枝	20	桧柏		树高 0.6 m，大于 5 分枝，30 株 /m^2
9	木槿		地径 5 cm，冠径 1.5 m 以上，树高 2 m 以上，非丛生，8 分枝	21	红王子锦带（片植）		树高 1 m，大于 5 分枝，25 株 m^2
10	接骨木		冠径 1.5 m 以上，树高 2 m 以上，8 分枝	22	红瑞木（片植）		树高 1 m，大于 5 分枝，25 株 /m^2
11	红王子锦带		树高 1.5 m 以上，5 分枝	23	草坪		铺栽
12	水蜡树球		冠径 0.6 m 以上，冠幅饱满				

3. 道路绿带

道路绿带设计为规则式，采用列植、绿篱色块等典型的规则式种植方式，但是植物选择注重观赏特性，营造既整齐又美观的道路景观。

任务五

园林要素设计实训

任务提出

图 1–74 和图 1–75 所示为河北省唐山市某中日合资企业新建厂区平面图。在西侧厂房和东侧食堂之间有一块相对集中的绿地,拟设计为休息绿地,请应用四大要素的设计方法对该绿地进行设计。

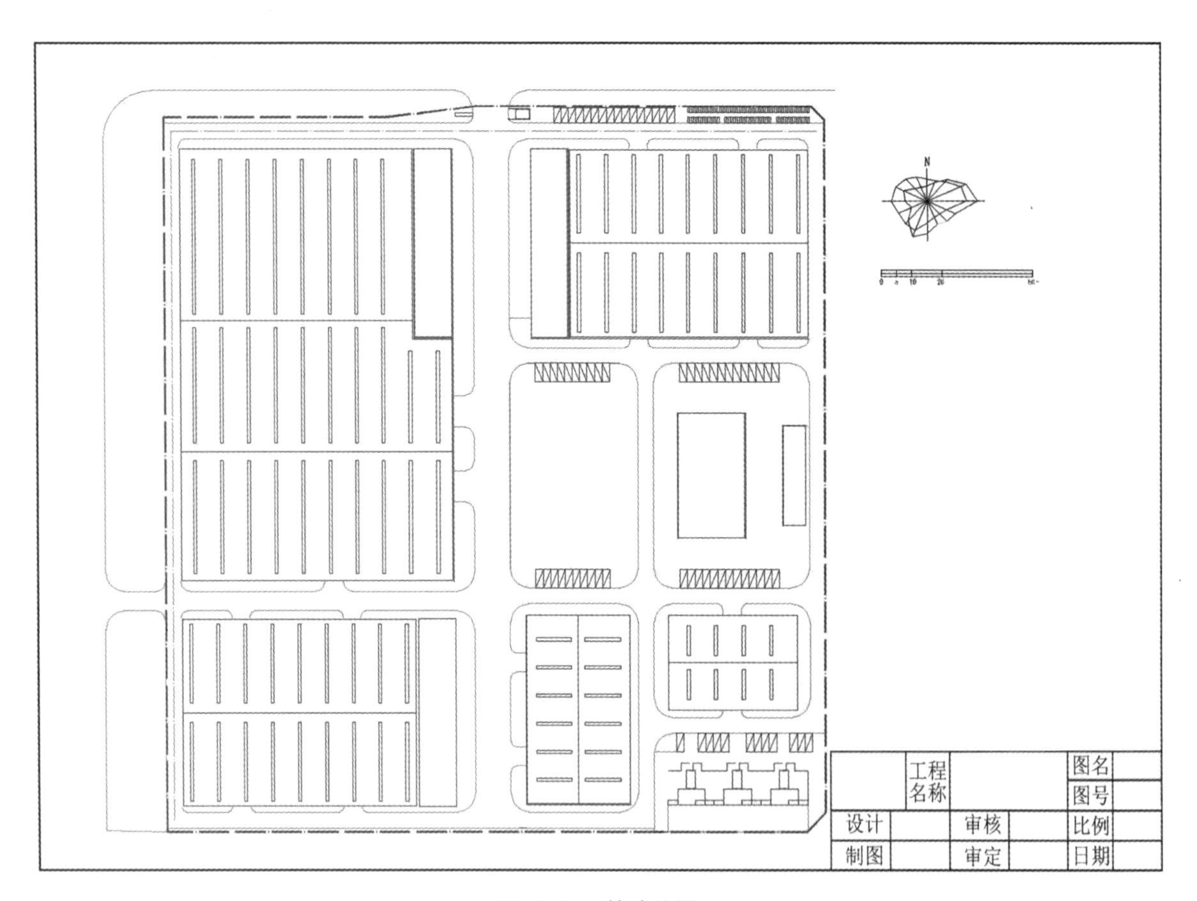

图 1–74 基地总图

成果要求

(1)绘制 CAD 平面图一张。

(2)绘制平面效果图一张。

(3)编制苗木统计表。

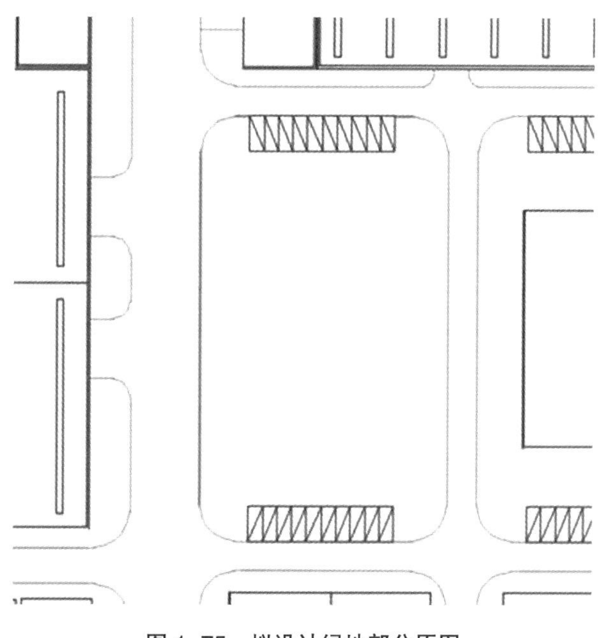

图 1–75 拟设计绿地部分原图

考核标准

表 1–4 所示为考核表。

表 1–4 考核表

考核项目	分值	考核标准	得分
地形设计	20	因地制宜，根据环境特点和绿地使用特点进行地形设计，设计合理，表达准确	
道路铺装设计	20	能与地形配合设计道路线形，合理配置活动场地，方便通行	
建筑小品设计	20	建筑布局合理，形式美观，能发挥成景或休息功能，与周围环境其他要素融为一体	
植物设计	20	能合理选择种植方式，能兼顾观赏特征与生态功能，能注意季相景观	
思政内容	10	能自觉运用中国传统文化，体现爱国主义情怀，对新知识有探求欲，并自觉加以应用	
创意	10	能塑造人文内涵，或营造人文意境	

参考方案

一、现场踏勘 ONE

现场踏勘的目的是对基地的地理位置、地形、土壤、水文、地上地下管线、小气候乃至周边植被的分布及生长状况进行调查，在现状图纸上根据现场进行修改和补充，与建设方密切沟通，充分了解建设方要求、养护管理水平等，以便在设计时能有的放矢、因地制宜地合理布置园林要素，形成既美观又稳定的园林绿地景观。

通过现场踏勘可知，该企业位于唐山市非市中心地带，地形平坦，拟建绿地地块植物栽植深度内有建筑垃圾，需清运和部分换土；水源充足，环保设施完善，污染对植物生长无影响。从周围绿地情况看，该企业院墙外城市道路绿地中植物长势大多良好，但有少数大叶黄杨遇冻害出现局部死亡的现象。该地块小气候虽能在冬季稍优于外部，但不耐寒植物仍要慎用。

二、各要素设计 TWO

图 1-76 为设计平面图，图 1-77 为平面效果图。

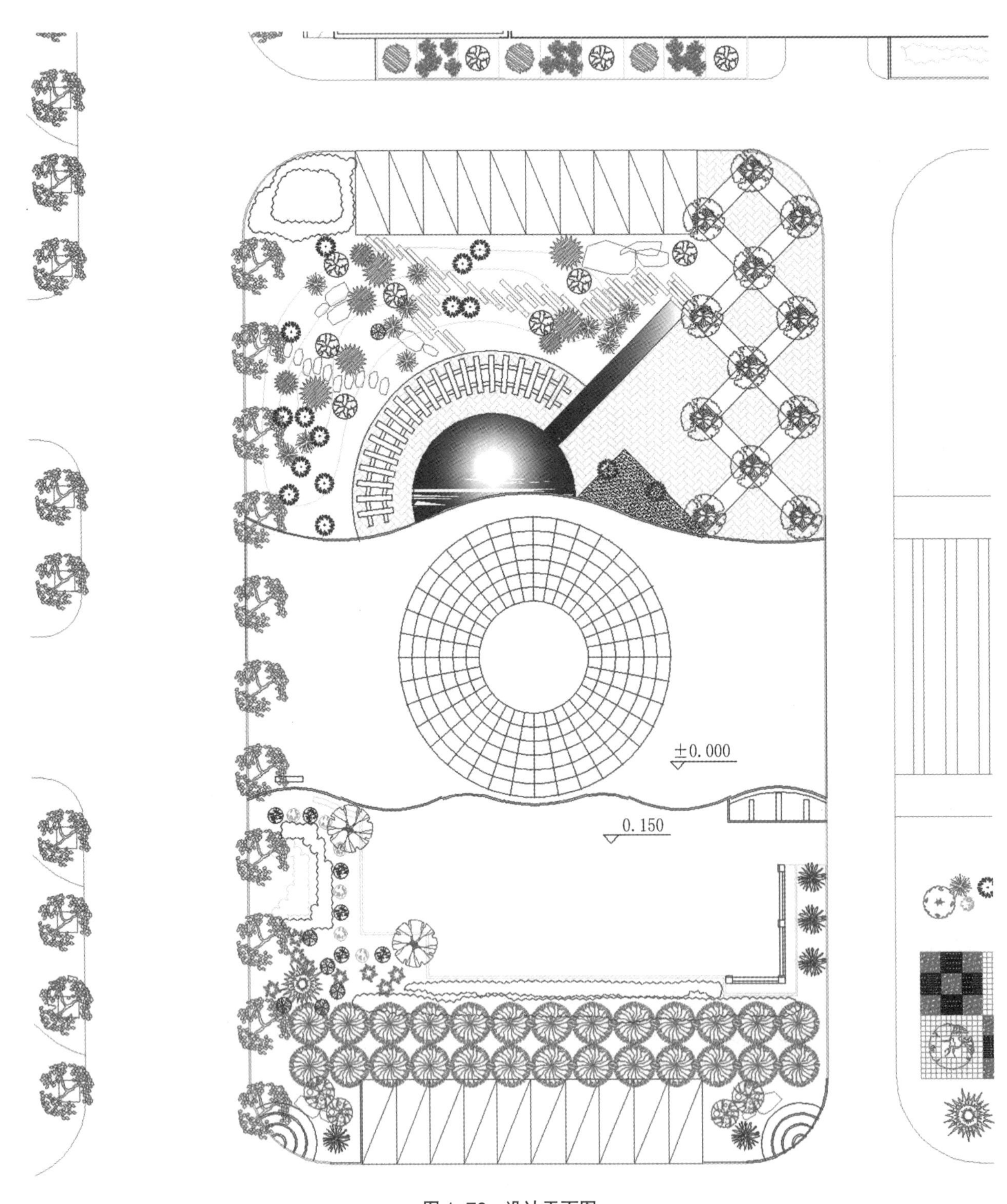

图 1-76 设计平面图

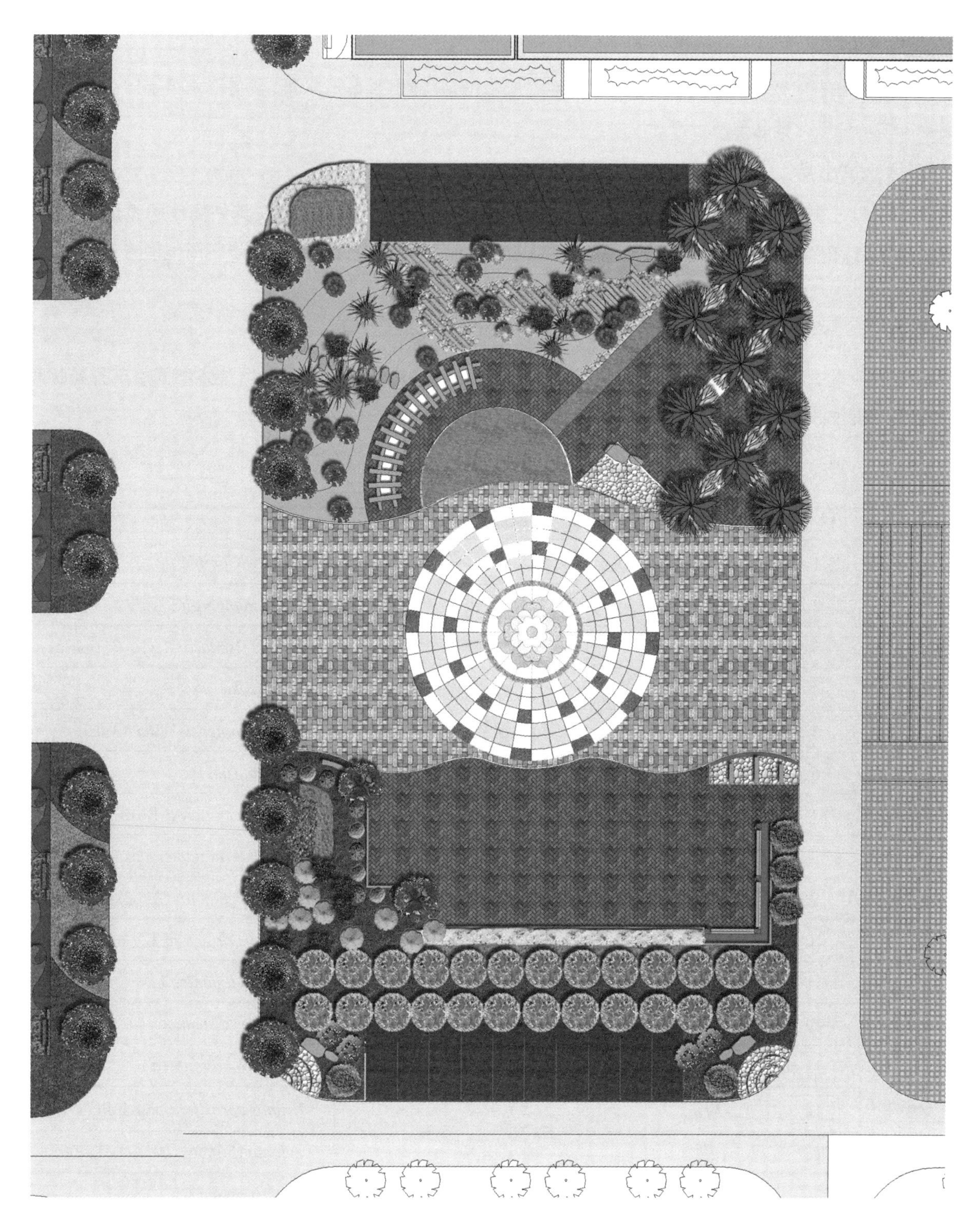

图 1–77　设计平面图

1. 园路广场

该绿地位于厂房车间和餐厅之间，工人用餐时间又相对集中，为便于人流集散，在该绿地中间留出直通两侧的大面积作铺装；现场调查发现该厂无大型会议礼堂，为使该绿地能临时作为大型会议场地，在该主路的南侧再留出一定面积作硬化广场。北侧东部作树阵广场，绿地内的散步园路用汀步式。绿地的北侧和南侧根据建设方要求作嵌草停车位。

2. 地形

北侧绿地内作自然微地形，绿地中心位置作半圆形水景，并伸出长条形水景，长条形水景上以强化玻璃覆盖，与东侧树阵广场的硬化铺装形成过渡。

3. 园林建筑小品

主路东入口北侧设计了浮雕景墙，突出现代气息；为与半圆形水景相配合，在其外侧作圆弧形花架，花架下有坐凳以供休息；在绿地的四个小局部，借鉴日式枯山水安排了白色碎石粒铺地；汀步石周围散置石景，以与之相协调。

4. 植物

以乡土树种为主，重点点缀观叶树种北美红枫，突出绚丽的色彩；对于观花树种，注重不同季节开花树种的应用，使植物生长期内开花不断（见表 1–5）。

表 1–5　苗木统计表

分类	序号	图例	植物名称	学名
常绿乔木	1		青杄	*Picea wilsonii* Mast.
	2		黑松	*Pinus thunbergii* Parl.
	3		雪松	*Cedrus deodara* (Roxb.) G. Don
	4		龙柏	cv. *kaizuka*
	5		桧柏	*Sabina chinensis* (Linn.) Ant.
落叶乔灌木	6		北美红枫	*Acer rubrum* L.
	7		白蜡树	*Fraxinus chinensis* Roxb.
	8		栾树	*Koelreuteria paniculata* Laxm.
	9		海棠花	*Malus spectabilis* (Aiton) Borkh.
	10		三球悬铃木	*Platanus orientalis* L.
	11		槐	*Sophora japonica* L.
	12		枫杨	*Pterocarya stenoptera* C.DC.
	13		紫薇	*Lagerstromia indica* L.
	14		紫叶李	*Prunus cerasifera* ‘Pissardii’
	15		紫玉兰	*Yulania liliiflora* (Desr.) D. L. Fu
	16		梅花	*Prunus mume*
	17		山楂	*Crataegus pinnatifida* Bunge
	18		紫荆	*Cercis chinensis* Bunge
	19		山樱花	*Prunus serrulata* Lindl.
	20		石榴	*Punica granatum* L.
	21		木槿	*Hibiscus syriacus* L.
	22		华北珍珠梅	*Sorbaria kirilowii* (Regel) Maxim.

续表

分类	序号	图例	植物名称	学名
落叶乔灌木	23		柿树	*Diospyros kaki*
	24		碧桃	*Amygdalus persica* 'duplex' Rehd.
	25		金银忍冬	*Lonicera maackii* (Rupr.) Maxim.
片植灌木	26	1	红王子锦带	*Weigela florida* 'RedPrince'
	27	2	迎春花	*Jasminum nudiflorum* Lindl.
	28	3	木槿	*Hibiscus syriacus* L.
常绿灌木	29		龙舌兰	*Agave americana* L.
	30		叉子圆柏	*Juniperus sabina* L.
绿篱色块	31		小叶女贞	*Ligustrum quihoui* Carr.
	32		冬青卫矛	*Euonymus japonicus* Thunb.
花卉片植	33	4	锥花福禄考	*Phlox paniculata* L.
	34	5	蓝花鼠尾草	*Salvia farinacea* Benth.
	35	6	红景天	*Rhodiola rosea* L.
	36	7	金娃娃萱草	*Hemerocallis fuava* 'Golden Doll'

知识链接

"一池三山"——掇山理水的典范

孔子说"知者乐水，仁者乐山"，这充分说明了自然山水与人们的精神和人格有很多相通之处，中国人民在山的博大、水的智慧中汲取精神养料，并使灵魂得到净化，使境界得到升华。许多先贤哲人都喜欢寄情山水，山水诗文、山水画、山水园林彼此影响、互相成就，这使得山水文化成为中国传统文化的重要内容。

中国传统园林讲究山水相依，"山得水而活"，在塑造山水时，有一种经典的模式——"一池三山"。"一池三山"的布局模式源自中国古代道家关于东海之东有"蓬莱、瀛洲、方丈"三座仙山的传说，秦汉时期就已形成。秦始皇派人寻找蓬莱仙境不得，遂按照传说中的"瑶池三仙山"的布局来建造皇家宫苑以求梦想成真，"引渭水为池，筑为蓬、瀛"。到了汉代，汉武帝刘彻扩建上林苑，"其北治大池，渐台高二十余丈，名曰泰液池，中有蓬莱、方丈、瀛洲、壶梁，象海中神山龟鱼之属"（注：泰液池又称"太液池"）。这种"一池三山"的形式，成为后世宫苑中处理山水的范例。

如北京的北海，在规划理念上依据的就是中国传统的"一池三山"的神话传说，琼华岛象征"蓬莱"，团城象征"瀛洲"，中南海里的犀山台象征"方丈"，北海象征"太液池"。整体布局上体现自然山水和人文园林的艺术融合的"琼岛春阴"和"太液秋风"，是燕京八景之中的两景。

再如颐和园（见图1-78），将昆明湖用筑堤的手法分为：东湖、西北湖和西南湖。它们各有一岛，东湖中为南湖岛，西南湖中有藻鉴堂（山岛），西北湖中是治镜阁（阁岛），形成"湖、堤、岛"一个新的"一池三山"格式。在塑造三个大岛的同时，还在南湖水面上增添了三个小岛——知春岛、小西泠和凤凰墩，三个小岛各有千秋。

"一池三山"的传统格局不仅限于皇家园林，在江南私家园林中也随处可见，如苏州拙政园、留园均采用了这种传统格局。

中国传统的园林艺术讲究“有法无式”，池的形状、池中三岛的形状各异、各有千秋，促使中国园林的掇山理水之术发扬光大。

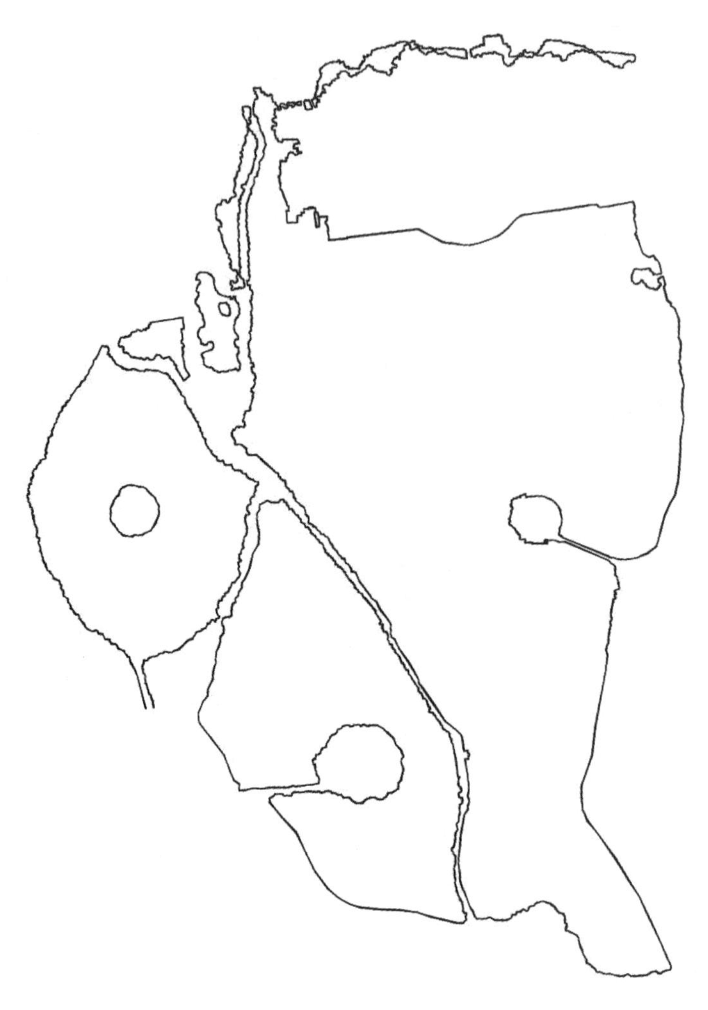

图 1-78　颐和园的“一池三山”

项目二
园林规划设计基本理论的应用

YUANLIN
GUIHUA
SHEJI

导　语

图 2-1 所示为某小区中心绿地效果图。可以看出，它将园林四大要素结合得非常巧妙，给人直接的视觉冲击。除此之外，在画面中，我们能感受到富有动感和韵律的美感，其中糅合了中国元素，但又不失现代感。

在造景和组织景观时，有一套完整的理论。理论运用得当，可大大增加园林绿地的美感，使之具有强盛的生命力，令人在得到美的陶冶的同时，又回味深长。

图 2-1　某小区中心绿地效果图

技能目标

1. 能根据绿地性质进行合理布局。
2. 能运用园林美学知识和园林艺术基本原理对园林设计方案和现有园林进行评价。
3. 初步具有园林空间创造能力。
4. 能运用造景、组景手法创造统一的园林空间。

知识目标

1. 理解形式美的基本法则。
2. 掌握园林造景的方法。
3. 掌握园林空间布局的基本形式及创作方法。
4. 掌握园林色彩的营造方法。

思政目标

1. 培养健康向上的审美观。
2. 培养兼收并蓄、美美与共的审美观。
3. 逐渐养成主动思考的习惯。

任务一

园林布局

任务提出

在某企业办公区与生活区之间有一块不规则绿地，北侧、西侧、南侧均为围墙，东侧现有一条道路，如图 2-2 所示。请将该绿地设计成自然式绿地，绘制出总平面图。

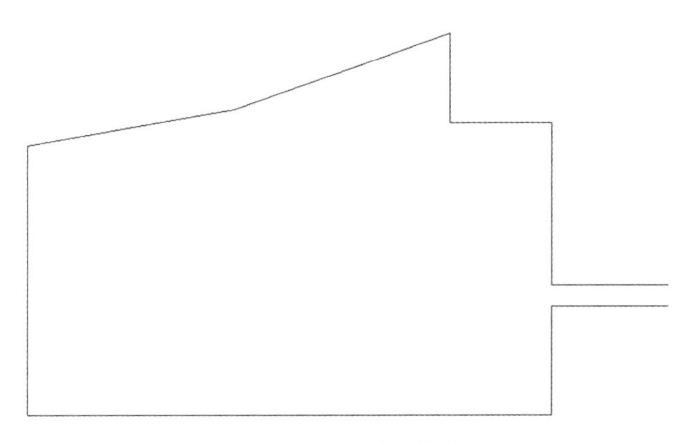

图 2-2　不规则绿地底图

任务分析

要求将该庭院绿地设计成自然式，首先要了解自然式庭院绿地的特征，并灵活运用设计理论，将园林要素巧妙组合，直至绘制出设计图纸。

相关知识

园林按布局形式大体可以分为规则式园林、自然式园林、混合式园林和现代自由式园林等。

园林布局的基本形式

一、规则式园林　ONE

规则式园林又称整形式园林、几何式园林、建筑式园林，以法国的凡尔赛宫（见图 2-3）为代表。整个平面布局、立体造型，以及建筑、广场、道路、水面、花草树木等都要求严整对称。在 18 世纪英国风景园林产生之前，西方园林主要以规则式为主；在我国，规则式园林布局常用于宫苑建筑周围、纪念性建筑周围，私家庭院则很少采用这种布局形式。如我国北京的故宫、天坛都采用规则式布局，给人以庄严、雄伟、整齐之感。

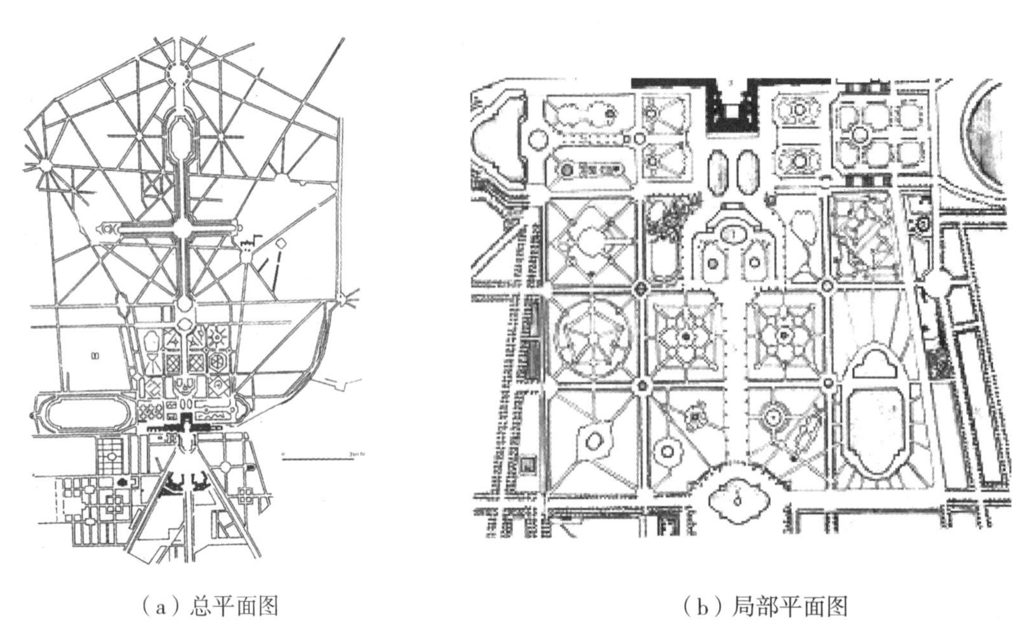

（a）总平面图　　　　（b）局部平面图

图 2-3　法国凡尔赛宫平面图（冯采芹、蒋筱荻、詹国英《中外园林绿地图集》）

（一）总体布局

规则式园林一般以明显的中轴线来控制全局，主轴线和次要轴线组成轴线系统，或相互垂直，或呈放射状分布，在整体布局中呈前后左右对称。

（二）地形

在平坦的基地上所做的庭园，其地形由不同标高的水平面、台地及缓慢倾斜的平面组成（见图 2-4）；在山地地形上所做的庭园，其地形由阶梯式的大小不同的水平台地、倾斜平面及石级组成。

图 2-4　公园局部的规则式小广场

（三）水体

水体外形轮廓均为几何形，多采用整齐式驳岸。园林水景的类型以整形水池、壁泉、整形瀑布及运河为主，其中常以喷泉作为水景的主题。在欧式园林中，古代神话雕塑与喷泉常构成水景的主要内容（见图 2-5）。

图 2-5　欧式园林中的喷泉小品

（四）广场和道路

规则式园林中的空旷地和广场外形轮廓均为几何形，主轴线和副轴线上的广场形成主次分明的系统，道路均为直线形、折线形或几何曲线形。广场与道路构成方格形、环状放射形、中轴对称或不对称的几何布局（见图2-6）。

（五）建筑

规则式园林不仅个体建筑采用中轴对称均衡的设计，而且建筑群和大规模建筑组群的布局也采取中轴对称均衡的手法，以主要建筑群和次要建筑群形式与广场、道路相组合的主轴和副轴控制全园，主体建筑群和单体建筑多采用中轴对称均衡布局（见图 2-7）。

图 2-6　规则式铺装

图 2-7　建筑群体中轴对称

（六）种植设计

全园树木配置以列植、对植为主，园内花卉布置以以图案为主题的模纹花坛和花带为主，有时布置成大规模的花坛群，并运用大量的绿篱以区划和组织空间（见图 2-8）。树木一般整形修剪，常模拟建筑体形和动物形态，如绿柱、绿塔、绿门、绿亭和鸟兽等。

图 2-8　规则式植物种植

（七）园林小品

除以建筑、花坛群、规则式水景和大量喷泉为主景以外，还常采用盆树、盆花、瓶饰、雕塑作为主要景物。雕塑采用规则式基座，并多配置于轴线的起点、终点或交点上。西方园林的雕塑主要为人物雕塑并布置于室外。

（八）造园手法

规则式园林带有明显的人工痕迹，多采用开门见山的造园手法，运用对称均衡、对比与调和、重复韵律、交替韵律等园林艺术原理，塑造规整、简洁的构图。规则式园林的主景常居于几何重心，布置在中轴线的终点或纵横轴线的交点上。在主景前方和两侧，常常配置一对或若干对次要的景物，以强调和陪衬主景。

二、自然式园林　TWO

自然式园林又称为风景式园林、不规则式园林、山水派园林等。在我国，从有园林历史记载的周秦时代开始，无论是大型的帝皇苑囿还是小型的私家园林，多以自然式山水园林为主，古典园林中以北京颐和园、承德避暑山庄、苏州拙政园、苏州留园为代表。我国自然式山水园林，从唐代开始影响日本的园林，从18世纪后半期传入英国，从而引起了欧洲园林对古典形式主义的革新运动。自然式园林一般采用山水布局手法，模拟自然，将自然景色和人工造园艺术巧妙结合，达到“虽由人作，宛自天开”的效果。现存的自然式古典园林以颐和园为代表（见图 2-9）。

我国传统私家庭园多为自然式布局，中国庭园以江南私家园林风格最为典型。我国私家园林由建筑、山水、花木合理组合成一个综合体，叠石理水、植物配置都富有诗情画意，追求“虽由人作，宛自天开”的境界，有一套成熟的掇山理水技巧，在方寸之间创造出咫尺山林（见图 2-10）。

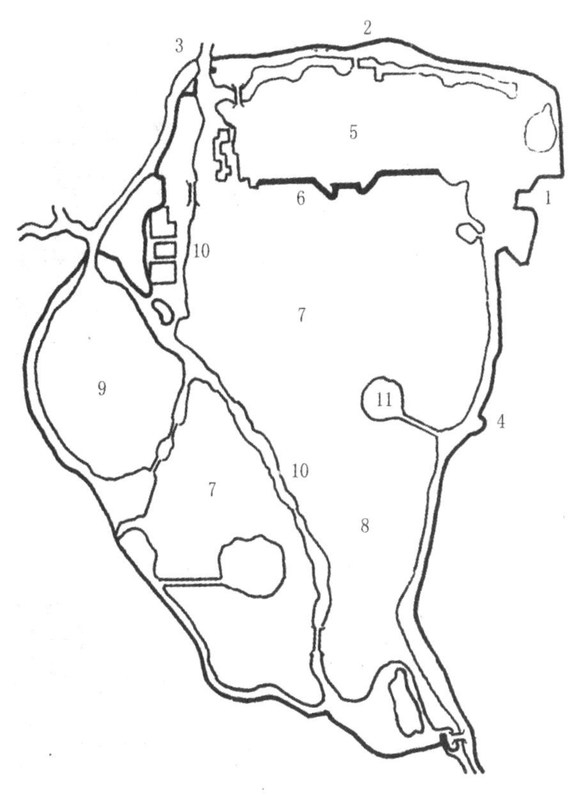

皇家园林
之颐和园

图 2-9 颐和园平面图

1. 东宫门 2. 北宫门 3. 西宫门 4. 新宫门 5. 万寿山 6. 长廊 7、8、9. 昆明湖 10. 西堤 11. 南湖岛

图 2-10 私家园林

(一)总体布局

自然式园林布局自由,大多由建筑、围墙、山石、植物自然围合。如北海静心斋,以长廊连接建筑物形成庭园院落;颐和园中的扬仁风以扇形的建筑与钟罩形的围墙围合成院落。

(二)地形

自然式园林模拟自然界的地貌类型,塑造多变的地形起伏,为创造优美环境和园林意境奠定物质基础。平原地带,地形为自然起伏的和缓地形,与人工堆置的若干自然起伏的土丘相结合,断面为和缓的曲线。在山地和丘陵地,利用自然地形地貌,除建筑和广场基地以外,均做成自然起伏状。原有破碎割切的地形地貌也加以人工整理,使其自然(见图 2-11)。

图 2-11　自然式园林中的地形

（三）水体

人有着亲水的本能和赏水的需求，园林中的水体使游人感到轻松、愉悦、心情舒畅，能使园林更加具有生气。水体使其他景物产生倒影，可以柔化园林的性格，产生柔美灵动的美感。

自然式园林的水体轮廓为自然的曲线，水面随园林的大小及地势的起伏，或开阔舒展，或萦回曲折。我国古典大型山水园林常于水面设三岛（见图 2-12），以象征海上神山，即采用传统造园手法中的“一池三山”格局，塑造自然而丰富的水景层次。岸呈各种自然曲线的倾斜坡度，驳岸常采用自然山石驳岸和打棒护岸，园林水景的类型以溪涧、河流、自然式瀑布、池沼、湖泊等为主。自然式园林常以瀑布为水景主题。

图 2-12　水中设岛，丰富水景层次

在江南私家园林中常做水景，水的倒影扩大了空间感，将人的视线通过水中倒影延伸到庭园以外，因此在我国传统私家庭园中几乎都会见到水景。自然式庭园的水景又可分为静态水景与动态水景。静态水景的平面轮廓均由自由流畅的曲线组成（见图 2-13）。静态水景还常常与山石相结合做假山瀑布、跌水，即形成动态水景，在有限的水域空间中塑造丰富的水景层次（见图 2-14）。

（四）园路

自然式园林的道路平面为自然曲线，剖面由竖曲线组成。道路的铺装形式活泼多样，多采用形式活泼的块状铺装，常见的有预制块铺装、嵌草路、冰纹路、彩色图案路等。游步道的铺装形式更为多样，常借鉴中国传统庭园中的“花街铺地”，以卵石、砖、瓦等为材料组成美观图案。

图 2-13　湖池静态水景

图 2-14　瀑布动态水景

（五）建筑

建筑是体现基本力学规律的人工创造物，直线是它的基本组成线条，但为了追求自然，园林建筑在设计的时候也多采用曲折多变的手法。这一由“直”至“曲”的转化使建筑能和周围的风景环境和谐地组合起来。园林内个体建筑采用对称或不对称均衡的布局，建筑群和大规模建筑组群多采用不对称均衡的布局。建筑体常随形就势，可布置在平地上、山地上或水边等，既作为赏景之处，又能单独成景。建筑形式多采用亭、廊、榭、舫、花架等，在建筑的造型上可灵活设计，一个单体建筑可有很多种形式，如亭有四角亭、六角亭、八角亭、圆亭、扇形亭、攒尖顶亭、歇山顶亭等多种。

（六）种植设计

自然式园林中的植物反映自然界植物群落自然之美，花卉布置以花丛、花境为主，树木配植以孤植树、树丛为主，以自然的树丛、树群、树带来区划和组织园林空间。树木的整形修剪以模拟自然界大树的自然生长状态为主。花木的选择标准如下：一讲姿美，树冠的形态、树枝的疏密曲直、树皮的质感、树叶的形状，都追求自然优美；二讲色美，树叶、树干、花都要求有各种自然的色彩美，如红色的枫叶，青翠的竹叶、白皮松针叶，色彩斑驳的榔榆，白色的广玉兰，紫色的紫薇等；三讲味香，要求自然淡雅和清幽。植物种类的选择注重文化意境的塑造，多用有象征意义的传统树种。如竹子象征人品清逸和气节高尚，松柏象征坚强和长寿，梅花象征孤傲高洁，莲花象征洁净无瑕，兰花象征幽居隐士，玉兰、牡丹、桂花象征荣华富贵，石榴象征多子多孙，紫薇象征高官厚禄等。

（七）园林小品

自然式庭园常采用山石、桩景、盆景、雕刻、景墙、门洞、汀步、园椅等园林小品。

（八）造园手法

“虽由人作，宛自天开”是自然式庭园追求的最佳境界。自然式园林多用欲扬先抑、虚实相生、小中见大、园中有园的造园手法，以及借景、障景、框景、漏景等造景手法。在颐和园通过视线的组织可看见玉泉山上的塔，在避暑山庄可远望磬锤峰（见图 2-15），这均为借景。障景使人的视线因空间局促而受抑制，使人产生“山重水复疑无路”的感觉。障景还能隐蔽不美观或不可取的部分，可障远也可障近，而且障景本身又可自成一景（见图 2-16）。框景以门、窗的边界为框将景物框于其中，形成天然图画（见图 2-17 至图 2-19（左））。漏景大多借助漏窗或树木的缝隙，使空间断续相连、隔而不断，在空间上起互相渗透的作用（见图 2-19（右））。

图 2-15　避暑山庄借磬锤峰之景

图 2-16　既能障景又自成一景

图 2-17　大门框景图

图 2-18　景窗框景

图 2-19　苏州园林中的框景（左）与漏窗（右）

三、混合式园林和现代自由式园林 THREE

(一)混合式园林

规则式部分与自然式部分比例差不多的园林可称为混合式园林,如广州起义烈士陵园。在园林规划中,原有地形平坦可规划成规则式,原有地形起伏不平,丘陵、水体多可规划成自然式;树木少的可搞规则式,大面积园林以自然式为宜,小面积园林以规则式较经济。四周环境为规则式,宜规划成规则式;四周环境为自然式,则宜规划成自然式。林荫道、建筑广场的街心花园等以规则式为宜,居民区、行政办公楼、工厂、体育馆、大型建筑物前的绿地以混合式为宜。

(二)现代自由式园林

现代自由式园林又称为抽象式、意象式或现代园景式园林,这类园林没有典型的自然式或规则式的特征,以体现自由意象美为布局宗旨(见图 2-20)。

图 2-20　现代自由式园林

虽然小尺度的私人花园、庭园设计仍在继续,但是,随着社会的发展,公园和植物园等城市开放空间、公司园区、大学园区为设计者提供了更广阔、更具公用特征的尺度,新型园林担当着大众休息和娱乐的功能。

中国传统园林服务对象有限,与外界的联系较弱,在特定的封闭的社会条件中形成了独特的园林文化;而欧式对称的规则式园林太过一览无余,整齐但失于呆板。在现代社会,现代园林设计师不断挖掘古典园林的现实意义,造园既遵从古代中国传统的方法,也借鉴西方的表现形式,两者都不排斥。现代自由式园林应运而生。

现代自由式园林将园景的美学特点和自然景观加以高度概括,通过变形、集中、提炼,表现为既内存寓意,引人联想,反映并表达一种观赏艺术思想主题的内涵,又以直观优美的图案造型形式,给人一种赏心悦目的视觉享受。这种布局形式采用动态均衡的构图方式,它的线条比自然式园林的线条流畅而有规律,比规则式园林的线条活泼而有变化,形象生动、亲切而有气韵,具有强烈的时代气息和景观特质。

现代园林景观应多注重尺度,“宜人、亲人”,尊重自然,尊重历史,尊重文化、文脉,不能违自然而行,不能违背人的行为方式；既要继承古代文人、画家的造园思想，又要考虑现代人的生活行为方式，运用现代造园素材，形成鲜明的时代感。如果我们一味地推崇古代园林，就没有进步。不同的时代应留下不同的符号。

任务实施

第一阶段：现场踏勘。

调查地块的气候、土壤、水文状况，以指导设计；对周边植被的分布和表现进行调查，对确定树种具有指导意义。调查结果如下：该区域地处华北地区，周围为山地地貌，属暖温带季风性气候，冬冷夏热；因与生产区距离较远，受污染程度较小，一般树种生长状态尚可；土壤较肥沃，能满足多种树种的生长需求；周边自然植被以落叶乔灌木为主，人工绿化树种表现较好的有国槐、白蜡树、白皮松、青杆、木槿、连翘、榆叶梅等。

第二阶段：方案构思。

该区设计成自然式小游园，道路设计成自然曲线，出入口设于东侧，方便进出。因面积较小，地形以平地为主；只设计二级园路，且为方便游览，园路设计成环路。植物配置以树丛、树群为主。

第三阶段：方案设计（见图 2-21）。

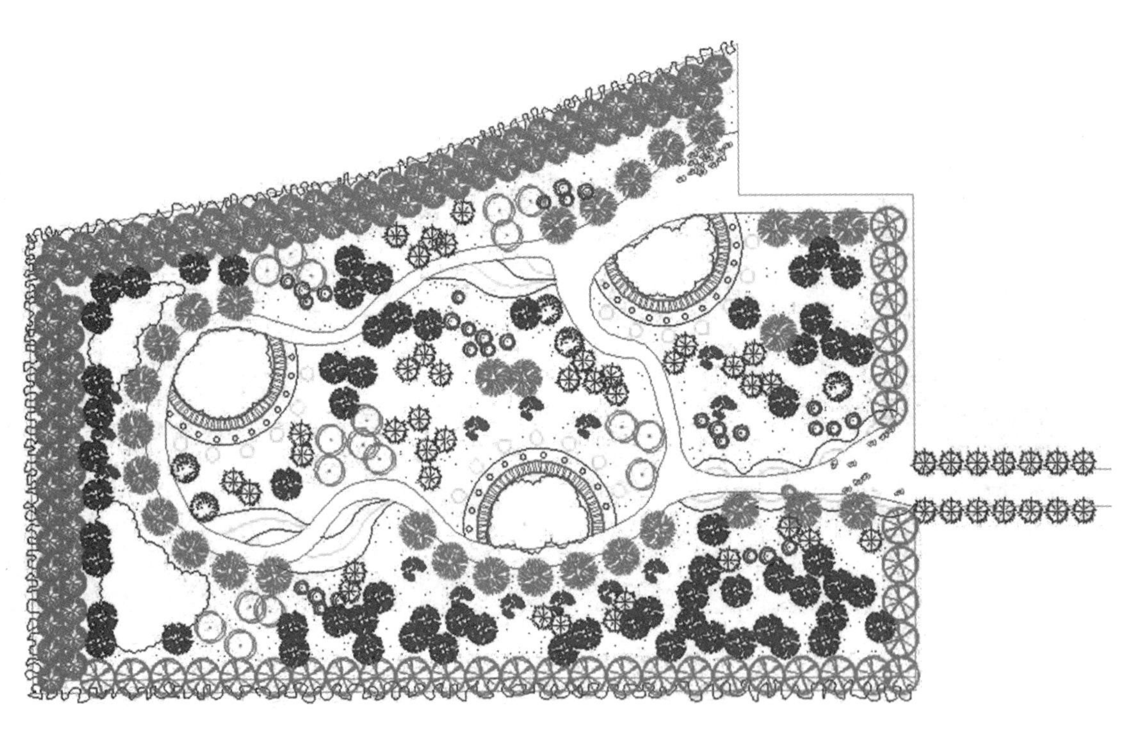

图 2-21 方案平面图

(1) 地形：该地山地地貌很常见，加之设计区域面积较小，因此本次设计无设计起伏地形的必要，只留出排水坡度。

(2) 道路：一级园路基本宽度为 3 m，但在出入口、交叉口局部加宽，以利于人流集散。二级园路为游步道，宽度设计为 1 m，位于半圆形花丛边缘，可以方便近赏盛开的鲜花，并延长散步路线。

(3) 植物。

①常绿树种：栽植当地表现较好的白皮松（少量）和青杆（适量）。

②落叶乔木：以国槐、白蜡树沿围墙种植，起生态隔离的作用，方便粗放管理；园内落叶乔木选用栾树（群植）作为基调树种，园路旁栽植适量法桐（列植）以遮阴。

③花灌木：春花树种有连翘（片植）、西府海棠（列植）、榆叶梅（丛植），春末夏初有红王子锦带（片植），夏秋有木槿（丛植），这些树种次第开花，塑造季相景观。

④宿根花卉：半圆形地块内栽植花丛，夏季开花，塑造繁花似锦的景象。

⑤地被：根据对该企业养护水平的了解，选用冷季型草坪，保证小游园有较长的绿期。

任务二

园林艺术原理的应用

任务提出

图2-22、图2-23所示为某居住小区中心绿地方案效果图。该居住小区的总体格调为“水墨大宅、陇上人家”，突出建筑与环境的中国风。该居住小区整体地形高低起伏较大，利用原高差做成了多级跌水景观，水景构成了该区域的主要特色。分析该小区水景景观构成中用到的园林艺术原理和造景特色。

图2-22 中心水景效果图

图 2-23　局部细节效果图

任务分析

该居住小区中心绿地以水景为主，结合绿地高差做成多级跌水景观，在水景中设计多处景墙、树池并置石等，且周围的植物配置种类丰富。在运用地形、水体、道路、植物、建筑小品进行造景和组景的过程中，如何使这些要素共同形成一个完整而富有美感，并具有独特意境的系统，需要我们在充分理解园林艺术原理的基础上进行分析。

相关知识

园林艺术是指在园林创作中，通过审美创造活动再现自然和表达情感的一种艺术形式。园林艺术是园林学研究的主要内容，是美学、文学、绘画等多种艺术学科理论的综合应用，其中美学的应用尤为重要。

一、园林美学概述　ONE

园林美源于自然，又高于自然，是自然景观的典型概括，是自然美的再现。它随着我国文学、绘画艺术和宗教活动的发展而发展，是自然景观和人文景观的高度统一。园林美是园林师对生活、自然的审美意识（感情、趣味、理想等）和优美的园林形式的有机统一，是自然美、艺术美和社会美的高度融合。

园林属于五维空间的艺术范畴，一般有两种提法：一是长、宽、高、时间空间和联想空间（意境）；二是线条、时间空间，平面空间，静态立体空间，动态流动空间和心理思维空间。这两种提法都说明园林是物质与精神空间的总和。

园林美具有多元性，表现在构成园林的多元素和各元素的不同组合形式之中。园林美也具有多样性，主要表现在历史、民族、地域、时代性的多样统一之中。

（一）园林美的特征

园林美是自然美、艺术美和社会美的高度统一。

1. 自然美

自然美即自然事物的美。自然界的昼夜晨昏、风云雨雪、虫鱼鸟兽、竹林松涛、鸟语花香都是自然美的组成部分。自然美偏重于形式，往往以色彩、形状、质感、声音等感性特征直接引起人们的美感。人们对于自然美的欣赏往往注重形式的新奇、雄浑、雅致，而不注重它所包含的社会内容。自然美随着时空的变化而表现不同的美，如在春、夏、秋、冬四季，园林表现出不同的自然景象。园林中多依此而进行季相景观造景。

2. 艺术美

艺术美是自然美的升华。尽管园林艺术的形象是具体而实在的，但是，园林艺术的美又不仅仅限于这些可视的形象实体上，而是借山水花草等形象实体，运用种种造园手法和技巧，合理布置，巧妙安排，灵活运用，来传述人们特定的思想情感，创造园林意境。重视艺术意境的创造，是中国古典园林美学的最大特点。中国古典园林美主要是艺术意境美，在有限的园林空间里，缩影无限的自然，使人产生咫尺山林的感觉，产生"小中见大"的效果。如扬州的个园，成功地布置了四季假山，运用不同的素材和技巧，使春、夏、秋、冬四季景色同时展出，从而延长了游览园景的时间。这种拓宽艺术时空的造园手法强化了园林美的艺术性。

3. 社会美

社会美是社会生活与社会事物的美，它是人类实践活动的产物。园林艺术作为一种社会意识形态，作为上层建筑，自然要受制于社会存在。作为一个现实的生活境域，园林亦会反映社会生活的内容，表现园主的思想倾向。例如，法国的凡尔赛宫苑布局严整，是当时法国古典美学总潮流的反映，是君主政治至高无上的象征。

（二）园林美的主要内容

园林美的主要内容——以沧浪亭为例

园林美是多种内容综合的美，其主要内容表现为以下十个方面。

1. 山水地形美

利用自然地形地貌，加以适当的改造，形成园林的骨架，使园林具有雄浑、自然的美感。我国古典园林多为自然山水园。如颐和园以水取胜，以山为构图中心，是山水地形美的典范。

2. 借用天象美

借大自然的阴晴晨昏、风云雨雪、日月星辰造景，是形式美的一种特殊表现手法，能给游人留下充分的思维空间。西湖十景中的断桥残雪是借雪造景；雷峰夕照是借夕阳造景（见图 2-24）；山东蓬莱仙境，是借"海市蜃楼"这种天象奇观造景。

3. 再现生境美

仿效自然，创造人工植物群落和良性循环的生态环境，创造空气清新、温度适中的小气候环境。如承德避暑山庄，就是再现生境美的典型例子（见图 2-25）。

图 2-24　杭州雷峰夕照

图 2-25　承德避暑山庄稳定的人工生态环境

4. 建筑艺术美

为满足游人的休息、赏景驻足及园务管理等功能的要求和造景需要，修建一些园林建筑构筑物，包括亭台廊榭、殿堂厅轩、围墙栏杆、展室公厕等。成景的建筑能起到画龙点睛的作用。园林建筑艺术往往是民族文化和时代潮流的结晶。我国古典园林中的建筑数量比较多，体现出中华民族特有的建筑艺术与建筑技法。如北京天坛，其建筑艺术无与伦比，其中的回音壁、三音石等令中外游客叹为观止。

5. 工程设施美

园林中，游道廊桥、假山水景、电照光影、给水排水、挡土护坡等各项设施必须配套，要注意区别于一般的市政设施，在满足工程需要的前提下进行适当的艺术处理，形成独特的园林美景。如承德避暑山庄的“日月同辉”，根据光学原理中光的入射角与反射角相等的原理，在文津阁的假山中制作了一个新月形的石孔，光线从石孔射到湖面上，形成月影，再反射到文津阁的平台上，游人站到一定的位置上可以白日见月，出现“日月同辉”的景观。

6. 文化景观美

园林借助人类文化中的诗词书画、文物古迹、历史典故，创造诗情画意的境界。园林中的“曲水流觞”因王羲之的《兰亭集序》而闻名，现代园林中多加以模拟而形成曲水(见图 2-26)，游人置身于水景之前，似能听到当年文人雅士出口成章的如珠妙语，渲染出富有文化气息的园林意境。

曲水流觞——园林的文化意蕴

7. 色彩音响美

色彩是一种可以带来最直接的感官感受的因素，处理得好，会形成强烈的感染力。风景园林是一幅五彩缤纷的天然图画，是一曲美妙动听的美丽诗篇。我国皇家园林因红墙、黄瓦、绿树、蓝天成为色彩美的典范；苏州拙政园中的听雨轩，则以雨打芭蕉成为音响美的首推。

8. 造型艺术美

园林中常运用艺术造型来表现某种精神、象征、礼仪、标志、纪念意义，以及某种体形、线条美。中国建筑传统中的大型建筑前的华表，起初为木制，立于道口供作路标和留言用，后成为一种标志，一般为石制。如天安门前后各有一对华表(见表 2-27)，柱身雕蟠龙，上有云板和蹲兽，天安门后华表上的蹲兽叫望君出，天安门前华表上的蹲兽叫盼君归。

图 2-26　园林中的“曲水流觞”

图 2-27　天安门前的华表

9. 旅游生活美

风景园林是一个可游、可憩、可赏、可学、可居、可食、可购的综合活动空间。满意的生活服务，健康的文化娱乐，清洁卫生的环境，便利的交通与富有情趣的特产购物，都将给人们带来生活的美感。

10. 联想意境美

"意境"一词最早出自我国唐代诗人王昌龄的《诗格》——诗有三境:一曰物境,二曰情境,三曰意境。意境就是通过意象的深化而构成心境应和、形神兼备的艺术境界,也就是主、客观情景交融的艺术境界。联想和意境是我国造园艺术的特征之一。丰富的景物,通过人们的近似联想和对比联想,达到见景生情、体会弦外之音的效果。如苏州的"沧浪亭",取自《楚辞·渔父》"沧浪之水清兮,可以濯吾缨;沧浪之水浊兮,可以濯吾足";拙政园中的"小沧浪"、网师园中的"濯缨水阁",皆取其意。

二、园林艺术构图的基本法则及其在园林中的应用 TWO

(一)多样统一法则

多样统一是形式美的最高准则,它与其他法则有着密切的关系,起着"统帅"作用。各类艺术都要求统一,在统一中求变化。统一在园林中所指的方面很多,例如形式与风格,造园材料、色彩、线条等。统一可使人产生整齐、协调、庄严肃穆的感觉,但过分统一则会使人产生呆板、单调的感觉,所以常在统一之上加一个"多样",就是要求艺术形式在多样变化中有内在的和谐统一关系。风景园林是多种要素组成的空间艺术,要创造多样统一的艺术效果,可以采用以下多种途径。

1. 形式与内容的变化统一

不同性质的园林,有与其相对应的不同的园林形式。形式服从于园林的内容,体现园林的特性,表达园林的主题。

2. 局部与整体的多样统一

在同一园林中,景区景点各具特色,但就全园总体而言,其风格造型、色彩变化均应保持与全园整体基本协调,在变化中求完整,寓变化于整体之中,求形式与内容的统一,使局部与整体在变化中求协调,这是现代艺术对立统一规律在人类审美活动中的具体表现。

3. 风格的多样与统一

风格是在历史的发展变化中逐渐形成的。一种风格的形成,与气候、国别、民族差异、文化及历史背景有关。西方园林把许多神像规划于室外的园林空间中,而且多数放置在轴线上或轴线的交点上;而中国的神像一般供奉于名山大川的殿堂之中。这是东西方的文化和意识形态使然。西方园林以规则式为代表,体现改造自然、征服自然的几何造园风格;中国园林以自然山水为特色,体现天人合一的自然风格。这说明风格具有历史性和地域性。

4. 形体的多样与统一

形体可分为单一形体与多种形体。形体组合的变化统一可运用两种办法:其一,以主体的主要部分去统一各次要部分,各次要部分服从或类似于主体,起衬托、呼应主体的作用;其二,对于某一群体空间,用整体体形去统一各局部体形或细部线条,以及色彩、动势。

5. 图形线条的多样与统一

图形线条的多样与统一是指各图形本身总的线条图案与局部线条图案的变化统一。在堆山掇石时尤其注意线条的统一,一般用一种石料,它的色调比较统一,外形纹理比较接近,堆在一起时整体上的线条统一。

6. 材料与质地的变化与统一

一座假山，一堵墙，一组建筑，无论是单体还是群体，它们在选材方面都既要有变化，又要保持整体的一致性，这样才能显示景物的本质特征。如湖石假山与黄石假山用材就不可混杂，片石墙面和水泥墙面必须有主次比例。一组建筑，木构、石构、砖构必有一主，切不可等量混杂。

（二）对比与调和法则

对比是事物中对立的因素占主导地位，使个性更加突出。形体、色彩、质感等构成要素之间的差异包括反差是设计个性表达的基础，能产生鲜明强烈的形态情感，使视觉效果更加活跃。相反，在不同事物中，强调共同因素以达到协调的效果，称为调和。同质部分成分多，调和关系占主导；异质部分成分多，对比关系占主导。调和关系占主导时，形体、色彩、质感等方面产生的微小差异称为微差。当微差积累到一定程度时，调和关系便转化为对比关系。

对比关系主要是通过视觉形象色调的明暗、冷暖，色彩的饱和与不饱和，色相的迥异，形状的大小、粗细、长短、曲直、高矮、凹凸、宽窄、厚薄，方向的垂直、水平、倾斜，数量的多少，排列的疏密，位置的上下、左右、高低、远近，形态的虚实、黑白、轻重、动静、隐现、软硬、干湿等多方面的对立因素来建立的。它体现了哲学上矛盾统一的世界观。对比法则广泛应用在现代设计当中，具有很强的实用性。

园林中调和的表现是多方面的，如形体、色彩、线条、比例、虚实、明暗等，都可以作为要求调和的对象。单独的一种颜色、单独的一根线条无所谓调和，几种要素具有基本的共通性和融合性才称为调和。比如一组协调的色块，一些排列有序的近似图形等（见图 2-28）。调和的组合也保持部分的差异性，但当差异性表现强烈和显著时，调和的格局就向对比的格局转化（见图 2-29）。

图 2-28　相似产生的统一（王晓俊《风景园林设计》）

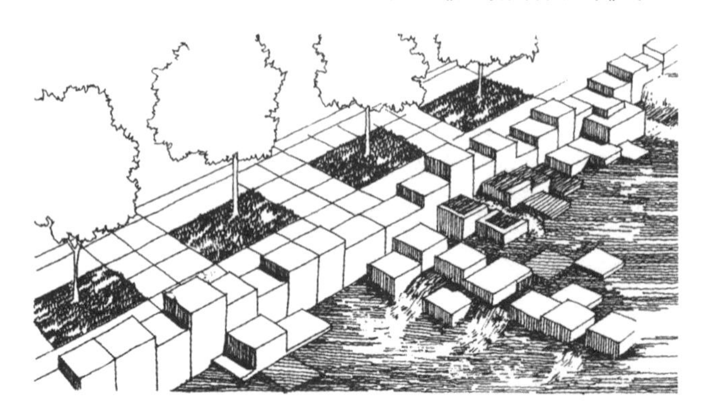

图 2-29　对比与调和（王晓俊《风景园林设计》）

1. 对比

1) 方向对比

对比在园林中的应用

水平与垂直是人们公认的一对方向对比因素。碑、塔、阁或雕塑一般是垂直矗立在游人面前的，它们与地平面存在垂直方向上的对比。景物由于高耸，很容易让游人产生仰慕和崇敬感。如水边平静广阔的水面与垂柳下垂的柳丝可形成鲜明的对比(见图 2-30)。

2) 体形大小对比

景物大小不是绝对的，而是相对的。大体量的物体与小体量的物体配置在一起，大的显得更大，小的显得更小。例如一座雕塑，本身并不太高，可通过基座以适当的比例加高，并在其四周配植人工修剪的矮球形黄杨，这样在感觉上便加高了雕塑。相反，用笔直的钻天杨或雪松，会让人觉得雕塑变矮了。

3) 色彩对比

园林中的色彩对比，包括色相对比与色度对比两个方面。色相对比是指互补色的对比，如红与绿、黄与紫，实际上只要色彩差异明显就有对比效果；色度对比是指颜色深浅的对比。园林中的色彩主要来自植物的叶色与花色、建筑物的色彩，为了达到烘托或突出建筑的目的，常用明色、暖色的植物。植物与其他园林要素之间也可运用对比色。在绿地中绿色的草坪上配置大红的月季、白色大理石雕塑、白色油漆花架，效果很好；红、黄色花卉的搭配使人感到明快而绚丽(见图 2-31)。

图 2-30 水平的水面与下垂的柳丝的对比

图 2-31 现代绿地中植物色彩的对比

4) 明暗对比

与草地相比，密林因阳光不易进入而形成相对较暗的空间；园林建筑的室内空间与室外空间也存在明暗现象(见图 2-32)。在林地中开辟林间隙地，是暗中有明；在以明为主的草坪上点缀树木(见图 2-33)，是明中有暗。园林建筑多以暗衬明，使明的空间成为艺术表现的重点或兴趣中心。

图 2-32 室内与室外的明暗对比

图 2-33 草坪点缀树木形成的明暗对比

5）空间对比

园林中空间的对比主要指开敞空间（也叫开朗空间）与闭锁空间的对比。在古典园林中，空间的对比相当普遍。如苏州留园（见图2-34），从入口进入一个狭长的封闭曲折的长廊，进入园内，一大片水面映入眼帘。大与小及开敞与封闭的狭长空间与其尽头的宽广空间桃花坞之间恰好形成开与合的对比，达到使人心胸顿觉开朗的效果。

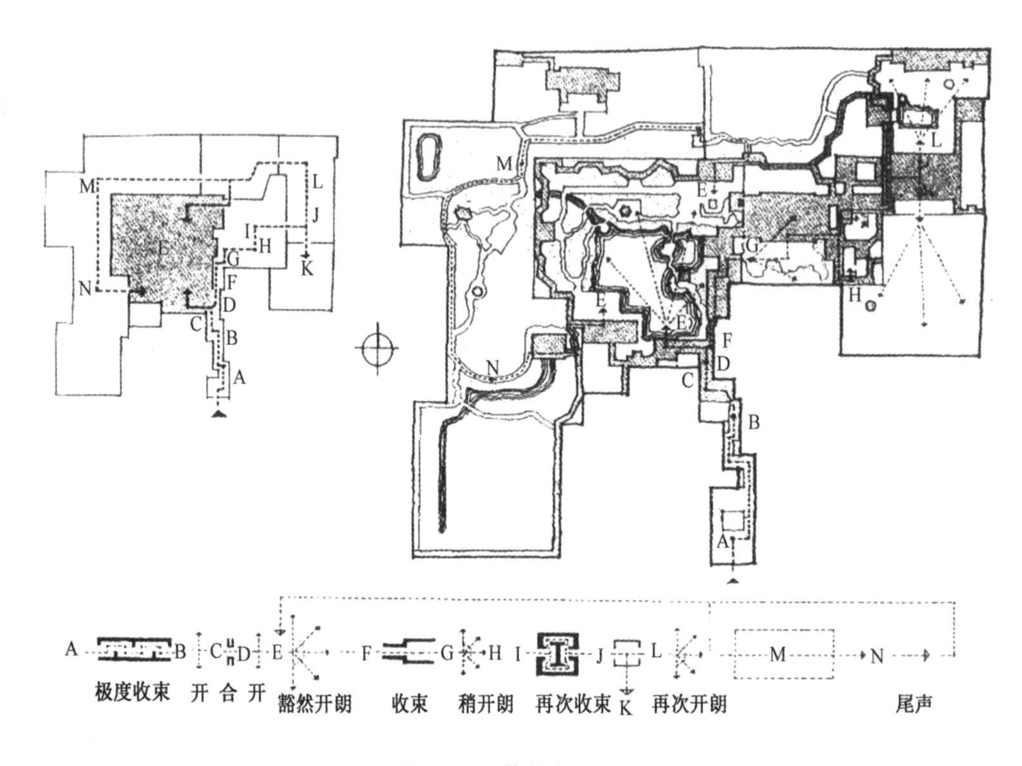

图2-34　苏州留园平面图

6）疏密对比

疏密对比能使园林产生变化及节奏感。在园林艺术中，这种疏密关系突出表现在景点的聚散及植物的种植分布上，聚处则密，散处则疏。苏州留园（见图2-34）的建筑分布就很讲究疏密结合。它的东部以石林小院为中心，建筑高度集中，内外空间交织穿插，在这样的环境中，由于景物内容繁多，步移景异，应接不暇，节奏变化快速，因而游人的心理和情绪必将随之兴奋而紧张，但游人如果长时间停留在这种环境下，必然会产生疲惫感。因此，留园的其他部分建筑安排得比较稀疏、平淡，空间也显得空旷，处于这样的环境中，游人的心情自然恬静而松弛。游人也在这一张一弛中得到了愉悦。园林中的密林、疏林、草地，就是常见的疏密对比手法的具体应用。

2. 调和

1）相似协调

相似协调是指形状基本相同的几何形体、建筑体、花坛、树木等，因大小及排列不同而产生协调感。如圆形广场上的坐凳是弧形的。

2）近似协调

近似协调也称微差协调，是指相互近似的景物重复出现或相互配合而产生协调感。如长方形花坛的连续排列，中国博古架的组合，建筑外形轮廓的微差变化等。这个差别无法量化表示，而是体现在人们感觉程度上。近似来源于相似但又并非相似，设计师巧妙地将相似与近似搭配起来使用，从相似中求统一，从近似中求变化。

3)局部与整体的协调

在整个风景园林空间中，调和表现为局部景区景点与整体的协调、某一景物的各组成部分与整体的协调。如某假山的局部用石，纹理必须服从总体用石材料纹理走向。再如：在民族风格显著的建筑上使用现代建筑的顶瓦、栏杆、门窗装修样式，就会使人感到不协调；在寺庙园林中栽种雪松，安装铁花栏杆，配置现代照明灯具，也会让人觉得格格不入。

（三）均衡与稳定法则

园林景物由于是由一定的体量和不同的材料组成的实体，因而常常表现出不同的重量感。探讨均衡与稳定法则，是为了获得园林布局的完整和安全感。稳定是指园林布局的整体上下轻重的关系，而均衡是指园林布局中部分与部分之间的相对关系，例如左与右、前与后的轻重关系等。

园林布局中要求园林景物的体量关系符合人们在日常生活中形成的平衡安定的概念，所以除少数动势造景（如悬崖、峭壁等）外，一般艺术构图都力求均衡。均衡可分为对称均衡和非对称均衡。均衡感是人体平衡感的自然产物，是指景物群体的各部分之间对立统一的空间关系，一般表现为静态均衡与动态均衡两大类型，创作方法包括构图中心法、杠杆平衡法和惯性心理法等。

1. 静态均衡

静态均衡又叫对称均衡。对称的形态在视觉上有安定、均匀、协调、整齐、典雅、庄重、完美的朴素美感，符合人们的视觉习惯。平面构图中的对称又可分为点对称和轴对称。对称均衡的布局常给人庄重严整的感觉（见图 2-35），在规则式的园林绿地中采用较多，如纪念性园林、公共建筑的前庭绿地等。对称均衡的布置小至行道树在道路两侧的对称栽植，花坛、雕塑、水池的对称布置，大至整个园林绿地建筑、道路的对称布局。采用对称均衡布局的景物常常过于呆板而不亲切，应避免单纯追求所谓“宏伟气魄”的对称处理。建筑布局的对称最为常用，给人以雄伟庄严的感觉。

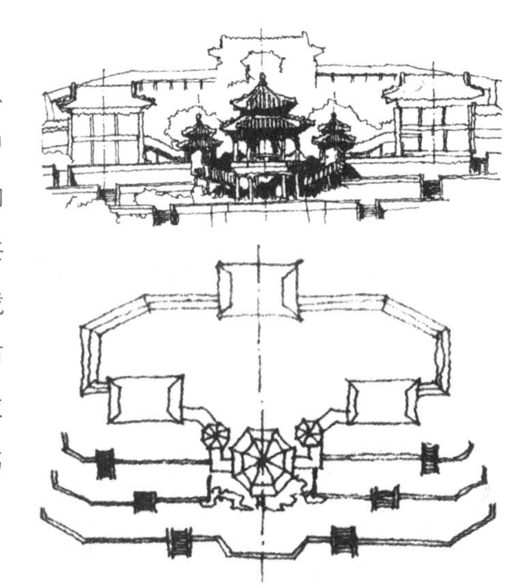

图 2-35 静态均衡

2. 动态均衡

动态均衡又叫不对称均衡。园林绿地的布局，由于受功能、组成部分、地形等各种复杂条件的制约，往往很难也没有必要做到绝对对称，在这种情况下常采用不对称均衡的手法。采用不对称均衡手法时，在平面构图上通常以视觉中心为支点，各构成要素以此支点保持视觉意义上的力度平衡。不对称均衡的布置要综合衡量园林绿地构成要素的虚实、色彩、质感、疏密、线条、体形、数量等给人产生的体量感觉，切忌单纯考虑平面的构图。不对称均衡的布置小至树丛、散置山石、自然水池，大至整个园林绿地、风景区的布局，给人以轻松、自由、活泼变化的感觉，所以广泛应用于自然式园林绿地中，如图 2-36 所示。

图 2-36 动态均衡

在我国古典园林中，动态均衡得到了更广泛的应用。如图 2–37 所示，北京颐和园昆明湖上的南湖岛，通过十七孔桥与廓如亭相连。桥的一端是有着建筑群的岛，另一端是一座单体建筑，为使桥两端取得均衡，廓如亭做成了面积为 130 m^2、八角重檐特大型木结构亭，有 24 根圆柱、16 根方柱，内外夹三圈柱子，加上南湖岛漂于水上的视觉效果，减轻了重量感，从而使桥两端巧妙地取得了均衡。此外，自然式绿地中还经常使用斜三角形平面构图，以取得均衡而富有美感的效果，如图 2–38 所示。

图 2–37　颐和园十七孔桥两端的动态均衡

图 2–38　绿地中石景和植物均应用斜三角形平面构图

3. 稳定

在园林布局中，稳定是指园林建筑、山石和园林植物等上下、大小所呈现的安稳的轻重关系。在园林布局中，往往在体量上采用下面大、向上逐渐缩小的方法来获得稳定坚固感，如我国古典园林中的塔和阁等。另外，在园林建筑和山石处理上也常利用材料、质地所给人的不同的重量感来获得稳定感，在土山带石的土丘上，也往往把山石设置在山麓部分而给人以稳定感。同时，打破上小下大的外观造型，还可以产生险峻、轻盈的特殊效果。

（四）比例与尺度法则

园林中的比例一般指景物之间或景物各组成部分的相对数比关系，尺度则指景物本身或局部的具体尺寸。

1. 比例

比例包含两方面的意义：一方面是指园林景物、建筑整体，或者它们的某个局部构件本身的长、宽、高之间的大小关系；另一方面是指园林景物、建筑物整体与局部或局部与局部之间空间形体、体量大小的关系。能使人得到美感的比例就是恰当的。

世界公认的最佳数比关系源自古希腊毕达哥拉斯学派创立的黄金分割理论：将整体一分为二，较大部分与较小部分之比等于整体与较大部分之比，比值近似为 1∶0.618。两边之比为黄金比的矩形称为黄金比矩形，它被认为是自古以来最均衡优美的矩形。但是在实践中，容易计算和使用方便的整数比例更为常用，即线段之间的比例为 2∶3、3∶4、3∶5、5∶8 等整数比。

2. 尺度

尺度是景物、建筑物整体和局部构件的绝对尺寸。功能、审美和环境特点决定园林设计的尺度。园林中的一切都是为人服务的，所以要以人为标准，要处处考虑到人的使用尺度、习惯尺度及与环境的关系。如供给成人使用的坐凳和供给儿童使用的坐凳，就要有不同的尺度。

1）单位尺度引进法

单位尺度引进法即引用某些为人们所熟悉的景物作为尺度标准，来确定景物的尺度。如园林中常以人的平均身高作为单位尺度，来确定园林建筑的尺度。图 2–39(b) 中的花架尺度适中，会让人感觉亲切；图 2–39(c) 中的花架尺度过小显得局促；图 2–39(a) 中的花架尺度过大，显得空旷无依。

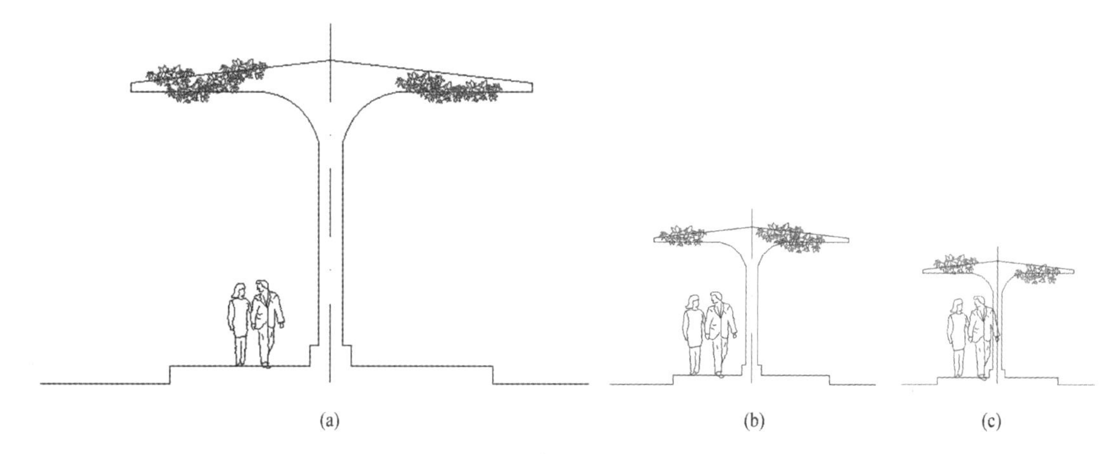

图 2–39 不同尺度的亭式花架

2) 人的习惯尺度法

人的习惯尺度法是指以人体各部分尺寸及其活动习惯和活动规律为准，来确定风景空间及各景物的具体尺度。如台阶的宽度不小于 30 cm（人脚长），高度为 12 ~ 19 cm 为宜；栏杆、窗台高 1 m 左右；月洞门直径为 2 m（见图 2–40）；坐凳高 40 cm，儿童活动场的坐凳高 30 cm。如果人工造景时需要表达雄伟壮观之感，就要用超越人们习惯的尺度；需要表达自然亲切的氛围，尺度则要符合一般习惯要求甚至更小。如以一般民居环境作为常规活动尺度，那么大型工厂、机关单位、市中心广场就应该用较大的尺度；私密性空间则用相对较小的尺度，以使人有安全、宁静和隐蔽感，这就是亲密空间尺度。

图 2–40 月洞门与人身高的关系

3) 夸张尺度法

园林中经常使用夸张尺度，将景物放大或缩小，以达到某种特殊效果。如北京颐和园佛香阁到智慧海的一段假山蹬道，台阶高差设计成 30 cm 到 40 cm，比普通台阶高了一倍，这种夸大的尺度增加了登山的艰难感，运用人的错觉增加山和佛寺高耸庄严的感觉。教堂、纪念碑、凯旋门、皇宫大殿、大型溶洞等，往往应用夸大了的超人尺度，使人产生自身的渺小感和景观的超然、神圣、庄严之感。

比例与尺度受多种因素影响，承德避暑山庄、北京颐和园等皇家园林都是面积很大的园林，其中建筑物的规格也很大。苏州古典园林是明清时期江南私家山水园林，园林各部分造景都效法自然山水，把自然山水经提炼后缩小在园林之中，无论在全局上还是在局部上，它们相互之间以及与环境之间的比例尺度都是很相称的，规模都比较小。建筑、景观常利用比例来突出以小见大的效果。

（五）节奏与韵律法则

节奏本是指音乐中音响节拍轻重缓急的变化和重复。在音乐或诗词中按一定的规律重复出现相近似的音韵即称为韵律。这原来属于时间艺术，拓展到空间艺术或视觉艺术中，是指以同一视觉要素连续重复或有规律地变化使人产生的运动感，像听音乐一样给人以愉悦的韵律感，而且由时间变为空间不再是瞬息即逝，可保留下来成为凝固的音乐、永恒的诗歌，让人长期体味欣赏。韵律多种多样，在园林中能创造优美的视觉效果。

1. 连续韵律

连续韵律：一种或多种景观要素有秩序地排列延续，各要素之间保持相对稳定的距离关系。连续韵律在道路绿化中最为常用，塑造出整齐划一的景观（见图 2-41）。人工修剪的绿篱，剪成连续的城垛形、波浪形等，也构成连续韵律。

2. 交替韵律

交替韵律：两种以上的要素按一定规律相互交替变化（见图 2-42）。道路绿化中“间株杨柳间株桃”的做法，地面铺装中图案的相间排列，踏步与台地的交替出现，都是交替韵律的典型运用。

图 2-41　道路绿化中连续韵律的应用

图 2-42　石粒与草坪相间排列，构成交替韵律

3. 渐变韵律

渐变韵律：连续出现的要素在某一方面按照一定规律变化，逐渐加大或变小，逐渐加宽或变窄，逐渐加长或缩短。如体积大小的逐渐变化、色彩浓淡的逐渐变化等，均可构成渐变韵律。渐变因逐渐演变而得名。

4. 旋转韵律

某种要素或线条按照螺旋状方式反复连续进行，或向上，或向左右发展，从而得到旋转感很强的韵律特征，形成旋转韵律。旋转韵律在图案、花纹或雕塑设计中比较常见。图 2-43 所示为昆明世博园中具有旋转韵律的花柱。

5. 自由韵律

某些要素或线条以自然流畅的方式，不规则但却有一定规律地婉转流动、反复延续，出现自然优美的韵律感，采用了类似云彩或溪水流动的表现方法，构成自由韵律。图 2-44 所示为昆明世博园以自由流畅的线条组成的花带。

图 2-43　昆明世博园中具有旋转韵律的花柱

图 2-44　昆明世博园中具有自由韵律的花带

6. 拟态韵律

相同元素重复出现，但在细部又有所不同，即构成拟态韵律。如连续排列的花坛在形状上有所变化，花坛内植物图案也有细微变化，统一中有所变化；又如我国古典园林中的漏窗（见图 2-45），是将形状不同而大小相似的花窗等距排列于墙面上，统一而不单调。

7. 起伏曲折韵律

景物构图中的组成部分以高低、起伏、大小、前后、远近、疏密、开合、浓淡、明暗、冷暖、轻重、强弱等无规定周期的连续变化和对比，构成起伏曲折韵律，使景观波澜起伏、丰富多彩、变化多端。图 2-46 所示为江南园林中构成起伏曲折韵律的云墙。

图 2-45　漏窗构成拟态韵律

图 2-46　云墙构成起伏曲折韵律

三、造景　THREE

景是构成园林绿地的基本单元，若干景点组成景区，若干景区组成一般园林绿地。

（一）景的含义

景即风景、景致，是指在园林绿地中，自然的或经人工创造的、以能引起人的美感为特征的一种供作游憩观赏的空间环境。我国古典园林中常有“景”的提法，如著名的西湖十景、燕京八景、避暑山庄七十二景等。

（二）景的主题

1. 地形主题

地形是园林的骨架，不同的地形能反映不同的风景主题：平坦地形彰显开阔空旷的主题；山体彰显险峻、雄伟的主题；谷地彰显封闭、幽静的主题；溪流彰显活泼、自然的主题。

2. 植物主题

植物是园林的主体，可彰显自然美的主题。如以花灌木彰显“春花”主题、以大乔木彰显“夏荫”主题、以秋叶秋果彰显“秋实”主题。这三个主题均为季相景观主题。

3. 建筑景物主题

建筑在园林中起点缀、点题、控制的作用，利用建筑的风格、布置位置、组合关系可表现园林主题。如木结构攒尖顶覆瓦的正多边形亭可彰显传统风格的主题，钢筋水泥结构平顶的亭可彰显现代风格的主题。又如：位于景区焦点位置的园林建筑,形成景区的主题;作为园门的特色建筑,形成整个园林的主题。

4. 小品主题

园林中的小品包括雕塑、水池喷泉等,也常用来表现园林主题。如人物、场景雕塑在现代园林中常用来表现亲切和谐的生活主题,抽象的雕塑常用来表现城市的现代化主题。

5. 人文典故主题

人文典故的运用是塑造园林内涵、园林意境的重要途径,可使景物生动含蓄、韵味深长,使人浮想联翩。如:苏州拙政园的与谁同坐轩,取自苏轼"与谁同坐。明月清风我";北京紫竹院公园的斑竹麓,取自远古时代的历史典故湘妃娥皇、女英与舜帝的爱情故事,配以二妃雕塑、斑竹,彰显感人的爱情主题。

(三)景的观赏

游人在游览的过程中对园林景观从直接的感官体验中得到美的陶冶,产生思想上的共鸣。设计师只有掌握游览观赏的基本规律,才能创造出优美的园林环境。

1. 赏景方式

1)静态观赏与动态观赏

静态观赏是指游人的视点与景物位置相对不变,整个风景画面就像一幅静态图画,主景、配景、背景、前景、空间组织、构图等固定不变。采用静态观赏方式,需要安排游人驻足的观赏点及在驻足处可观赏的美景。动态观赏是指游人的视点与景物位置发生变化,即随着游人观赏角度的变化,景物在发生变化。采用动态观赏方式,需要在游线上安排不同的风景,使园林"步移而景异"。

在实际的游园赏景中,往往动静结合。在进行园林设计时,既要考虑动态观赏下景观的系列布置,又要注意布置某些景点以供游人驻足细致观赏。

2)平视、仰视、俯视观赏

平视观赏是指游人的视线与地面平行,游人的头部不必上仰下俯的一种游赏方式。平视观赏的风景具有平静、安宁、广阔、坦荡、深远的感染力,在水平方向上有近大远小的视觉效果,层次感较强。平视观赏点常安排在安静休息处,设置亭、廊等赏景驻足之地,其前布置可以使视线延伸于无穷远处而又层次丰富的风景。

仰视观赏是指游人的视线向上倾斜,与地面有一定的夹角,游人需仰起头部赏景的观赏方式。仰视观赏的风景具有雄伟、崇高、威严、紧张的感染力,在向上的方向上有近大远小的效果,高度感强。中国园林中的假山,并不是简单以假山的绝对高度来增加山的高度,而是将游人驻足的观赏点安排在与假山很近的距离内,利用仰视观赏的高耸感突出假山的高度。

俯视观赏是指景物在游人视点下方,游人需低头赏景的观赏方式。俯视风景的观赏可营造惊险、开阔的效果,带给游人征服自然的成就感、喜悦感,在向下的方向上有近大远小的效果,深度感强。中国园林中的山体顶端一般都要设亭,就是在制高点设计一个俯视观赏风景的驻足点,使游人体验壮观豪迈的心理感受。

2. 赏景的视觉规律

正常人的清晰视距为 25~30 cm,能识别景物的视距为 250~270 m,能看清景物轮廓的视距为 500 m,能发现物体的视距为 1200~2000 m,但已经没有最佳的观赏效果了。

人眼的视域呈不规则的圆锥形。人在观赏前方的景物时的视角范围称为视域。人的正常静观视域,在垂直方向上视角为 130°,在水平方向上视角为 160°,超过以上视域则要转动头部进行观察,在此范围内看清景物的垂直视角为 26°~30°,水平视角约为 45°。最佳视域可用来控制和分析空间的大小与尺度、确定景物的高度和选择观景点的位置。例如苏州网师园(见图 2-47、图 2-48)从月到风来亭观对面的射鸭廊、竹外一支轩和黄石假山时,垂直视角为 30° ,水平视角约为 45° ,视域在最佳范围内,观赏效果较好。

图 2-47　苏州网师园垂直视角分析(王晓俊《风景园林设计》)

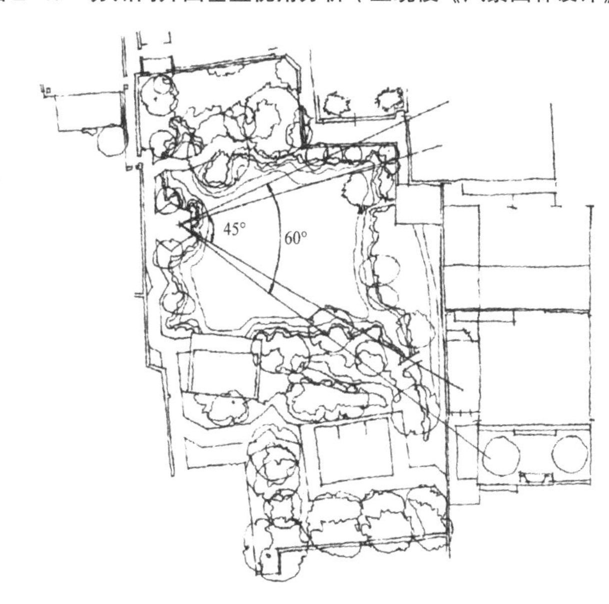

图 2-48　苏州网师园水平视角分析(王晓俊《风景园林设计》)

(四)造景手法

1. 主景与配景

在园林绿地中起到控制作用的景叫主景。主景包含两个方面的含义,一是指整个园林中的主景,二是指园林中局部空间的主景。配景对主景起陪衬作用,使主景突出,是主景的延伸和补充。

突出主景的方法有以下几个。

1)主体升高或降低

主景升高(见图 2-49),视点位置相对于主景较低,看主景要仰视。升高的主景一般以简洁明朗的蓝天远山为背景,使主体的造型、轮廓鲜明而突出。将主景安排于四面环绕的中心的凹处,如下沉式广场,为主景降低。降低的主景亦能成为视线焦点。

2)面阳的朝向

向南的园林景物因阳光的照耀而显得明亮,富有生气,生动活泼。山的南向往往成为布置主景的地方。北京颐和园佛香阁即坐落于山的南向。

3)运用轴线和风景视线的焦点

规则式园林常把主景布置在中轴线的终点或纵横轴线的交点上,并在主景的两侧布置配景,以强调陪衬主景;而自然式园林的主景则常安排于风景透视线的焦点上。

4)动势向心

一般四面环抱的空间,如水域、广场、庭院等,四周次要的景色往往具有动势,作为观景点的建筑物均朝向中心,趋向于视线的焦点,主景宜布置在这个焦点上。水体中的景物常因湖周游人的视线容易到达而成为"众望所归"的焦点,格外突出(见图 2-50)。

图 2-49　颐和园佛香阁主体升高且坐落于山的南向

图 2-50　水体中的景物因动势向心往往成为视线焦点

5)空间构图的重心

主景布置在空间构图的重心处。规则式园林构图,主景常居于几何重心;而自然式园林构图,主景常位于自然重心。如人民英雄纪念碑居于北京天安门广场的几何重心,主景地位非常鲜明。

2. 远景、中景、近景

景色的塑造注重空间层次,有远景(背景)、中景、近景(前景)之分。一般中景为主景,远景和近景起突出中景的作用。这样的景,富有层次感,具有很强的感染力。合理地安排前景、中景与背景,可以加深景的画面,使景富有层次感,使人获得深远的感受。为了突出表现某一景物,常把主景适当集中,并在其背后或周围利用建筑墙面、山石、林丛或者草地、水面、天空等作为背景,用色彩、体量、质地、虚实等因素衬托主景,突出景观效果。在流动的连续空间中表现不同的主景,配以不同的背景,可以产生明显的景观转换效果。如白色雕塑用深绿色林木作背景,古铜色雕塑用天空与白色建筑墙面作背景,一片梅林或碧桃用松柏林或竹林作背景,一片红叶林用灰色近山和蓝紫色远山作背景,都是利用背景突出表现前景的方法。

3. 障景与对景

传统造园历来就有欲扬先抑的做法。在入口区段设障景、对景和隔景,引导游人通过封闭、半封闭、开敞相间、明暗交替的空间转折,再通过透景引导,终于豁然开朗,到达开阔园林空间。障景的作用是遮掩视线、屏障空间、引导游人,同时障景还能隐蔽不美观或不可取的部分。障景是我国造园的特色之一,使人的视线因空间局促而受抑制,使人产生"山重水复疑无路"的感觉。障景的高度要高过人的视线。影壁是传统建筑中常用的障景,山体、树丛等也常在园林中用作障景。

对景是指在轴线或风景视线端点设置的景物。对景常设于游览线的前方,给人直接鲜明的感受,可以达到庄严、雄伟、气魄宏大的效果。在风景视线的两端分别设景,为互对。互对不一定有非常严格的轴线,可以正对,也可以有所偏离,如拙政园的远香堂对雪香云蔚亭,中间隔水,遥遥相对。

4. 实景与虚景

园林往往通过虚实对比、虚实交替、虚实过渡创造丰富的视觉效果。

园林中的虚与实是相辅相成又相互对立的两个方面，虚实之间互相穿插而达到实中有虚、虚中有实的境界，使园林景物变化万千。园林中的实与虚是相对而言的，例如：无门窗的建筑和围墙为实，门窗较多或开敞的亭廊为虚；密集的植物群落为实，疏林草地为虚；山崖为实，流水为虚；喷泉中水柱为实，喷雾为虚；山峦为实，林木为虚。

5. 框景与夹景

将园林建筑的景窗或山石树冠的缝隙作为边框，有选择性地将园林景色作为画框中的立体风景画来安排，这种组景方法称为框景（见图 2-51）。由于画框的作用，游人的视线可集中于由画框框起来的主景上，增强了景物的视觉效果和艺术效果，因此，框景的运用能将园林绿地的自然美、绘画美与建筑美高度统一、高度提炼，最大限度地发挥自然美。在园林中运用框景时，必须设计好入框之景，做到"有景可框"。

框景——诗意的符号

为了突出优美景色，常将景色两侧平淡之景用树丛、树列、山体或建筑物等加以屏障，形成左右较封闭的狭长空间，这种左右两侧夹峙的前景叫夹景（见图 2-52）。夹景是运用透视线、轴线突出对景的方法之一，还可以起到障丑显美的作用，增加园景的深远感，同时也是引导游人注意的有效方法。

图 2-51　框景

图 2-52　夹景

6. 俯景与仰景

风景园林利用改变地形建筑高低的方法，改变游人视点的位置，必然出现各种仰视或俯视的视觉效果。如：创造峡谷迫使游人仰视山崖，从而产生高耸感；创造制高点，给人俯视的机会，从而使人产生凌空感，达到小中见大或大中见小的视觉效果。

7. 内景与借景

一组园林空间或园林建筑以内观为主的称为内景，以外部观赏为主的称为外景。如园林建筑，既是游人驻足休息处，又是外部观赏点，起到内外景观的双重作用。

根据园林造景的需要，将园内视线所及的园外景色组织到园内来，成为园景的一部分，称为借景。借景能扩大空间、丰富园景、增加变化。明代计成的《园冶》中"园林巧于因、借，精在体、宜……借者：园虽别内外，得景则无拘远近，晴峦耸秀，绀宇凌空；极目所至，俗则屏之，嘉则收之……斯所谓巧而得体者也"，即是对借景的精辟论述。

古典园林中借景的应用——以避暑山庄为例

1）远借

远借即借取园外远景。所借园外远景通常要有一定高度，以保证不受园内景物的遮挡。例如，承德避暑山庄的烟雨楼景区,可远借磬锤峰之景(见图 2-53)。此时,烟雨楼成了远借园外景物的赏景之地,远借的景物丰富了烟雨楼景区的景色。

2)邻借

邻借是将园内周围相邻的景物引入视线的方法。如前述承德磬锤峰景区邻借蛤蟆石之景(见图 2-54),才引起人们丰富的联想,从而使之演绎成一个神话传说。

图 2-53　承德避暑山庄烟雨楼景区远借磬锤峰之景

图 2-54　承德磬锤峰景区邻借蛤蟆石之景

3)仰借

仰借即以园外高处景物,如古塔、楼阁、蓝天白云等作为借景。仰借视觉易疲劳,观赏点应设亭台坐椅等休息设施。

4)俯借

居高临下,以低处景物为借景,称为俯借。

5)应时而借

以园林中有季相变化或时间变化的景物为借景,称为应时而借。一天内的日出朝霞、夕阳晚照,一年内的四季变化,如春华秋实、夏荫冬雪,多是应时而借的重要内容。

图 2-55　题景

8. 题景与点景

西湖十景的题景艺术

题景(见图 2-55)就是景物的题名,是指根据园林景观的特点和环境,结合文学艺术的要求,用楹联、匾额、石刻等形式进行艺术提炼和概括,点出景致的精华,渲染出独特的意境。设计园林题景,用以概括景的主题、突出景物的诗情画意的方法称为点景。其形式有匾额、石刻、楹联等。园林题景是诗词、书法、雕刻艺术的高度综合。如著名的西湖十景——平湖秋月、苏堤春晓、断桥残雪、曲院风荷、雷峰夕照、南屏晚钟、花港观鱼、柳浪闻莺、三潭印月、双峰插云,景名充分运用我国诗词艺术,两两对仗,使西湖风景闻名遐迩;再如拙政园中的远香堂、雪香云蔚亭、听雨轩、与谁同坐轩,等等,均是渲染独特意境的点睛之笔。

四、园林空间艺术构图　FOUR

园林设计的最终目的是创造出供人们活动的空间。园林空间艺术布局是在园林艺术理论指导下对所有空间进行巧妙、合理、协调、系统安排的艺术，目的在于构成一个既完整又有变化的美好境界。单个园林空间由尺度、构成方式、封闭程度及构成要素的特征等方面来决定，是相对静止的园林空间；而步移景异是中国园林传统的造园手法，景物随着游人脚步的移动而时隐时现，多个空间在对比、渗透、变化中产生情趣。因此，园林空间常从静态、动态两方面进行空间艺术布局。

（一）静态空间艺术构图

静态空间艺术是指相对固定的空间范围内的审美感受。空间按照开朗程度分为开朗空间、半开朗空间和闭锁空间。

1. 开朗风景

在园林中，如果四周没有高出视平线的景物屏障，则四面的视野开敞空旷，这样的风景称为开朗风景，这样的空间称为开朗空间。开朗空间的艺术感染力是壮阔豪放、心胸开阔。但因缺乏近景的感染，久看则给人以单调之感。平视风景中宽阔的大草坪、水面、广场，以及所有的俯视风景都是开朗风景。如颐和园的昆明湖、北海公园的北海等。

2. 闭锁风景

在园林中，游人的视线为四周的景物所阻，这样的风景称为闭锁风景，这样的空间称为闭锁空间。闭锁空间因为四周布满景物，视距较小，所以近景的感染力较强，但久观则显闭塞。庭院、密林等都是闭锁风景，如颐和园的苏州街、北海公园的静心斋。

3. 开朗风景与闭锁风景的处理

同一园林中既要有开朗空间又要有闭锁空间，使开朗风景与闭锁风景相得益彰。过分开敞的空间要寻求一定的闭锁性，如开阔的大草坪上配置树木，可打破开朗空间的单调之感；过分闭锁的空间要寻求一定的开敞性，如庭院以水池为中心，利用水中倒影的天光云影扩大空间，在闭锁空间中还可通过透景、漏景的应用打破闭锁性。景物高度与空间尺度的比例关系，直接决定空间的闭锁和开朗程度。

（二）动态空间艺术布局

园林对于游人来说是一个步移景异的流动空间，不同的静态空间类型组成有机整体，构成丰富的连续景观，形成园林景观的动态序列。

1. 园林空间的展示程序

园林空间的展示程序应按照游人的赏景特点来安排，常用的方法有一般序列、循环序列和专类序列三种。

1）一般序列

一般简单的展示程序有两段式和三段式之分。两段式就是从起景逐步过渡到高潮而结束，如一般纪念陵园从入口到纪念碑的程序即属此类。三段式则分为起景—高潮—结景三个段落。在此期间还有多次转折，由低潮发展为高潮，接着又经过转折、分散、收缩以至结束。如北京颐和园从东宫门进入，以仁寿殿为起景，穿过牡丹花台转入昆明湖边，豁然开朗，再向北通过长廊过渡到达排云殿；再拾级而上，自到佛香阁、智慧海，到达主景高潮；然后向后山转移，再游后湖、谐趣园等园中园，最后到北宫门结束。

2）循环序列

为了适应现代生活节奏的需要，多数综合性园林或风景区采用了多向入口、循环道路系统、多景区景点划分、分布式游览线路的布局方法，以满足成千上万游人的活动需求。因此，现代综合性园林或风景区采用以主景区领衔、以次景区辅佐的多条展示序列。各序列环状沟通，以各自入口为起景，以主景区主景物为构图中心，以综合循环游憩景观为主线，以方便游人、满足园林功能需求为主要目的来组织空间序列，这已成为现代综合性园林的特点。在风景区的规划中，更要注意游赏序列的合理安排和游程游线的有机组织。图 2–56 所示为循环序列的一个例子。

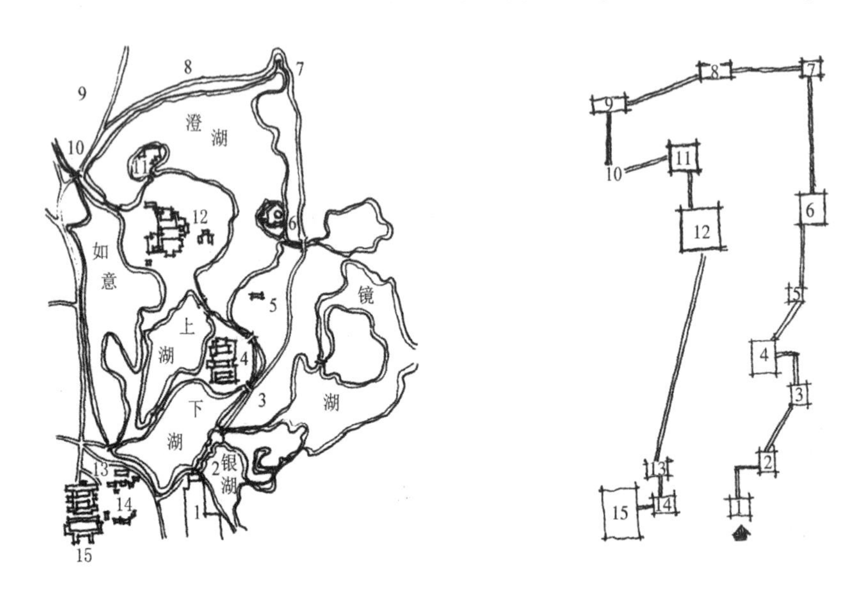

图 2–56　循环序列

3）专类序列

以专类活动内容为主的专类园林有着它们各自的特点。如，植物园多以植物演化系统——从低等植物到高等植物、从裸子植物到被子植物、从单子叶植物到双子叶植物组织园景序列。还有不少植物园因地制宜地创造自然生态群落景观，形成自身的特色。又如，动物园一般从低等动物到鱼类、两栖类、爬行类，以至鸟类，食草、食肉哺乳动物，乃至灵长类高级动物，等等，形成完整的景观序列，并创造出以珍奇动物为主的全园构图中心。某些盆景园也有专门的展示序列，如盆栽花卉与树桩盆景、树石盆景、山水盆景、微型盆景和根雕艺术品等，这些都为空间展示提出了规定性序列要求，故称其展示序列为专类序列。

2. 风景园林景观序列的创作手法

1）风景序列的起结开合

构成风景序列的，可以是起伏的地形、环绕的水系，也可以是植物群落或建筑空间，无论是单一的还是复合的，总应有头有尾、有放有收，这也是创作风景序列常用的手法。以水体为例，水之来源为起，水之去脉为结，水流的汇聚或分支为开，水之细流又为合。这和写文章相似，用来龙去脉表现水体空间之活跃，以收放变换创造水之情趣。例如北京颐和园的后湖，承德避暑山庄的分合水系，杭州西湖的聚散水面。

2）风景序列的断续起伏

风景序列的断续起伏是利用地形地势变化创造风景序列的手法，一般用于风景区或综合性大型公园。在较大范围内，拉开景区之间的距离，在园路的引导下，景序断续发展，游程起伏高下，从而取得引人入胜、渐入佳境的效果。例如：泰山风景区从红门开始，经斗母宫、柏洞、回马岭来到中天门，是第一阶段的断续起伏序列；从中天门经快活三里、步云桥、对松亭、升仙坊、十八盘到南天门，是第二阶段的断续起伏序列；又经过天街、碧霞祠，直达玉皇顶，再去后石坞等，是第三阶段的断续起伏序列。

3）风景序列的主调、基调、配调和转调

风景序列是由多种风景要素有机组合、逐步展现出来的，在统一基础上求变化，又在变化之中见统一，这是创造风景序列的重要手法。作为整体背景或底色的树林可谓基调，作为某序列前景和主景的树种为主调，配合主景的植物为配调，处于空间序列转折区段的过渡树种为转调，过渡到新的空间序列区段时又可能出现新的基调、主调、配调和转调，如此逐渐展开就形成了风景序列的调子变化，从而产生不断变化的观赏效果。

4）园林植物景观序列的季相与色彩布局

园林植物是风景园林景观的主体，然而植物又有独特的生态规律。在不同的立地条件下，利用植物个体与群落在不同季节外形与色彩的变化，再配以山石水景、建筑道路等，必将产生绚丽多姿的景观效果和展示序列。如扬州个园内春景区种竹配石笋，夏景区种广玉兰配太湖石，秋景区种枫树、梧桐配黄石，冬景区植蜡梅、南天竹配白色英石，并把四景分别布置在游览线的四个角落，在咫尺庭园中创造了四时季相景序。一般园林中，常以桃红柳绿表春，浓荫白花主夏，红叶金果属秋，松竹梅花为冬。

5）园林建筑组群的动态序列布局

园林建筑在风景园林中往往起画龙点睛的作用，同时也起到串联各景区的作用。出于使用功能和建筑艺术的需要，对建筑群体组合的本身以及对整个园林中的建筑布置，均应有动态序列的安排。对于整个风景园林而言，从大门入口区到次景区，最后到主景区，这样，不同功能的景区，有计划地排列在景区序列线上，形成一个既有统一展示层次，又有多样变化的组合形式，以达到应用与造景之间的完美统一（见图 2-57）。

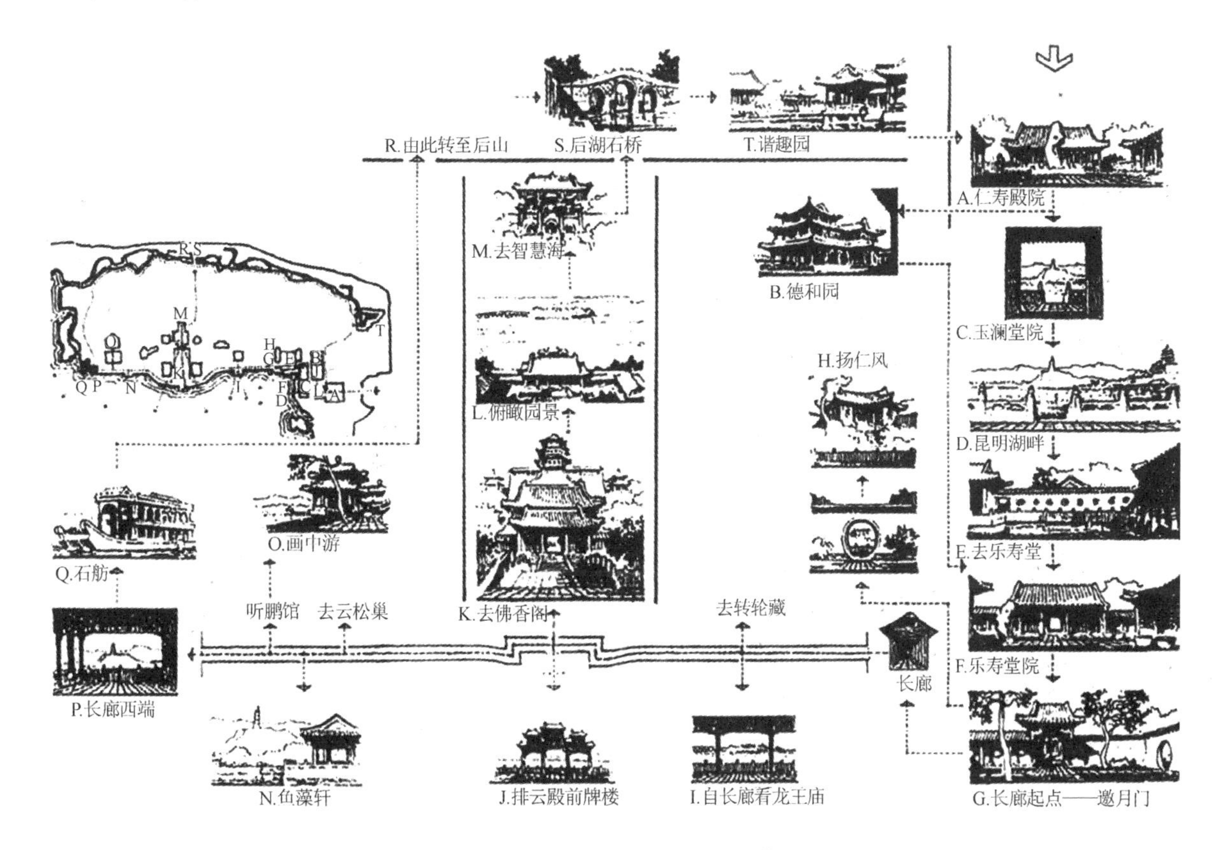

图 2-57　颐和园的空间序列安排（肖创伟主编《园林规划设计》）

入口部分作为序列的开始和前奏由一列四合院组成：出玉澜堂至昆明湖畔，豁然开朗；过乐寿堂经长廊引导至排云殿、佛香阁，达到高潮；由此返回长廊继续往西可绕到后山，顿感幽静；至后山中部登须弥灵境，再次达到高潮；回至山麓继续往东可达谐趣园，为序列的尾声；再向南至仁寿殿完成循环。

任务实施

对于图 2-22 和图 2-23 所示的小区中心绿地的设计，分析如下。

1. 多样统一

小区的总体格调为“水墨大宅、陇上人家”，突出建筑与环境的中国风。在绿地中应用中国元素的景观，即中式的景墙、漏窗、平曲桥、景石等，与整体格调相呼应，水景总体形状为自然式，但是为了在传统中体现变化，体现现代的意蕴，在水景形状的塑造中应用了圆弧，水景形式采用跌水。该水景主题为动态的跌水景观，局部做多处落水景观与之呼应，并渲染动水意境，是运用了局部与整体的多样统一手法。

2. 对比

该设计方案充分应用植物造景，特别是应用植物的丰富色彩造景，形成鲜明的视觉效果。同时，在卧石旁种植丝兰，其剑形叶和水平的石材线条形成对比。

3. 比例与尺度

平曲桥尺度适中，景墙的过道高度略高于成人身高，形成紧凑而亲切平实的景观效果。景石多散置，避免尺度过大。

4. 韵律

对于该居住小区中心绿地，充分利用地形变化，在地面处理上以坡地和台阶地相结合，形成起伏曲折韵律。在该设计方案中，木桥上的景墙采用传统园林的造景手法，装饰以不同形状的漏窗，构成拟态韵律。

任务三

园林规划设计基本原理实训

任务提出

东紫园项目位于山东威海市区的东海岸。该项目依托山、海、湾、岛、滩等自然景观资源，利用本身原有的地势、地貌，营造了一个高端的居住社区。该居住社区的售楼处在道路交叉路口一侧。请完成该居住社区售楼处的绿地设计。该居住社区设计风格为欧式，因此该售楼处外部环境要求为现代风格，简洁时尚，文化气息浓郁。

成果要求

1. 绘制绿化平面图，绘制一份 CAD 电子版图纸。

2. 绘制局部效果图，内容根据设计方案自选，要求选择最能代表设计方案特色的部分进行绘制，可手绘，也可用电脑绘制。

3. 编制苗木统计表。

考核标准

表 2-1 所示为考核表。

表 2-1　考核表

考核项目	分值	考核标准	得分
布局	20	布局定位与该居住社区总体风格协调	
造景	20	能巧妙运用各种造景技巧和空间处理方法塑造景观	
园林艺术原理应用	20	能综合运用形式美的法则塑造美的境域	
意境美	20	能塑造内涵，或营造意境	
思政内容	10	方案反映出健康向上、兼收并蓄的审美观，能主动思考进行方案创新	

参考方案

一、任务分析 ONE

该居住社区为欧式风格，售楼处庭院绿地必须与主体风格相协调，应用欧式景观元素，但要避免呆板，这就要应用现代自由式园林布局进行设计。要先了解园林布局的基本方法和设计要点，运用相应的布局手法理论，此外还要运用地形、水体、道路广场系统、植物、建筑小品布局的理论。

二、现场踏勘 TWO

调查地块的气候、土壤、水文状况，可以指导设计；对周边植被的分布和表现进行调查，对确定树种具有指导意义。调查结果如下：该区域地处华东地区，周围为山地地貌，属北温带季风型大陆性气候，冬冷夏热；土壤较肥沃，能适宜多种树种的生长；周边自然植被以落叶乔灌木为主，人工绿化树种表现较好的有国槐、白蜡树、白皮松、青杆、木槿、连翘、榆叶梅等。

三、方案构思 THREE

东紫园项目位于山东威海市区的东海岸。该项目依托山、海、湾、岛、滩等自然景观资源，利用本身原有的地势、地貌，营造了一个高端的居住社区。因此，该居住社区售楼处的绿化应与这种高端的品位相一致。设计目标是以欧式风格为定位，营造精致舒适的品质感，注重客户的心理预期，为楼盘的总体销售提供一个明确的品牌定位，确立品牌内涵和品牌形象。

四、方案设计 FOUR

具体设计平面图和效果图分别如图 2-58 和图 2-59 所示。

场地大小有限，在有限的场地内要实现道路交通、停车泊位、销售场所等多种功能，需要做精心紧凑的安排。

地块近似为三角形，设计布局采用自由灵活而又不失规整的风格。

首先，在建筑室外的步行休息空间与市政道路中间依次设置建筑矮墙、喷水兽、涌泉、装饰景墙，植物点缀其中，突出空间的层次变化，营造“有限空间，无限景观”的视觉效果，使各功能相互渗透又互不干扰。

其次，在对外的视觉体验上，包括标志景墙和装饰墙在内的各景观元素融合在一起，通过整体色带的整合，与建筑浑然一体，形成一个可供多视角观赏的整体的艺术品，有力地将整个项目的品牌形象树立在消费者眼前。

最后，在售楼处的内部使用上，设置三处休闲平台供销售人员使用。每一个平台都是具有独特视角的观赏空间，给消费者正面的心理导向。

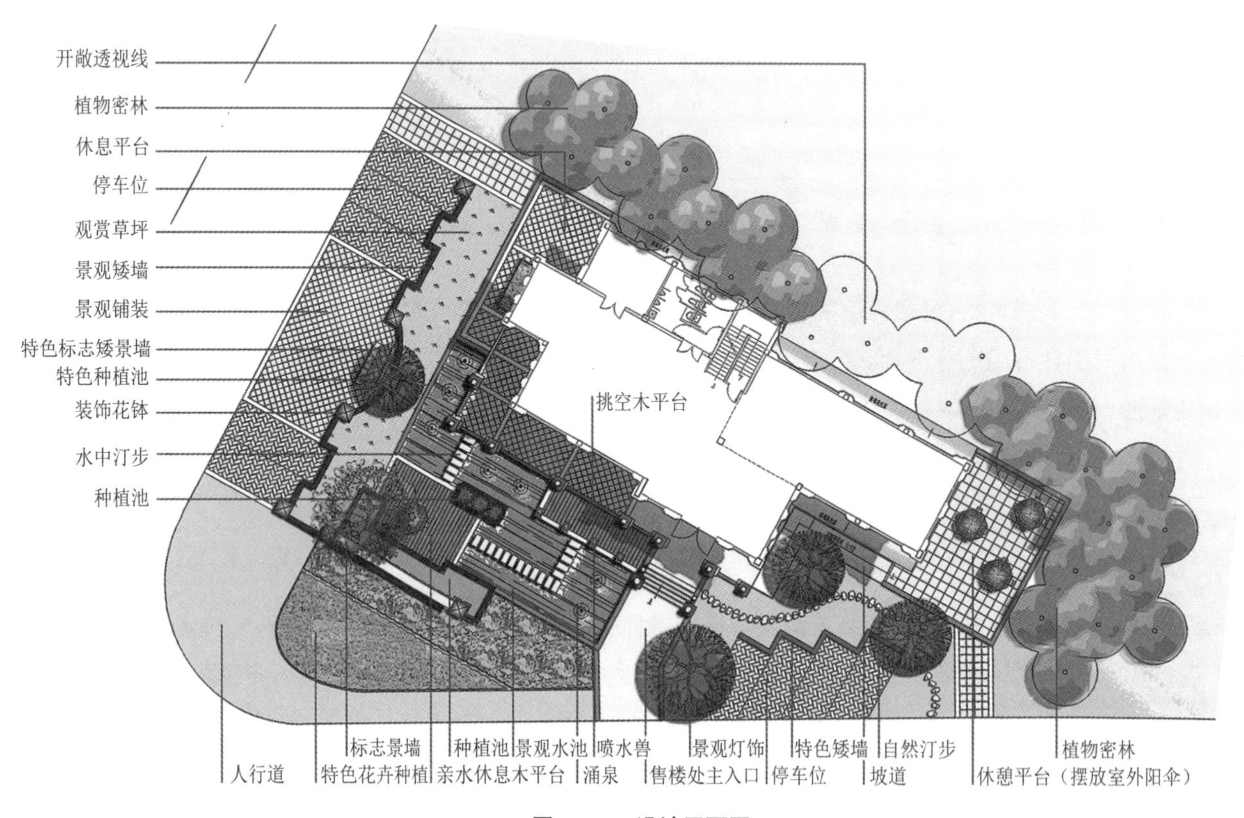

图 2-58　设计平面图

图 2-59　效果图

知识链接

北京香山饭店赏析

北京香山饭店(见图2-60)是世界著名的建筑设计师、美籍华人贝聿铭设计的。贝聿铭设计的大型建筑遍布世界各地,其中位于华盛顿哥伦比亚特区的美国国家美术馆东馆、法国巴黎卢浮宫扩建工程等作品都是经典杰作。他为我国设计了北京香山饭店、中国银行总行大厦等,与中国建筑科学研究院合作,为中国培养、培训建筑设计师,为推进中国建筑现代化作出重要贡献。

图2-60　香山饭店实景

香山饭店建于1982年,贝聿铭曾经说过,中国起源于对自然界的敏锐观察,在香山饭店的设计上也不例外。他借鉴中国古典园林与江南民居的建筑特点,把自然作为其作品的重要元素,将自然引入室内,把建筑融于自然。据贝聿铭称,香山饭店不单是一幢旅馆,而是借此探索中国建筑的新路、指引方向,希望后继有人,能坚持不懈地继往开来,在源远流长的中国文化中吸取发掘,树立起中国风格的建筑。

香山饭店在空间的处理上,结合地形采用在水平方向延伸的、院落式的建筑,将体积约15万立方米的庞然大物切成许多小块,以达到"不与香山争高低"的目的。从整体外观来看,整个庞大的建筑物围合成一个院,像一座古城堡,又似北京四合院,再加上与江南园林建筑风格的结合,使建筑空间融合了中国南北文化,建筑本身也就成为中国文化的象征代表。进入大门就能看到一个相当开阔的院子,这是贝聿铭特意设计的中庭,是人们娱乐休闲的好地方。这里有绿树红花、青山绿水(当然是假山);顶棚是玻璃采光顶,实现了自然采光。除了像中庭这样的大型空间之外,与之形成鲜明对比的就是几条又深又长的走廊,两种空间相互辉映,给人两种完全不同的感受。开阔的空间使人感到舒畅,而狭长的走廊给建筑增加了几分神秘与深邃。

从平面布局上看,对中轴线这一具有传统生命力的东西,贝聿铭理所当然地加以利用,事实上这条轴线从入口处的广场就已开始(见图2-61)。穿过入口,中庭中的主要庭院是在原址上重建的"曲水流觞",但贝聿铭较多受到江南地带的影响,而不学北京拘谨的四合院,他结合山中的古树,相对自由地安排建筑,因而形成了现在这种规整中略带轻巧的格局。而且,他并未忘记庭院这一基本元素的重复运用,大量的外庭组织成了他对历史传统的理解。虽然前庭和后院在空间上是决然隔开的,但中间设有"常春四合院",那里有一片水池、一座假山和几株青竹,使前庭后院具有连续性(见图2-62)。

院落式的建筑布局形成了一种不同性质的院落:入口前庭很少绿化,是按广场处理的,这在我国传统园林建筑中是没有的,但为了满足现代旅游功能上的要求,这样处理是合理的。后花园是香山饭店的主要庭园,三面被建筑包围,朝南的一面敞开,远山近水,叠石小径,高树铺草,布置得非常得体,既有江南园林精巧的特点,又有北方园林开阔的空间,既简洁,又有一定传统园林的色彩。另外,以若干小庭院建立了香山自然景色与香山饭店的联系,处理较为简单,但在香山这个特定环境中已经足够了。

在界面的处理上,大胆并重复运用方形和圆形两种图形,使建筑产生了韵律。大门、窗、空窗、漏窗,窗两侧和漏窗的花格、墙面上的砖饰,壁灯,宫灯都是正方形,连道路脚灯、楼梯栏杆灯都是正立方体,而方形又巧妙地与圆形组织在一起,圆形用在月洞门、灯具、茶几、宴会厅前廊墙面装饰上,南北立面上的漏窗也由四个圆形相交构成,房间门上的分区号也用一个圆"套"起来。在香山饭店大片的白色墙面上,用磨砖对缝的青砖将窗户连接起来。

据贝聿铭介绍，这是因为“不处理就会显得很单调”，“组合在一起就不至于单调了”，是纯属装饰性的处理手法。包括走廊的顶棚，仍然用的是中国传统建筑中的木构形式，白色的墙面与方形的镂空窗的处理使其设计风格毫不偏离设计主题，完全融于整体的建筑风格。方形镂空窗的处理使沉闷的走廊一下子鲜活了起来，从每个窗口都能看到外面的景色，真正做到了每走一步都会有一幅不同的画面，看似无景，处处是景。

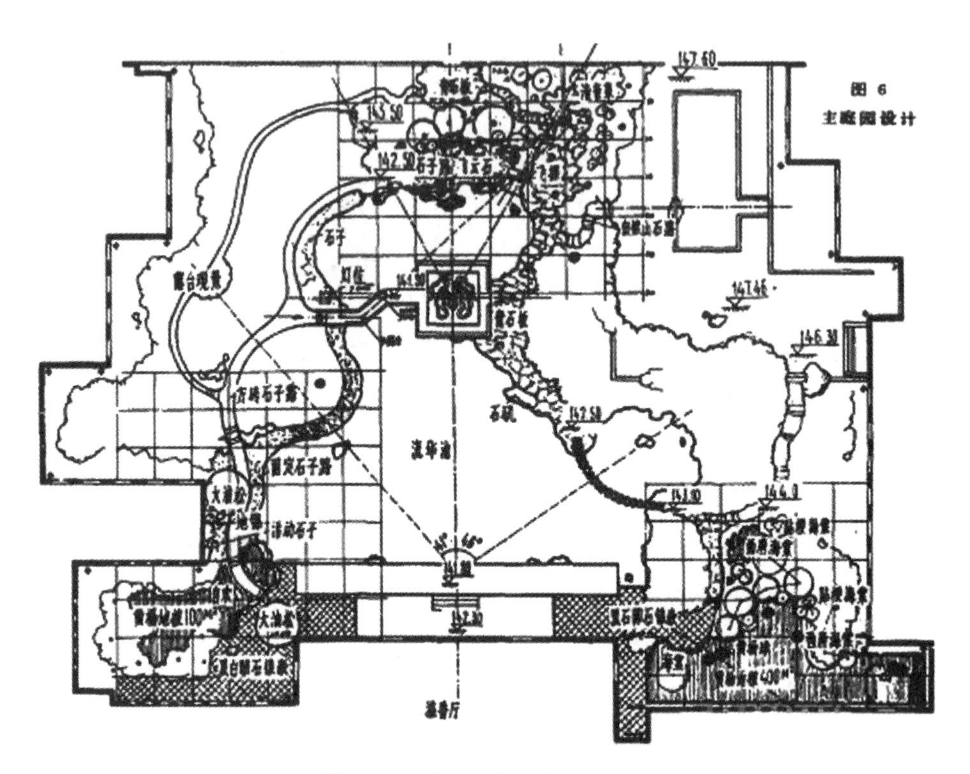

图 2-61　香山饭店主庭院平面图

图 2-62　水池、假山

项目三
城市道路绿地设计

YUANLIN
GUIHUA
SHEJI

导　语

城市道路是城市最重要的基础设施之一，是人们认识和理解一座城市的媒介。城市道路绿化(见图 3-1)就是在道路两旁及分隔带内栽植树木、花草以及护路林等，以达到降低噪声、净化空气、美化环境的目的。城市道路绿化水平直接影响道路形象，进而决定城市的品位。

图 3-1　城市道路绿地景观

技能目标

1. 能够准确合理地选择城市道路绿化树种。
2. 能够根据设计要求合理地进行人行道、分车带绿化设计。
3. 能够根据设计要求合理地进行交通岛绿化设计。

知识目标

1. 能够熟练掌握城市道路绿化设计的相关术语。
2. 掌握道路绿地的形式、种植设计的方式、树种的搭配与组合。

思政目标

1. 培养合作精神、大局意识。
2. 自觉培养团队合作精神，提升优势互补、共同完成任务的能力。

任务一

城市主干道设计

任务提出

某县城东西向主干道宽 49 m，拟设计为三板四带式道路，在主要交叉路口有一直径为 100 m 的环岛，另一路口有一座立交桥。要求树种选择科学合理，能体现文化特色，请做出设计方案。

任务分析

通过对任务的认真分析不难发现，要完成这条道路的绿化设计，需要掌握道路的断面布置形式，掌握道路绿地规划设计的方法和技能，涉及行道树绿化带、人行道绿化带，以及分车带绿化、交通岛绿地种植设计的原则和相关技巧。

相关知识

城市道路绿地主要包括城市街道绿地，穿过市区的公路、铁路、高速干道的防护绿带等。它是城市园林绿化系统的重要组成部分，直接反映城市的面貌和特点。它通过"穿针引线"，联系城市中分散的呈"点"和"面"的绿地，织就了一张城市绿网。另外，城市道路绿化也是改善城市生态景观环境、实施可持续发展的主要途径。

一、城市道路断面布置形式　ONE

1. 一板二带式(一块板)

一板二带式由一条车行道、两条绿化带组成(见图 3-2)。一板二带式中间为车行道，两侧种植行道树以与人行道分隔。这种形式的优点是用地经济，管理方便，规则整齐，在交通量较少的街道可以采用。缺点是景观比较单调，而且车行道过宽时，遮阴效果差。另外，各类车流混合，安全性差。

2. 二板三带式(两块板)

二板三带式由两条车行道、中间和两边共三条绿化带组成(见图 3-3)。二板三带式可将上下行车辆分开，适于宽阔道路，且绿带数量较多，中间超过 8 m 可设林荫带或小游园，生态效益较好。这种形式的优点是用地较经济，可避免机动车事故的发生。不同车辆同向混合行驶，还不能完全杜绝交通事故，是它的缺点。这种形式多用于入城公路、环城道路和高速公路。

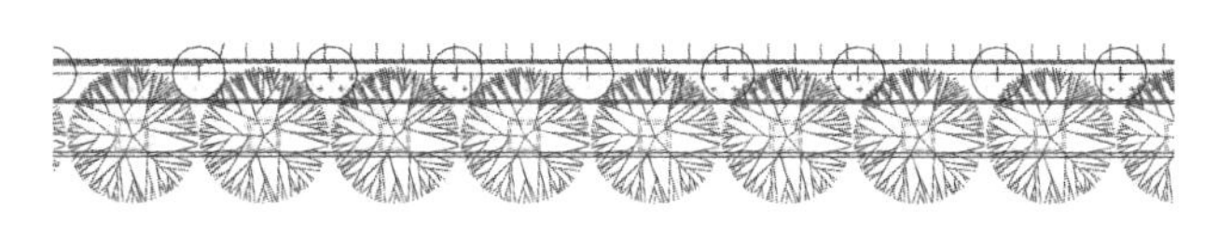
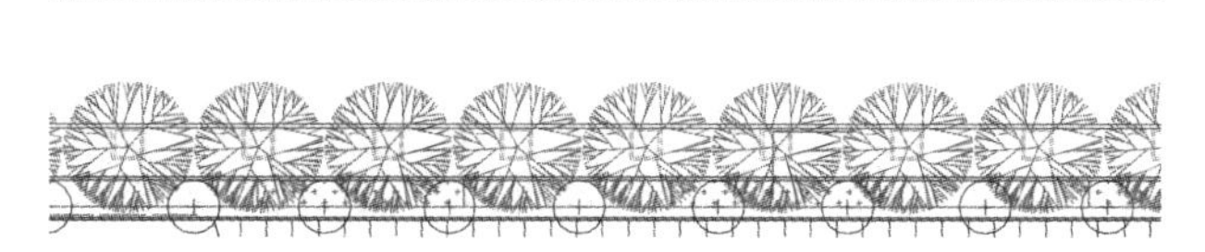

图 3-2　一板二带式

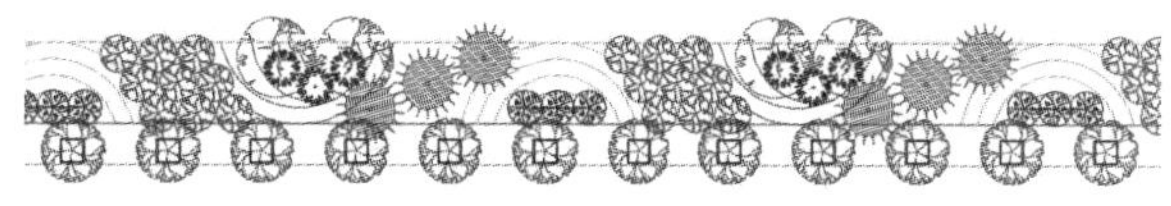

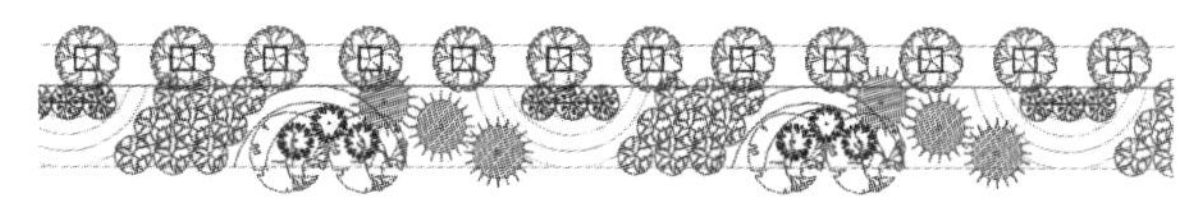

图 3-3　二板三带式

3. 三板四带式(三块板)

三板四带式利用两条分隔带把车行道分为三块，中间为机动车道，两侧为非机动车道，连同车道两侧的行道树共有四条绿带(见图 3-4)。这种形式在宽街道上应用较多，是现代城市较常用的道路绿化形式。它的优点是组织交通方便，环境保护效果好，街道形象整齐美观；缺点是用地面积较大。此种形式多用于城市主干道。

4. 四板五带式(四块板)

四板五带式利用 3 条分隔带将车行道分成 4 条,使不同车辆分开,均形成上下行,共有 5 条绿化带,如图 3–5 所示。这种形式多在宽阔的街道上应用,是城市中比较完整的道路绿化形式。它的优点是不同车辆上下行,保证了交通安全和行车速度,绿化效果显著,景观性极强,生态效益明显;缺点是用地面积大,经济性差。因此,如果道路面积不够,则中间可改用栏杆分隔,既经济又节约用地。

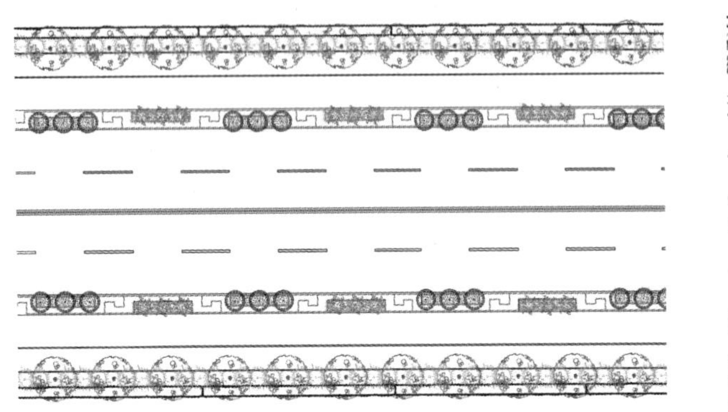

图 3–4　三板四带式

图 3–5　四板五带式

5. 其他形式

随着城市化建设速度的加快,原有城市道路已不能适应城市面貌改善和车辆日益增多的需要,因此有必要改善传统的道路形式,因地制宜地设置绿带。根据道路所处的地理位置、环境条件等特点,可以灵活采用一些特殊的绿化形式。如在建筑附近、宅旁、山坡下、水边等地多采用一板一带式,即只有一条绿化带,既经济美观,又实用适用。

二、道路绿地规划设计原则　TWO

(一)功能性原则

道路绿地要与城市道路的性质、功能相适应。一座城市,从诞生到发展,一直与交通存在着千丝万缕的联系。现代化的城市交通已发展成一个多层次的系统。在进行绿化设计时,不仅要考虑城市的布局、地形、气候、地质、水文等方面的因素,还要注意不同城市路网、不同道路系统和不同交通环境对绿化的要求。因此,在树种的选择、树形的变化、高度控制、种植方式和设计手法上也应有不同的考虑。

(二)生态性原则

道路绿地应具备一定的生态功能。道路绿地可以滞尘和净化空气;可以降低温度,增加空气湿度;可以吸收有害气体,杀死有毒物质;可以隔音和降低噪声;可以防风、防雪、防火等,起防护绿带的作用。

(三)人性化原则

道路绿地设计要符合人们的行为规律和视觉特性。道路空间是供人们通行和货物流通的通道,考虑到我国城市交通的构成情况和未来发展前景,并根据不同道路的性质、各种用路者的比例,作出符合现代交通条件下行为规律与视觉特性的设计,需要对道路交通空间活动人群的出行目的与乘坐(或驾驶)不同交通工具时的行为特性、视觉特性予以研究,并从中找出规律,作为城市交通绿地与环境设计的一种依据。

(四)协调性原则

道路绿地要与街景环境融合，形成优美的城市景观。道路绿地的设计除应符合美学的要求、遵循一定的艺术构图原则外，还应根据道路性质、街道建筑、风土民俗、气候环境等综合进行考虑。要使绿地与道路环境中的其他景观元素协调，与地形环境、沿街建筑等紧密结合，与城市自然景色(山峦、湖泊、绿地等)、历史文物(古桥梁、古塔等)以及现代建筑有机结合在一起。只有把道路环境作为一个整体加以考虑，进行一体化的设计，才能形成独具特色的优美的城市景观。道路绿地应充分考虑街道上的交通、建筑、附属设施和地下管线。道路绿地中的植物不应遮挡司机在一定距离内的视线，不应遮蔽交通管理标志。同时，交通绿地应可以遮挡汽车眩光，另外，在一些特殊地带还能作为缓冲栽植区。道路绿地中的植物要留出公共站台的必要范围，要保证行道树有适当高的分枝点。道路绿地要对居住建筑、商业建筑等起到美化保护作用。

(五)多样性原则

道路绿地要选择适宜的园林植物，形成丰富多变、独具特色的景观。不同的城市可以有不同的道路绿地形式，不同的道路绿地形式可以选择不同的绿化树种。不同的绿化树种树形、色彩、气味、季相等不同，因此在绿化设计中应根据不同的道路绿地形式、不同的道路级别、不同用路者的视觉特性和观赏要求，以及不同道路的景观和功能要求，灵活选择树种，形成三季有花、四季常青的绿化效果。

三、城市主干道绿化设计　THREE

(一)行道树绿带种植设计

按一定方式种植在道路的两侧，形成浓荫的树种，称为行道树。行道树绿化是城市街道绿化最基本的组成部分，它对美化环境、丰富城市街道景观、净化空气、为行人提供一片绿荫具有重要的作用。

1. 行道树种植方式

1)树带式

树带式是指在人行道和车行道之间留出一条不加铺装的种植带(见图 3-6)，视其宽度种植乔木、灌木、绿篱、地被植物等，形成连续的绿带。树带式种植带宽度一般不小于 1.5 m，以 4～6 m 为宜，除种一行乔木用来遮阳外，在行道树株距之间还可种绿篱，以增强防护效果；宽度为 2.5 m 的种植带可种一行乔木，并在靠近车行道的一侧再种一行绿篱；5 m 宽的种植带可交错种两行乔木或一行乔木、两排绿篱，靠车行道的一侧以防护为主，近人行道的一侧以观赏为主，中间空地还可种些花灌木、花卉或草坪。一般在交通量、人流不大的情况下采用这种种植方式，有利于树木生长。同时，在适当的距离要留出铺装过道，以便人流通行或汽车停靠。

图 3-6　树带式

2)树池式

在交通量比较大、行人多而人行道又狭窄的街道上,宜采用树池式(见图 3-7)。

图 3-7　树池式

最好采用透气性路面铺装,如草坪砖或透水性路面铺地等,以利于渗水透气,保证行道树生长和行人行走。

一般树池以正方形为好,大小以 1.5 m×1.5 m 较合适;长方形树池大小以 1.2 m×2 m 为宜;圆形树池的直径宜不小于 1.5 m(见图 3-8)。行道树宜栽植于几何形的中心。树池的边石有高出人行道 10~15 cm 的,也有和人行道等高的。前者对树木有保护作用,后者行人走路方便。现多选用后者。在主要街道上,树池还覆盖特制混凝土盖板或铁花盖板以保护植物,且于行人更为有利。

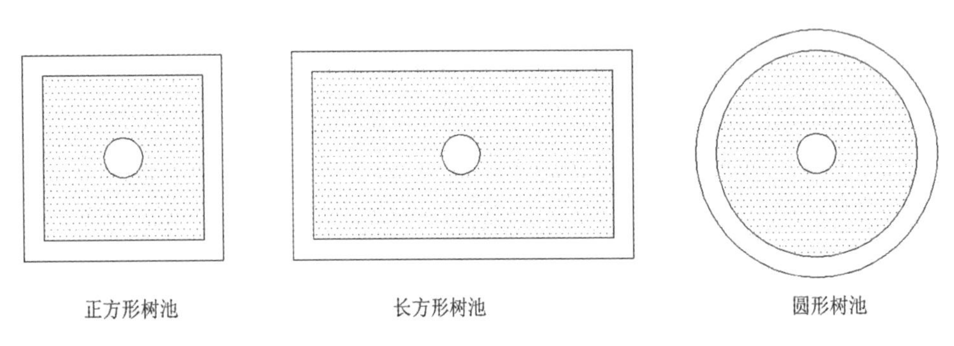

图 3-8　常用树池示意图

2. 行道树树种选择

对行道树树种的要求如下:具有深根性,分枝点高,冠大荫浓,生长健壮,能适应城市道路环境条件,且落果对行人、车辆交通不会造成危害;移植时容易成活,管理省工,对土、肥、水要求不高,耐修剪,病虫害少,抗性强;树干挺直,绿荫效果好;发芽早,落叶晚,且时间一致;花果无毒,落果少,没有飞絮;树龄长,材质好。在沿海受台风影响的城市或一般城市的风口地段,最好选用深根性树种。

3. 行道树定干高度及株距

行道树的定干高度,应根据对行道树的功能要求、交通状况、道路的性质、道路的宽度及行道树与车行道的距离、树木分枝角度而定。当苗木出圃时,一般胸径以为 12~15 cm 为宜,树干分枝角度较大者定干高度不得小于 3.5 m,分枝角度较小者定干高度不能小于 2 m,否则会影响交通。对于行道树的株距,一般要根据所选植物成年冠幅大小来确定。另外,道路的具体情况也是确定株距时需要考虑的重要因素。因此,行道树的株距视具体条件而定,以成年树冠郁闭效果好为准。常用的株距有 4 m、5 m、6 m、8 m 等(见表 3-1)。

表 3-1 行道树的株距

树种类型	通常采用的株距 /m			
	准备间移		不准备间移	
	市区	郊区	市区	郊区
快长树	3 ~ 4	2 ~ 3	4 ~ 6	4 ~ 8
中慢长树	3 ~ 5	3 ~ 5	5 ~ 10	4 ~ 10
慢长树	2.5 ~ 3.5	2 ~ 3	5 ~ 7	3 ~ 7
窄冠树	—	—	3 ~ 5	3 ~ 4

(二)分车绿带种植设计

分车绿带是指在车行道分隔带上营建的绿化带。用绿化带将车行道分开,保证了车辆行驶的轨迹与安全,合理处理了交通和绿化的关系,起到了疏导交通和安全隔离的作用(见图 3-9)。同时,分车绿带还可阻挡相向行驶车辆的眩光。

图 3-9 分车绿带

城市道路中分车绿带的宽度一般为 2.5 ~ 8 m,一般最低宽度不能小于 1.5 m。《城市道路绿化设计标准》规定:"分车绿带净宽度小于 1.5 m 时,宜种植灌木和地被植物;净宽度大于或等于 1.5 m 时,宜种植乔木。采取自然式群落配置的分车绿带净宽度不宜小于 4.0 m。""分车绿带内乔木树干中心距路缘石内侧水平投影距离不宜小于 0.75 m。""主干路分车绿带宽度不宜小于 2.5 m。""中间分车绿带绿化宜阻挡相向行驶车辆的眩光,在距相邻机动车道路面高度 0.6 m ~ 1.5 m 范围内,应配置枝叶茂密的植物,且株距不得大于其冠幅的 5 倍。""当分车绿带无防护隔离设施时,应采取通透式配置。""种植乔木的分车绿带宽度达到 2.5 m 及以上时,宜设置海绵设施;小于 2.5 m 时可设置海绵设施。仅种植灌木和草本植物的分车绿带宜设置海绵设施。"

1. 分车绿带的种植方式

分车绿带在道路绿化中占有很大的比例。一般来说,常见的分车绿带种植方式有四种,一是以绿篱为主的分车绿带,二是以草坪为主的分车绿带,三是以乔木为主的分车绿带,四是图案式分车绿带。

以绿篱为主的分车绿带在应用中主要有两种形式。一种是两侧为绿篱,中间是大型花灌木和常绿松柏类、棕榈类或宿根花卉。这种形式绿化效果最为明显,绿量大,色彩丰富,高度也有变化。另一种是两侧为绿篱,中间是宿根花卉和小花灌木或草花间植。

以草坪为主的分车绿带宽度一般在 2.5 m 以上，以草坪为主，可种植花灌木、宿根花卉或乔木，可形成自然式或简单的图案。

以乔木为主的分车绿带种植主干高在 3.5 m 以上的乔木，不仅绿量大，而且对交通无任何不良影响，树下可种植耐阴的草坪或花卉，以强化美化绿化效果。这种分车绿带特别适用于宽阔的城市道路。

图案式分车绿带适用于城市新区十分宽阔的道路。这种分车绿带宽度多在 5 m 以上，由灌木、花卉、草坪组合形成各种图案（如几何图案、自由曲线式图案），整齐美观，色彩丰富，装饰效果好。

2. 行人横穿分车绿带的处理方式

行人横穿道路时必然横穿分车绿带。对于这些地段的绿化设计，应根据人行横道线在分车绿带上的不同位置，采取相应的处理办法，从而既满足行人横穿马路的要求，又不致影响分车绿带的整齐美观。分车绿带必须适当分段，一般以 75～100 m 为宜。分段尽量与人行横道、停车站、大型公共建筑出入口相结合。被人行横道或道路出入口断开的分车绿带，端部应采用通透式配置，以便于透视，保障行人、车辆的安全。常见的三种行人横穿分车绿带情况及其处理如下。

(1) 人行横道线从分车绿带顶端通过，在人行横道线的位置上铺装混凝土方砖，不进行绿化。

(2) 人行横道线从靠近分车绿带顶端的位置通过，在分车绿带顶端留下一小块绿地，在这一小块绿地上可以种植低矮植物或花草。

(3) 人行横道线从分车绿带中间某处通过，在行人穿行的地方不能种植绿篱及灌木，可种植落叶乔木。

3. 公共交通车辆中途停靠站的设置

公共交通车辆的中途停靠站一般都设在靠近快车道的分车绿带上，车站的长度约 30 m。在这个范围内一般不能种灌木、花卉，可种植乔木，以便夏季为等车乘客提供树荫。当分车绿带宽 5 m 以上时，在不影响乘客候车的情况下，可以种植草坪、应时花卉、绿篱和灌木，并设矮栏杆进行保护。

（三）路侧绿带设计

路侧绿带是位于道路侧方，布设在人行道边缘至道路红线之间的绿带（见图 3–10）。路侧绿带是构成道路绿地景观的重要地段，其宽度因道路性质的不同而不一。在地上、地下管线影响不大，路侧绿带宽度在 2.5 m 以上时，可种植一行乔木和一行灌木；路侧绿带宽度大于 6 m 时，可考虑种植两行乔木，或将大乔木、小乔木、灌木、地被植物等以复层方式种植；路侧绿带宽度大于 8 m 时，可设计成开放式绿地，方便行人进出、游憩，提高绿地的功能作用。开放式绿地中，绿化用地面积不得小于该段绿带总面积的 70%。有规范规定，路侧绿带应根据相邻用地性质、防护和景观要求进行设计，并应保持在路段内的连续与完整的景观效果。濒临江、河、湖、海等水体的路侧绿地，应结合水面与岸线地形设计成滨水绿带。滨水绿带的绿化应在道路和水体之间留出透景线。路侧道路护坡绿化应结合工程措施栽植地被植物或攀缘植物。

常见的路侧绿带布置形式有以下三种。

(1) 建筑控制线与道路红线重合，路侧绿带毗邻建筑布置。在建筑物两窗间可采用丛状种植，选择树种时注意与建筑物的形式、颜色等特点相协调，植物的配置不能影响沿街建筑的使用功能，路侧绿带中的游憩设施主要面向行人。

(2) 建筑退让红线后，留出人行道，路侧绿带位于两条人行道间。这种路侧绿带一般位于商业路段或服务场所较多的城市道路旁，靠近建筑物的人行道供进出建筑物的人们使用，另一条靠近车行道的人行道供在道路上通行的行人用。两条人行道之间的路侧绿带种植设计应根据路侧绿带的宽度和沿街建筑的性质而定，围绕观赏和休息进行，并注意考虑遮阳的效果。

图 3-10 路侧绿带

(3) 建筑退让红线后，在道路红线外侧留出绿地，路侧绿带与道路红线外侧绿地结合。道路红线外侧绿地有街旁绿地或街头小游园及其他建筑绿地等，这些绿地是不统计在道路绿化用地范围内的，但能加强道路的绿化效果，使道路的路侧绿地与街旁绿地综合起来，与沿街建筑风格相协调，形成一定的特色，从而更好地为市民提供游憩场所。

(四) 交通岛绿地种植设计

1. 交通中心岛

交通中心岛俗称转盘，通常设在道路交叉口处，主要用于组织环形交通，使驶入道路交叉口的车辆一律绕岛逆时针单向行驶。交通中心岛一般设计为圆形(见图 3-11)，直径的大小必须保证车辆能按照一定的速度以交织方式行驶，一般为 40～60 m，小型城镇交通中心岛的直径也不能小于 20 m。交通中心岛不能布置成供行人休息用的小游园、广场，也不能使用吸引人的地面装饰物，而常以嵌花草皮花坛为主，或者以低矮的常绿灌木组成色块图案或花坛，切忌用常绿小乔木或灌木，以免影响视线。与大型的交通广场或街心游园不同，交通中心岛必须封闭。交通中心岛周边的植物配置宜增强导向作用，在行车视距范围内采用通透式配置。交通中心岛绿地应保持各路口之间的行车视线通透，布置成装饰绿地。

2. 交通导向岛

交通导向岛俗称渠化岛，位于道路平面交叉路口，是用于分流直行和右转车辆及行人的岛状设施，一般面积较小，多为类似三角形状(见图 3-12)。交通导向岛绿地应配置片植灌木、地被植物，植物高度控制在 0.7 m 以下，以保证车辆和行人的交通安全。

图 3-11 交通中心岛

图 3-12 交通导向岛

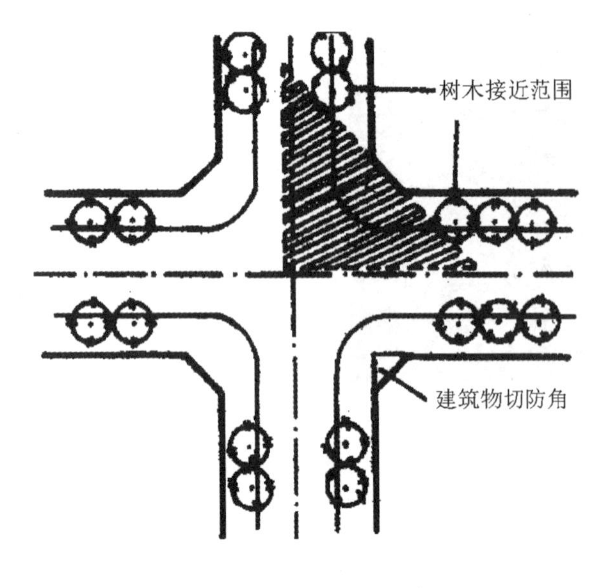

图 3–13　视距三角形示意图

(五)交叉路口种植设计

1. 安全视距

为了保证行车安全,在道路交叉口必须为司机留出一定的安全视距,使司机在这段距离内能看到对面及左右开来的车辆,并有充分的刹车和停车时间,不致发生事故。这种从发觉对面或侧方汽车立即刹车而能够停车的距离称为安全视距或停车视距。安全视距主要与车速有关,根据道路允许的行驶速度、道路的坡度和路面质量情况而定,一般宜为 30 ~ 35 m。

2. 视距三角形

为保证道路交叉口处的行车安全,由两条相交道路上直行车辆的安全视距和视线所构成的三角形空间和限界,称为视距三角形(见图 3–13)。

在视距三角形范围内,不能有阻碍视线的物体。如在此三角形内设置绿地,则植物的高度不得超过小轿车司机的视高,控制在 0.65 ~ 0.7 m 以内,宜种植低矮灌木、丛生花草。

(六)立体交叉的绿地设计

1. 立体交叉的概念

互通式立体交叉一般由主、次干道和匝道组成。匝道供车辆左、右转弯,把车流导向主、次干道用。为了保证车辆安全和保持规定的转弯半径,匝道和主、次干道之间就形成了几块面积较大的空地,作为绿化用地,称为绿岛。图 3–14 所示为立体交叉绿化。

图 3–14　立体交叉绿化

2. 绿岛的设计要点

(1) 绿岛是立体交叉中面积比较大的绿化地段,一般应种植开阔的草坪,草坪上点缀有较高观赏价值的常绿植物和花灌木,也可以种植由观叶植物组成的模纹色块和宿根花卉。

(2) 如果绿岛面积较大,在不影响交通安全的前提下,可以按照街心花园或中心广场的形式进行布置,设置雕塑、园路、花坛、水池、坐椅等设施。

(3) 立体交叉的绿岛处在不同高度的主、次干道之间，往往有较大的坡度，这对绿化是不利的，可设挡土墙减缓绿地坡度。绿地坡度一般以不超过 5% 为宜。

(4) 绿岛内还需装设喷灌设施。在进行立体交叉绿化地段的设计时，要充分考虑周围的建筑物、道路、路灯、地下设施和地下各种管线的关系，做到地上、地下合理安排，才能取得较好的绿化效果。

(5) 在立体交叉处，绿地布置要服从该处的交通功能，使司机有足够的安全视距。例如，出入口可以种植植物作为指示标志，使司机看清出入口；在弯道外侧，最好种植成行的乔木，以便诱导司机的行车方向，同时使司机产生一种安全的感觉。因此，在立交进出道口和准备会车的地段、立交匝道内侧道路有平曲线的地段，不宜种植遮挡视线的树木（如绿篱或灌木），且植物的高度不能超过司机的视高，要使司机能通视前方的车辆。在弯道外侧，植物应连续种植，视线要封闭，不使视线涣散，并预示道路方向和曲率，以利于行车安全。

任务实施

一、现场踏勘 ONE

(1) 该县城位于山区，道路主体地段分为两段：前段为平坦地形；后段一侧为不规则石质边坡，另一侧为缓坡。土壤状况较差，需换土。

(2) 对周边绿地内乔灌木树种展开了调查，调查后发现，华北地区常用乔木树种均能正常生长，灌木种类中西府海棠、榆叶梅、红叶李、木槿、丁香长势良好；地被植物大多为冷季型草；绿篱需做冬季防寒保护。

二、规划设计构思 TWO

(一) 道路主体的设计

主路选用彩色叶树种，以体现丰富的景观特征。分车绿带应用满族文化中的传统图案（见图 3-15），以水蜡树、紫叶小檗、金叶女贞组成色块，与彩叶小乔木相结合，小乔木用红叶李和金叶榆分段设计（见图 3-16 和图 3-17），以色彩的交替韵律布置。人行道绿地用常绿树种和开花树种，错开季节开花，塑造多彩的道路景观。两侧绿地以乔木、花灌木、地被花卉配合，形成外高内低的复层景观。

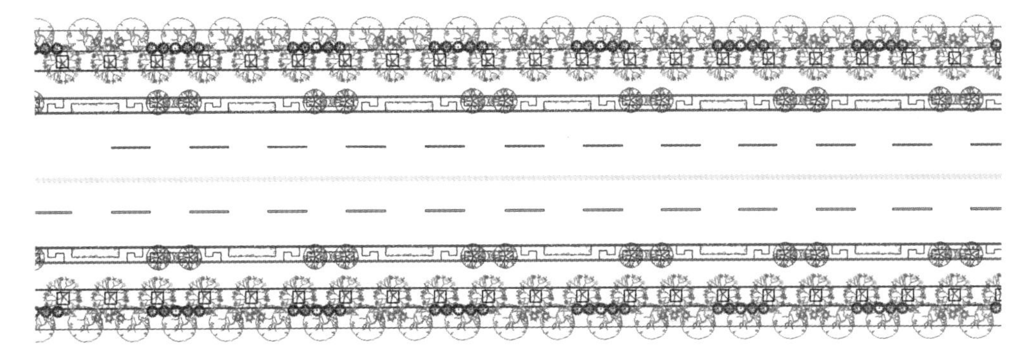

图 3-15 道路主体部分绿化设计平面图

图 3–16　前段绿化效果图

图 3–17　后段绿化效果图

（二）节点设计

在一段分幅路基中间有一块长条三角形地块。此地块取材满族文化中的传统乐器八角鼓。八角鼓的鼓身以景观小品的形式表现，立于局部微地形的最高处；八角鼓的流苏则由植物色带从微地形上顺势而下，发挥植物和小品各自的优势，巧妙结合。此景观做六次重复，以加深氛围感（见图 3–18）。

（三）环岛

此环岛位于道路的东部，在太阳升起的地方，因此取材满族文化中的太阳神文化，中间以台阶抬高地面，环岛中央立抽象金黄色太阳神雕塑；大小渐变的花池内种植黄色花卉，象征太阳的光芒；红色花带象征太阳的火焰；周围用绿篱色块围以满族传统图案，并留出管理用的通道。此环岛的构图为放射状，并进行精细的分隔，以充分展示太阳的光芒四射（见图 3–19）。

图 3–18　三角形绿地小品效果图

图 3–19　太阳神环岛效果图

（四）互通立交桥

此互通立交桥和匝道中间围合成四块长三角形地块，由于平面形状狭长又两侧对称，因此以彩叶植物构成图案，单个图案为传统祥云图案，整体又组成凤凰的翅膀，象征祥和美好（见图 3–20）。

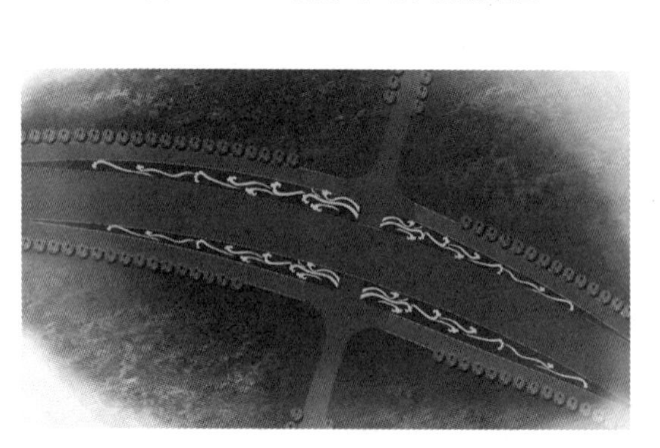

图 3–20　互通立交桥绿化

（五）树种选择

基调树种：白蜡树、国槐。

骨干树种：刺槐、栾树、云杉、红叶李、榆叶梅、木槿。

一般树种：板栗、银杏、白皮松、金叶榆、西府海棠、红王子锦带、金银忍冬、丁香、碧桃、连翘、玫瑰。

地被植物：大花萱草、丰花月季、黑心菊、紫萼、鸢尾、五叶地锦、冷季型草、白三叶。

任务二 高速干道绿化设计

任务提出

拟在某两个中型平原城市之间修建一条高速干道，上、下行车道之间的绿带宽 5 m。请做出绿化设计方案。

任务分析

通过对任务的认真分析不难发现，要完成这条高速干道的绿化设计，需要掌握高速干道的绿化特色，掌握高速干道各部分绿化的方法和技能。

相关知识

随着我国高速公路行业的蓬勃发展和人们环境保护意识的日益增强，高速公路的绿化越来越受到广大公路设计人员和建设者的高度重视。对高速公路进行绿化旨在：使高速公路不仅具有美丽的流线型、新奇的构造物，而且具有令人心旷神怡的自然景观；使司乘人员不仅感到安全、舒适、快速、畅通，而且有置身于舒适、美丽的自然环境之中的感觉，进而提高高速公路的使用效率，发挥高速公路的功能。

图 3-21 所示为某地高速公路隧道入口的绿化。

图 3-21　某地高速公路隧道入口的绿化

一、高速公路绿化的作用 ONE

(1)自然环境调和。通过适当规划公路绿化，可避免破坏当地自然生态平衡，并与自然环境相调和，使公路融于自然环境之中，达到相得益彰的效果。

(2)生活环境调和。公路绿化可为单调的道路平添绿意，并起到削弱车辆噪声、吸收车辆废气、净化生活环境的作用。

(3)减少或防止灾害发生。公路的兴建经常破坏沿线地区自然环境的平衡状态，加强公路绿化可以减缓此种不良冲击，减少或防止灾害发生。

(4)稳固边坡。裸露的边坡长期在自然条件下可能发生崩塌、滑坡、散落等现象，增加了养护的难度，而边坡植被可发挥水土保持、稳固边坡的作用。

(5)视线诱导功能。合理规划苗木栽植位置，有助于引导驾驶员的视线，使驾驶员集中注意力。公路沿途连续的植物绿带，可以显示公路线形变化，使驾驶员能预判前方线形走向，避免弯道突兀出现。

(6)减少或防止事故发生。中央分隔带规划整齐的花木绿带可以有效遮蔽对向车辆灯光，起到防眩作用，有助于减少或防止交通事故的发生。边坡栽植的柔韧性强、耐冲撞的灌木丛，为失控车辆提供了缓冲地带，有助于降低伤亡程度。

(7)协助休憩。公路沿线由植物营造的绿意盎然的环境，能有效地减轻驾乘人员长途旅行的疲劳。进行过园林规划的服务区，为暂停进行休息的旅客提供优美的休憩场所。

(8)调整景观。借助密集连续的绿墙遮掩路旁不雅观的景物，可达到美化路容的效果。通过规划公路绿化，可降低公路所造成的不协调性，将公路融入当地景观中，突显景致特色。

(9)隔离栅功能。高速公路为全封闭道路，绿化植物可以代替栅栏，阻止行人和动物自由出入。

二、高速公路断面的布置形式 TWO

高速公路的横断面包括中央隔离带（分车绿带）、车行道、路肩、护栏、边坡、路旁安全地带和护网（见图3-22）。

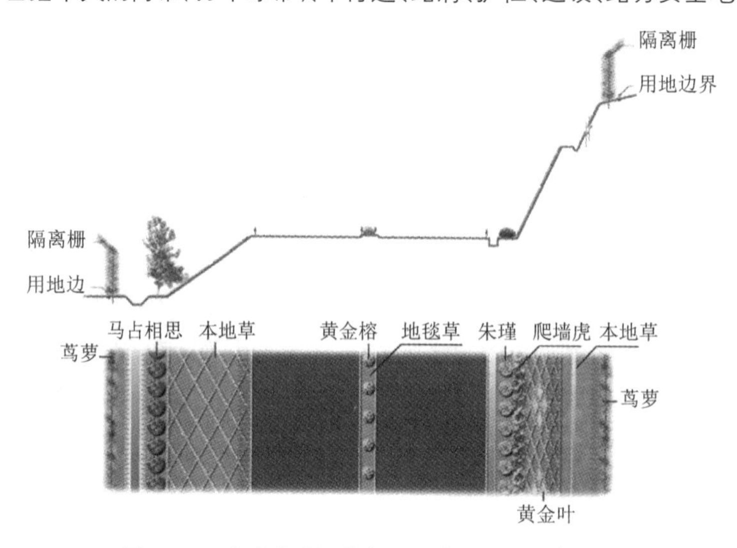

图3-22 高速公路绿化断面示意图及平面布置图

三、高速公路绿化设计　THREE

1. 中央隔离带

中央隔离带的主要作用是按不同的行驶方向分隔车道，消除车灯眩光干扰，减轻对开车辆接近时司机心理上的危险感，或因行车而引起的精神疲劳。另外，中央隔离带还有引导视线和改善景观的作用。中央分隔带的设计一般以常绿灌木的规则式整形设计为主，有时配合落叶花灌木的自由式设计，地表一般用矮草覆盖。在增强交通功能并持久稳定方面，主要通过常绿灌木实现，选择时应重点考虑耐尾气污染、生长健壮、慢生、耐修剪的灌木。

2. 边坡的种植设计

边坡除应达到美化景观效果外，还应与工程防护相结合，起到固坡、防止水土流失的作用。较矮的土质边坡可结合路基栽植低矮的花灌木、种植草坪或栽植匍匐类植物。较高的土质边坡可用三维网种植草坪。石质边坡可用地锦类植物进行垂直绿化。挖方边坡一般在坡角和第一级平台砌种植池，栽植攀缘植物、花灌木及垂吊植物。

3. 公路两侧的绿化

在公路用地范围内栽植花灌木，在树木光影不影响行车的情况下，可采用乔灌结合，形成垂直方向上郁闭的植物景观。由于空间围合较好、绿量大、改善生态环境效果好，因此这种形式应为主要设计方式。具体的工程项目，应根据沿线的环境特点进行设计，如路两侧有自然的山林景观、田园景观、湿地景观、水体景观等，可在适当的路段栽植低矮的灌木，使视线相对通透，使司乘人员能够领略上述自然风光，使公路人工景观与自然景观有机结合。

4. 服务区的绿化

服务区的绿化以庭院绿化形式为主，形式开敞，以现代形式结合局部自然式栽植。可采用线条流畅、舒缓的剪形绿篱突出时代气息，局部的自然式植物配置便于服务区的人们近观品味。

5. 互通区绿化

在互通区大环的中心地段，可采用大型的模纹图案，花灌木根据不同的线条造型种植并精心修剪，形成大气简洁的植物景观。在不影响视距的范围内，设计稳定的树群，使常绿树与落叶树相结合、乔木与灌木相搭配，既可增加绿量，又可形成良好的自然群落景观，自然而壮阔，同时可减少人工抚育管理的成本。

四、高速公路绿地种植设计要点　FOUR

(1) 遮光种植(也称防眩种植)。车辆在夜间行驶时常因对面车辆灯光引起眩光，在高速道路上，由于对面车辆行驶速度快，这种眩光往往容易引起司机操作上的困难，影响行车安全，因而遮光种植的间距、高度与司机视线高度和前大灯的照射角度有关。树高根据司机视线高度决定。小轿车，树高需在 150 cm 以上；大轿车，树高需在 200 cm 以上。但树高过高则影响视界，同时也显得不够开敞。

(2)建筑物要远离高速公路，用较宽的绿带隔开。绿带上不可种植乔木，以免造成司机的晃眼，从而引发事故。高速公路行车，一般不考虑遮阴的要求。

(3) 高速公路中央隔离带的宽度最少为 4 m，日本以 4～4.5 m 宽居多，欧洲大多采用 4～5 m 宽，美国为 10～12 m 宽。受条件限制，为了节约土地，也有采用 3 m 宽的。中央隔离带内可种植花灌木、草皮、绿篱、矮性整形的常绿树，以形成相间、有序和明快的配置效果。中央隔离带内的种植要因地制宜，宜作分段变化处理，以丰富路景和有利于消除视觉疲劳。由于中央隔离带较窄,为安全起见,往往需要增设防护栏。当然,较宽的中央隔离带,也可以种植一些自然的树丛。

(4)当高速公路穿越市区时,为了防止车辆产生的噪声和排放的废气对城市环境的污染,在干道的两侧要留出20~30 m的安全防护地带。美国的安全防护地带45~100 m宽,均种植草坪、宿根花卉、灌木和乔木,林型由低到高,既起防护作用,又不妨碍行车视线。

(5)为了保证安全,高速公路不允许行人与非机动车穿行,所以中央隔离带内需考虑安装喷灌或滴灌设施,并采用自动或遥控装置。路肩是供故障停车用的,宽度一般在3.5 m以上,不能种植树木。边坡及路旁安全地带可种植树木、花卉和绿篱,但要注意大乔木要距路面有足够的距离,不可使树影投射到车道上。

(6)对高速公路的平面线型有一定要求,一般直线距离不应大于24 km,在直线下坡拐弯的路段外侧应种植树木,以增加司机的安全感,并引导司机的视线。

(7)当高速公路通过市中心时,要建立交桥,使车行、人行严格分开。绿化时不宜种植乔木。

(8)高速公路超过100 km,需设休息站,一般每50 km左右设一个休息站,供司机和乘客停车休息。休息站还包括减速车道、加速车道、停车场、加油站、汽车修理房、食堂、小卖部、厕所等服务设施。要结合这些设施进行绿化。停车场应布置成绿化停车场,种植具有浓荫的乔木,防止车辆受到强光照射,场内可对不同车辆的停放地点用花坛或树坛进行分隔。

任务实施

一、现场踏勘 ONE

(1)该高速公路全程位于平原区,绿化基础整齐,土质可满足一般树种的生长需求。

(2)对周边绿地内乔灌木树种展开调查,调查后发现,圆柏、云杉、木槿、丁香长势良好。

二、方案设计 TWO

1. 中央隔离带

中央隔离带宽度为5 m,能满足一般乔木的生长需求。为消除夜间车灯眩光干扰,以常绿树种圆柏为主,栽植苗木高度为1.8 m,种植间距降低为1.5 m,共栽植20株,连成30 m绿篱状;下一段20 m以木槿列植,株距为2 m,地面以叉子圆柏和金娃娃萱草间隔覆盖。

2. 路侧

该公路为填方修路,在路侧形成边坡,边坡上栽植叉子圆柏以起到固坡的作用。边坡下以内侧种植火炬树、外侧种植乔木107杨、林间覆盖紫花苜蓿的配置方式,保证树冠层在司机的视线及以上高度。

三、植物选择 THREE

中央隔离带:圆柏、月季、木槿、叉子圆柏、金娃娃萱草。

路侧:107杨、火炬树、叉子圆柏、紫花苜蓿。

任务三

滨水景观绿地设计

任务提出

某城市主干道和两条平行的次干道斜交，与河流平行，中间形成了一块近似平行四边形的绿地。请给出设计方案。要求该绿地能满足休闲、赏景的双重功能要求。

任务分析

该任务为滨水景观绿地设计，要完成该设计方案，需要掌握滨水景观的设计要点，把握该绿地在城市中要发挥的重要功能。

相关知识

人类有一种与生俱来的亲水心理。中国传统园林也常在其中布置水景，因此自然水景从城市经过时常被引用和强调。滨水景观绿地就是在城市中临河流、湖沼、海岸等水体的地方建设而成的具有较强观赏性和使用功能的一种城市公共绿地形式。滨水景观绿地必须密切结合当地生态环境、河岸高度、用地宽窄和交通特点等实际情况来进行全面规划设计。

一、滨水景观绿地在城市中的作用 ONE

滨水景观绿地在城市中的作用主要体现在以下几个方面。

(1)形成景色，美化市容。滨水景观绿地往往临水造景，运用美学原理和造园艺术手法，利用水体的优势，形成独特的景色，以美化市容。

(2)保护环境，提高城市绿化面积。滨水景观绿地充分利用水体和临水道路，规划成带状临水绿地，充分提高城市绿化面积。

(3)防浪、固堤、护坡，避免水土流失。在滨水景观绿地设计中，有驳岸，有护坡，有植物，均可避免水土流失。

二、滨水景观绿地设计的原则 TWO

(一)功能性原则

对于一条河流来说，由于其穿越城市，规划时应强调滨水地区与城市的连接性。滨水景观绿地应有机地纳入城市绿地系统之中，要以有效的规划设计来加强城市和滨水地区之间通畅的视觉联系和便捷的可达性。滨水景观绿地是供城市所有居民和外来游客共同休闲、欣赏、使用的，这决定了它要以合适的尺度概念来规划设计。

（二）生态性原则

从生态学角度讲，滨水区域是一个具有生物多样性特性的区域，和城市内部预留的公共绿地有很大不同，应在景观设计中予以保护，为这些具有未知价值的场地留足发展空间。在滨河绿地上，除栽植一般树种外，还可在临水边种植耐水湿的树木。对于低湿的河岸或在一定时期水位可能上涨的水边，应特别注意选择能适应水湿和耐盐碱的树种。

（三）文化性原则

每个滨水地区都有自己独特的自然特征和历史文化，滨水景观绿地虽然是一种现代式的景观绿地，但它不能完全脱离本地原有的文化与当地人文历史沉淀下来的审美情趣，设计时要注重现代与传统的交流、互动，不能割裂传统。设计滨水景观绿地时可以用隐喻、保留有价值的遗留物等方式来记载自然文化特征。如鄂尔多斯市乌兰木伦湖滨水景观绿地，以悠长的水体景观演绎蒙古族经典的“大漠长河落日圆”的自然风景，自然形状的河道配以现代感极强的大型喷泉，在尊重草原的历史文化的基础上融合了现代城市景观设计理念，通过加入时尚元素赋予滨水景观绿地以新的内涵，继承并充实了草原文化，表达了草原人民开拓创新、锐意进取的时代精神（见图3-23）。

图3-23　鄂尔多斯市乌兰木伦湖滨水景观绿地

三、滨水景观绿地的规划设计　THREE

一般情况下，滨河路的一侧是城市建筑，滨水景观绿地的建设可以看作是在建筑和水体之间设置一种特殊的道路绿带。滨水景观绿地设计必须密切结合当地生态环境、河岸高度、用地宽窄和交通特点等实际情况进行全面规划设计。

(一)水景的处理

1. 亲水设计

亲水设计是指以临水、亲水景观突出水景的观赏性。常见的做法有三种:第一种为与水体垂直的景观,如在开阔的水面上设计水上平台、栈桥(见图3-24),实现水陆的交融;第二种为与水体平行的景观,如设计与水面大体平行的游览步道,步道与水体时而近、时而远,若即若离(见图3-25),结合自然的植物栽植构成自然的水岸;第三种是将水景引入绿地内部,做瀑布、溪流,打破整齐的水体驳岸,使水景更显自然。

图3-24　亲水木栈道

图3-25　水体边的步道与水若即若离

2. 驳岸的处理

为了保护江岸、河岸、湖岸免遭波浪、雨水等冲刷而坍塌,需修建永久性驳岸。驳岸多采用坚硬的石材或混凝土,顶部加砌岸墙或用栏杆围起;而在水浅地段宜将驳岸与花池、花境结合起来,以便于游人接近水体,欣赏水景。

岸边可以设置栏杆、园灯等。

(二)道路设计

对于景观道路,可结合地形将车行道与滨河游憩路分设在不同的高度上。在斜坡角度较小时用绿化斜坡将车行道与滨河游憩路相连,坡度较大时用坡道或石阶使车行道与滨河游憩路相互贯通。道路宽度、数量依地形确定。一般都设有临水布置的道路。在水面不宽阔、对岸又无景可观的情况下,临水布置的道路可布置简单一些,道路内侧宜种植观赏价值高的乔灌木,树间布置坐椅,供游人休息。临水布置的道路应尽量靠近水边,以满足人们到水边行走的需要。在水位较低的地方,可以因地势高低设计两层平台,并用踏步联系,以满足人们的亲水感。

在水面宽阔、对岸景色优美的情况下,临水布置的道路宜设置较宽的绿化带、花坛、草坪、石凳、花架等,在可以观看风景的地方设计小型广场或凸出岸边的平台,以供人们凭栏远眺或摄影。

(三)植物的布置

以植物造景为主,适当配置游憩设施和有独特风格的建筑小品,依自然地形、水岸线的曲折程度、所处的位置和功能要求进行设计。对于地势起伏大、水岸线曲折变化多的地段,采用自然式布置;而对于地势平坦、水岸线整齐,又临近宽阔道路干线的地段,则采用规则式布置。为了减少车辆对绿地的干扰,靠近车行道的一侧应种植一两行乔木或绿篱,形成绿化屏障,但不要完全郁闭。道路内侧绿化宜疏朗散植,树冠线要有起伏变化,植物配置应注重色彩变化、季节变化和水中倒影,使水面景观与活动空间景观相互渗透、浑然一体。

(四)建筑小品设计

建筑小品是绿地中直接表达设计风格的重要元素。常见的园林建筑有亭、廊、花架、茶室、画舫、游船码头,园林小品有雕塑、假山、坐凳、栏杆、指示牌等。滨水景观绿地中建筑小品应特色鲜明、体量小巧、布局分散,与其他园林要素浑然一体。

任务实施

一、现场踏勘 ONE

(1)该地块的水体为自然河流,且水位在一年内受干湿季节影响变化很大。

(2)该绿地距居民区较近,且1 km之内无类似集中绿地,因此如果设计合理,则能为居民提供良好的休闲空间。

二、规划设计构思 TWO

该地块面积为8990 m^2,长宽相当,可做成滨水小游园(见图3-26)。滨水小游园兼顾休息、游玩、赏景的功能,动静分区。东侧为活动区,主路边做较为集中的活动广场,并结合地势做下行台阶,台阶下仍为活动广场,可满足人们健身的需要,圆弧的两侧分别为花架和休息树池坐凳(见图3-27)。东侧道路旁做健身小广场,集中安置健身器械。为满足亲水需要,水边浅水处做木栈桥(见图3-28),有水时可赏景,无水时又自成一景。西侧为安静休息区,西南侧做古典亭(见图3-29),休息、赏景皆可。绿地中将常绿乔木、落叶乔木、花灌木、宿根花卉、地被植物相结合,并适当点缀园灯和小品。

图 3–26　滨水小游园鸟瞰图

图 3–27　活动广场

图 3-28　亲水栈道

图 3-29　休息亭

任务四

道路绿地设计实训

任务提出

以学校所在城市主干道三板四带式道路为实训课题，以小组为单位，完成现场踏勘、方案构思、方案设计、方案汇报的全过程。

成果要求

1. 绘制 CAD 总平面图一张。

2. 绘制主要节点效果图。

3. 基于教师指定的局部地块绘制施工图。

4. 编制苗木统计表。

考核标准

本次考核以小组为单位进行，表 3–2 为考核表。

表 3–2 考核表

考核项目		分值	考核标准	得分
现场踏勘		20	现场调查内容科学合理，分工合作，工作效率高	
设计过程		20	团队合作性强，分工合理，能在规定时间内完成设计任务	
设计作品	图面表现能力	20	能按要求完成设计图纸，图面整洁美观、布局合理，图例、比例、指北针、文字标注等要素齐全	
	可行性	20	能合理选择种植方式和植物种类，景观稳定，施工图能满足施工要求	
	特色	20	绿地整体性强，浑然一体；能根据城市特点和道路情况塑造内涵或营造意境	

知识链接

城市道路绿化设计标准（摘录）
CJJ/T 75—2023

1 总则

1.0.1 为发挥道路绿化在改善城市生态环境、提供舒适出行、丰富城市景观等方面的作用，避免绿化影响交通安全，保障绿化植物的生长环境，规范道路绿化设计，制定本标准。

1.0.2 本标准适用于新建、改建、扩建的城市快速路、主干路、次干路、支路，以及社会停车场和城市道路立体交叉的绿化设计。

1.0.3 城市道路绿化设计应以人为本，遵循安全、绿色、节约、可持续的原则，落实海绵城市建设理念，因地制宜，突出特色。

1.0.4 城市道路绿化设计除应符合本标准外，尚应符合国家现行有关标准的规定。

2 术语

2.0.1 城市道路绿带 urban road planting strip

城市道路红线范围内的带状绿地，包括分车绿带、行道树绿带和路侧绿带。

2.0.2 分车绿带 median planting strip

车行道之间可以绿化的分隔带。位于上下行机动车道之间的分车绿带称为中间分车绿带，位于机动车道与非机动车道之间或同方向机动车道之间的分车绿带称为两侧分车绿带。

2.0.3 行道树绿带 sidewalk planting strip

布设在人行道与非机动车道，或人行道与车行道之间，以种植行道树为主的绿带。

2.0.4 路侧绿带 roadside planting strip

布设在人行道外缘至同侧道路红线之间的绿带。

2.0.5 绿带宽度 width of planting strip

道路绿带两侧路缘石外侧之间的宽度。

2.0.6 绿带净宽度 net width of planting strip

道路绿带两侧路缘石内侧之间的宽度。

2.0.7 道路绿地率 road green space ratio

城市道路红线范围内各种绿带面积之和占道路用地面积的比例。

2.0.8 道路绿化覆盖率 road greenery coverage ratio

道路红线范围内乔木、灌木、草本等植物垂直投影面积占道路用地面积的比例。

2.0.9 交通岛绿地 traffic island green space

交通岛可绿化的用地。分为中心岛绿地、导向岛绿地和立体交叉绿岛。

2.0.10 立体交叉绿化 interchange greening

城市道路立体交叉范围内可绿化用地及桥体、护坡等的绿化。

2.0.11 通透式配置 clear plant configuration

在距相邻机动车道路面高度 0.9 m ~ 3.0 m 内，树冠不遮挡驾驶员视线的绿地植物配置方式。

2.0.12 胸径 diameter at breast height

乔木主干在距地表面 1.3 m 处的树干直径。

2.0.13 分枝点高度 height of branching point

乔木从地表面至树冠第一个分枝点的高度。

2.0.14 枝下高度 clear bole height

乔木从地表面至树冠最低点的垂直高度。

2.0.15 道路绿化更新 road greening update

对道路绿化植物采取补植、更换、疏移等措施的活动。

2.0.16 古树后备资源 old trees reserve resources

指树龄在五十年至一百年之间的木本植物。

3 基本规定

3.0.1 道路绿化设计应与城市道路的功能等级相适应，除应符合现行强制性工程建设规范《园林绿化工程项目规范》GB 55014 的规定外，尚应符合表 3.0.1 的规定。

表 3.0.1 城市道路功能等级与绿化要求

道路等级	功能要求	绿化要求
快速路	为城市长距离联系提供快速交通服务	防护功能为主，低维护，兼顾绿化景观，与两侧城市景观相融合
主干路	为城市组团间或组团内部的中、长距离联系提供交通服务	突出城市风貌特色，兼顾防护和生态要求，增强道路识别性，注重慢行交通的遮阴需求

续表

道路等级	功能要求	绿化要求
次干路	为干线道路与支线道路的转换以及城市内中、短距离的地方性活动提供交通服务	注重与街道景观和功能相协调保持慢行交通连续遮阴,绿化配置突出多样性
支路	为短距离地方性活动提供交通服务	注重慢行交通的畅通、舒适和遮阴,绿化配置结合街道生活

3.0.2　城市道路两侧宜至少各栽植一排行道树,城市道路绿地率宜符合表3.0.2一般值的规定。在山地城市、旧城更新等特殊情况下,可采用最小值。快速路主路绿地率可结合实际情况确定。

表3.0.2　城市道路绿地率

城市道路红线宽度 W(m)		$W>45$	$30<W\leqslant 45$	$15<W\leqslant 30$	$W\leqslant 15$
绿地率(%)	一般值	≥25	≥20	≥15	—
	最小值	15	10		—

3.0.3　城市道路绿化应注重遮阴,人行道与非机动车道的道路绿化覆盖率不应小于80%。

3.0.4　道路绿化设计应与道路红线外相邻的城市绿地相结合,与城市建筑、市政设施、公共设施等相协调,共同构成城市景观。

3.0.5　道路绿化不得影响通行安全,并应符合下列规定:

1　应符合现行强制性工程建设规范《城市道路交通工程项目规范》GB 55011的规定;

2　被人行横道或道路出入口断开的分车绿带,其端部绿化设计应满足停车视距要求,长度应根据道路设计速度确定,端部停车视距内不得种植影响驾驶员安全视线的植物;

3　停车场出入口视距三角形范围内不得种植影响驾驶员安全视线的植物;

4　当立体交叉分流、合流位于地面时,分流处宜种植低矮灌木引导驾驶员视线,合流处应种植低矮地被植物以保证视线通畅;

5　立体交叉匝道平曲线内侧应采用通透式配置。

3.0.6　历史文化街区内新建或改建道路的绿化应符合风貌保护要求。

3.0.7　道路绿化设计应保证树木正常生长必需的立地条件与生长空间,与相关设施相统筹,除应符合现行强制性工程建设规范《园林绿化工程项目规范》GB 55014 的规定外,尚应符合下列规定:

1　道路绿化配置应与道路照明、交通标志、交通信号灯、安防监控等交通安全和管理设施相协调;

2　道路绿化植物应避让无障碍设施,不应影响无障碍通行;

3　道路绿化乔木枝干与地上杆线之间、植物种植点位与地下管线管廊之间应保持安全距离;

4　道路绿化配置不应影响地下建(构)筑物出入口、管线管廊及其地上附属设施的正常使用;

5　新建、改扩建交通、市政等设施应避让现有道路绿化树木。

3.0.8　道路绿化植物生长区土壤应与周围实土相接,行道树种植位置下方不得有不透水层。种植土壤应疏松、肥沃,盐渍化土壤应先行改良。城市道路绿化栽植土壤质量应符合表3.0.8-1的规定;城市道路绿化栽植土壤有效土层厚度应符合表3.0.8-2的规定。

表 3.0.8–1 城市道路绿化栽植土壤质量

土壤质量指标		技术要求
pH	2.5 ：1 水土比	5.0 ~ 8.3
	水饱和浸提	5.0 ~ 8.0
含盐量 EC 值（mS/cm）	5 ：1 水土比	0.15 ~ 0.9
	水饱和浸提	0.30 ~ 3.0
有机质（g/kg）		12 ~ 80
质地		壤土类（部分植物可用砂土类）
土壤入渗率（mm/h）		≥ 5
压实密度（t/m^3）		＜ 1.35
粒径不小于 2 mm 的石砾含量（质量百分比，%）		20
水溶性氮（N）（mg/kg）		40 ~ 200
有效磷（P）（mg/kg）		5 ~ 60
速效钾（K）（mg/kg）		60 ~ 300

表 3.0.8–2 城市道路绿化栽植土壤有效土层厚度（cm）

植被类型		土层厚度
乔木		≥ 150
灌木	高度大于或等于 50 cm	≥ 90
	高度小于 50 cm	≥ 60
棕榈类		≥ 90
竹类	大径	≥ 80
	中、小径	≥ 50
多年生花卉		≥ 40
一二年生花卉、草坪		≥ 30

3.0.9 道路绿化地面的坡向、坡度应与道路路面排水相协调，并与城市排水系统相结合，应避免绿地内长期积水或水土流失。

3.0.10 道路绿化设计应与海绵城市建设统筹考虑，综合植物生长和径流污染控制等因素科学组织绿地雨水径流，促进源头减排，并应符合下列规定：

1 新建道路绿地海绵设施应与绿地同步建设；

2 改扩建道路绿地增加海绵设施时，应科学确定土壤下渗率，并应明确土壤改良和渗排设施建设要求；

3 含有融雪剂的融雪水不得排入道路绿地；

4 宜承接非机动车道雨水径流，机动车道雨水径流进入绿带前，宜利用沉淀池、前置塘等进行预处理；

5 暴雨后绿地和树池内连续积水时间不得超过 24 h。

3.0.11 应保护古树名木及古树后备资源，道路改扩建工程应保护长势良好的大树。

3.0.12 植物栽植密度应适宜，避免过密栽植影响植物生长。

3.0.13 道路绿地应采取节水灌溉措施，分车绿带宜采用智能灌溉方式。鼓励利用雨水和再生水，使用再生水时，水质应达到现行国家标准《城市污水再生利用 绿地灌溉水质》GB/T 25499 的有关规定。古树名木不得使用再生水灌溉。

4 道路绿带设计

4.1 一般规定

4.1.1 道路绿化应以乔木为主，乔木、灌木、地被植物相结合，不宜裸露土壤。

4.1.2 同一道路的绿化应和谐有序，不同路段的绿化可有所变化。

4.1.3 同一路段绿带植物种类和配置不宜变化过多，应相互配合，形成协调的树形组合、空间层次、色彩搭配和季相变化关系。

4.1.4 道路绿带植物配置的节奏和韵律宜符合不同通行速度的视觉规律。

4.1.5 毗邻山、河、湖、海、林、田、草的道路，其绿化应结合周围自然环境，留出透景线，突出自然景观特色。

4.2 分车绿带

4.2.1 分车绿带净宽度小于 1.5 m 时，宜种植灌木和地被植物；净宽度大于或等于 1.5 m 时，宜种植乔木。采取自然式群落配置的分车绿带净宽度不宜小于 4.0 m。

4.2.2 分车绿带内乔木树干中心距路缘石内侧水平投影距离不宜小于 0.75 m。

4.2.3 主干路分车绿带宽度不宜小于 2.5 m。

4.2.4 中间分车绿带绿化宜阻挡相向行驶车辆的眩光，在距相邻机动车道路面高度 0.6 m～1.5 m 范围内，应配置枝叶茂密的植物，且株距不得大于其冠幅的 5 倍。

4.2.5 当分车绿带无防护隔离设施时，应采取通透式配置。

4.2.6 种植乔木的分车绿带宽度达到 2.5 m 及以上时，宜设置海绵设施；小于 2.5 m 时可设置海绵设施。仅种植灌木和草本植物的分车绿带宜设置海绵设施。

4.3 行道树绿带

4.3.1 行道树绿带种植应保证连续遮阴。

4.3.2 行道树种植株距应根据树种的青壮年期冠幅确定，最小种植株距宜为 6.0 m，冠幅较小的乔木种植株距可为 4.0 m。行道树种植点可根据路灯等设施适当调整，乔木与路灯最小距离不应小于 2.0 m。

4.3.3 行道树进入人行道或非机动车道路面的枝下净高不应小于 2.5 m，进入机动车道路面的枝下净高不应小于 4.5 m。

4.3.4 行道树绿带净宽度不宜小于 1.5 m；表面根系发达的行道树宜采用连续树池，净宽度不宜小于 2.0 m。

4.3.5 在人流量大的路段，树池应覆盖树池箅子，且应与人行路面齐平；在人流量小的路段宜采用连续树池，并栽植灌木和草本植物。行道树之间宜采用透水、透气性铺装。

4.3.6 树池缘石高度宜与人行路面齐平。

4.4 路侧绿带

4.4.1 路侧绿带设计应与道路红线外侧绿地相协调，并应符合下列规定：

1 主要承担防护功能时，应至少栽植两排树木，并应保证路段内植物栽植的连续性，宜采用乔木、灌木、地被复层栽植形式；对噪声污染控制要求严格的路段，应根据噪声来源的高度和范围进行绿化栽植；

2　承担城市生态廊道功能时,宜应用丰富的乡土植物和适生植物,采用复层、混交的配置方式增加生物多样性;

3　承担城市绿道功能时,宜保证绿道遮阴的连续性;

4　路侧绿带与毗邻的其他绿地总宽度大于 12 m 且设计为带状游园时,应符合现行国家标准《公园设计规范》GB 51192 和《城市绿地设计规范》GB 50420 的有关规定;

5　商业设施集中的路段,其路侧绿带宜结合相邻建筑功能与建筑退线空间统一设计。

4.4.2　道路护坡应结合生态修复工程措施栽植护坡植物。

4.4.3　快速路路侧绿带应设置软枝灌木或草坪植被缓冲带,其弯道外侧的路侧绿带植物配置应加强视线引导,保障行车安全。

4.4.4　路侧绿带设计应结合道路和周边场地雨水的排放,可采用下沉式绿地、雨水湿地、生物滞留设施或植草沟等具有调蓄雨水、促进下渗等功能的海绵措施。

5　交通岛、社会停车场及立体交叉绿化设计

5.1　交通岛绿化

5.1.1　交通岛绿地边缘的植物配置宜增强导向作用,在行车安全视距范围内应采用通透式配置。

5.1.2　导向岛内植物配置应以低矮灌木和地被植物为主,平面构图宜简洁。

5.1.3　交通岛绿地可结合绿化布置海绵设施。

5.2　社会停车场绿化

5.2.1　社会停车场绿化应有利于车流和人流组织,不应影响停车场夜间照明。

5.2.2　停车场周边及内部应种植高大庇荫乔木,并宜设置防护隔离绿带,绿化覆盖率宜大于 30%。

5.2.3　停车位周围种植的乔木枝下高度应符合下列规定:

1　非机动车及小型汽车停车位不应小于 2.5 m;

2　中型汽车停车位不应小于 3.5 m;

3　大型汽车和载货汽车停车位不应小于 4.5 m。

5.2.4　停车场可结合内部分隔绿带或者周边防护隔离绿带建设海绵设施。

5.3　立体交叉绿化

5.3.1　立体交叉绿化应包括下列内容:

1　立体交叉绿岛的绿化;

2　高架道路、天桥等的沿口绿化;

3　高架桥柱、道路声屏障、道路护栏、挡土墙、护坡等的绿化。

5.3.2　立体交叉绿化应符合下列规定:

1　应根据环境和气候条件,遵循安全、适用、美观、经济、低维护、可持续的原则;

2　应符合道路桥梁及相关构筑物的结构和强度要求;

3　不得干扰相关道路桥梁、交通设施的各项功能;

4　宜采用智能灌溉控制系统。

5.3.3　立体交叉绿岛绿化应符合下列规定:

1　立交桥区匝道围合区域绿化应以植物景观为主,植物组群尺度应符合车行动态观赏的需要,宜选择抗性强、便于管理的植物种类;

2　立体交叉匝道植物配置宜增强导向作用；

3　立体交叉绿岛应预留绿化养护进出通道，且不宜引导游人进入。

5.3.4　新建高架道路、天桥等沿口宜预留种植槽和绿化灌溉设施安装条件。

5.3.5　高架桥柱、道路声屏障、道路护栏、挡土墙、护坡和桥下地面等的绿化应根据光照条件选择植物种类，并应根据墙体等附着物情况确定攀缘植物的种类。

6　植物选择

6.0.1　道路绿化宜选择乡土树种和长寿树种，不得选用外来入侵物种。

6.0.2　道路绿化应选择适应道路立地条件、生长稳定、抗性强、便于管养、观赏价值高、环境效益好、能体现地域特色的植物，并应符合下列规定：

1　乔木应选择深根性、萌蘖少、树干通直、树形端正、冠型优美、能形成林荫、分枝点高度符合通行要求的种类；

2　花灌木应选择花繁叶茂、花期长、生长健壮、病虫害少的种类；

3　绿篱植物和观叶灌木应选用萌芽力强、枝繁叶密、耐修剪的种类；

4　地被植物应选择茎叶茂密、生长势强、病虫害少、易于管理的木本或草本观叶、观花植物；草坪应选择萌蘖力强、覆盖率高、耐修剪、绿叶期长的种类。

6.0.3　寒冷积雪地区城市道路绿化树木，应选择抗雪压的树种。

6.0.4　易受台风影响的城市道路绿化树木，应选择根系完整、树冠结构良好、抗风性强的树种。

6.0.5　有雨水滞蓄净化功能的道路绿地，应根据水分条件、径流雨水水质、雨水滞留时间等因素，选择耐短期水淹、耐旱、耐污染的植物。

6.0.6　植物选择应符合下列规定：

1　不宜采用有毒或易引起过敏的种类；

2　不宜采用易产生植源性污染或有浓烈异味的种类；

3　停车场绿化不宜采用有浆果或分泌物坠地的树种；

4　行人密集地段的行道树绿带、两侧分车绿带不应采用叶片质感坚硬或锋利的种类；

5　行道树不宜采用树干带刺或落果坠叶的树种；

6　不宜采用其他对行人有害或有潜在危险的种类。

6.0.7　分车绿带、行道树绿带内的树木不应采用造型树。

6.0.8　分车绿带、行道树绿带内新栽植苗木胸径不宜大于 15 cm，行道树苗木胸径不宜小于 8 cm。

6.0.9　道路绿化应根据树木生长规律考虑近远期效果。

7　道路绿化与有关设施

7.1　道路绿化与架空线

7.1.1　在分车绿带和行道树绿带上方不宜设置架空线。当确需设置时，应保证架空线安全距离外有不小于 9 m 的树木生长空间。

7.1.2　66 kV 及以下架空电力线路导线与树木之间的最小垂直距离应符合现行国家标准《66 kV 及以下架空电力线路设计规范》GB 50061 的规定；110 kV～750 kV 架空输电线路导线与树木之间的最小垂直距离应符合现行国家标准《110 kV～750 kV 架空输电线路设计规范》GB 50545 的规定；1000 kV 架空输电线路导线与树木之间的最小垂直距离应符合现行国家标准《1000 kV 架空输电线路设计规范》GB 50665 的规定。

7.1.3　10 kV 及以下架空电力线路导线在最大弧垂或最大风偏后与树木之间的安全距离应符合现行强制性

工程建设规范《园林绿化工程项目规范》GB 55014 的规定；35 kV 及以上架空电力线路导线在最大弧垂或最大风偏后与树木之间的安全距离应符合表 7.1.3 的规定。

表 7.1.3　35 kV 及以上架空电力线路导线在最大弧垂或最大风偏后与树木之间的安全距离（m）

电压等级（kV）	最大风偏安全距离	最大弧垂安全距离
35 ~ 110	3.5	4.0
220	4.0	4.5
330	5.0	5.5
500	7.0	7.0

7.1.4　新建或改建架空线与现有道路绿化树木之间的距离不应低于本标准第 7.1.2 条和第 7.1.3 条规定的数值。

7.2　道路绿化与地下管线管廊

7.2.1　新建道路地下管线管廊的布置应预留绿化空间；改扩建道路地下管线管廊的布置应避让现有道路绿化树木，且行道树绿带下方不得敷设管线。地下管线外缘与绿化树木之间的最小水平距离应符合表 7.2.1 的规定。

表 7.2.1　地下管线外缘与绿化树木之间的最小水平距离（m）

管线名称		最小水平距离	
		至乔木中心距离	至灌木中心距离
给水管线		1.50	1.00
污水管线、雨水管线		1.50	1.00
再生水管线		1.00	1.00
燃气管线	低压、中压	0.75	0.75
	次高压	1.20	1.20
电力管线	直埋	0.70	0.70
	保护管		
通信管线	直埋	1.50	1.00
	管道、通道		
直埋热力管线	热水	1.50	1.50
	蒸汽	2.00	2.00
管沟		1.50	1.00

7.2.2　当遇到特殊情况不能满足本标准表 7.2.1 的要求时，树木根颈中心至地下管线外缘的最小距离应符合

表 7.2.2 的规定。

表 7.2.2 树木根颈中心至地下管线外缘的最小距离（m）

管线名称	至乔木根颈中心距离	至灌木根颈中心距离
电力电缆	1.0	1.0
通信管线	1.5	1.0
给水管线	1.5	1.0
雨水管线	1.5	1.0
污水管线	1.5	1.0

7.2.3 综合管廊设计应预留种植空间和绿化辅助设施。

7.3 道路绿化与其他设施

7.3.1 树木与其他设施的最小水平距离除应符合现行强制性工程建设规范《园林绿化工程项目规范》GB 55014 的规定外，尚应符合表 7.3.1 的规定。新建或改建其他设施应避让现有道路绿化树木。

表 7.3.1 树木与其他设施最小水平距离（m）

设施名称	至乔木中心距离	至灌木中心距离
低于 2 m 的围墙	1.00	0.75
挡土墙顶内和墙角外	2.00	0.50
测量水准点	2.00	1.00
地上杆柱	2.00	—
楼房	5.00	1.50
平房	2.00	—
排水明沟	1.00	0.50

7.3.2 地势高、空旷处、树形高大的珍贵道路绿化树木应安装避雷针。

7.3.3 道路绿化树木上不宜安置泛光照明灯具。

8 道路绿化更新

8.0.1 当存在下列情况之一时，应进行道路绿化更新：

1 道路绿化存在安全隐患；

2 道路或管线管廊改扩建引起道路绿带发生改变；

3 因树种选择、立地条件、病虫害、栽植密度、树木老化等原因引起的长势衰退且无法恢复；

4 因恶劣天气导致绿化树木受灾损毁严重。

8.0.2 道路绿化更新设计应遵循下列原则：

1 对道路绿化现状进行评估，应充分保护利用现有生长良好的树木，不得随意砍伐或更换行道树；

2 行道树绿带、分车绿带补植的乔木胸径不宜大于 15 cm。

8.0.3 道路绿化更新设计应包括下列内容:

1 乔木的补植、更换、疏移、迁移;

2 花灌木和地被植物的更换;

3 绿化辅助设施的更新。

8.0.4 道路绿化更新应符合下列规定:

1 速生树种长势自然衰退无法复壮时,宜进行渐进式更新;

2 因自然灾害引起树木死亡或严重受损时,应及时补植或更换;

3 因密度过大造成树势衰退的道路绿化树木应进行疏移;

4 灌木和地被植物更新时应评估其环境条件后选择适宜的植物种类;

5 因道路改扩建或立地条件改变导致树木不宜保留时,应及时进行迁移种植,优先就地、就近利用;

6 树池箅子等绿化辅助设施更新时应兼顾安全、景观,与环境相协调。

项目四
城市广场设计

YUANLIN
GUIHUA
SHEJI

导　语

现代城市广场与城市公园一样是现代城市开放空间体系中的“闪光点”，它具有主题明确、功能综合、空间多样等诸多特点，备受现代都市人青睐。同时，现代城市广场还是点缀、创造优美城市景观的重要手段，从某种意义上说，体现了一个城市的风貌和灵魂，展示了现代城市生活模式和社会文化内涵。如海滨城市大连，就是一个广场众多的城市，几乎在每一个路口都设置一个广场，其中以星海广场最为著名。图 4-1 所示为大连星海广场。

图 4-1　大连星海广场景观

技能目标

1. 能够熟读城市广场平面图。
2. 能够对城市广场进行主题和功能定位。
3. 能够对城市广场进行规划设计。

知识目标

1. 掌握城市广场的概念及功能。
2. 掌握各类广场的设计要点。

思政目标

1. 培养主动思考的习惯。
2. 培养自觉谦逊、宽厚的优秀品质。
3. 培养社会责任感。
4. 培养严谨的工作作风。

任务一　文化娱乐休闲广场设计

任务提出

以上海市高桥文化娱乐休闲广场的设计为例，通过对此案例的分析和练习来学习和掌握文化娱乐休闲广场的设计方法。

任务分析

该项目在工程设计过程中不仅要考虑文化娱乐休闲广场的功能性，还要考虑该类广场主题、尺度、构成要素的具体设计。要完成该项任务，必须认真阅读平面图，熟悉平面图设计内容，这样才能更好地掌握文化娱乐休闲广场的设计原则及方法。

相关知识

一、城市广场的概念 ONE

现代城市广场的定义是随着人们需求和文明程度的发展而变化的。今天我们面对的现代城市广场应该是：以城市历史文化为背景，以城市道路为纽带，由建筑、道路、植物、水体、地形等围合而成的城市开敞空间，是经过艺术加工的多景观、多效益的城市社会生活场所。

二、城市广场的作用和意义 TWO

1. 城市广场是满足城市复合功能的需要

城市广场是国家、政府举行重大活动的主要场所，同时也是人民群众陶冶情操、休闲娱乐的场所。一个城市若没有广场，就缺乏生气和活力，难以满足城市自身的多种功能要求。城市广场集多种功能，如游憩、交往、交通、防灾、改善生态环境等于一身，这就要求城市广场应有足够大的面积和空间，现在生活的多样性也需要城市广场提供空间保证。

2. 城市广场是开敞城市空间的重要手段

随着城市建设的不断发展，城市高楼大厦拔地而起，而且日渐升高，建筑群的密度不断加大，城市空间拥挤不堪，使生活在大城市中的人们在紧张的工作之余感到窒息。在高厦林立之间、街坊纵横之处建一些开阔的广场，不仅能给城里人留出一块“喘息”之地，而且能帮助人们减轻快速运转的城市生活所带来的心理压力。同时，这也是城市环境美的一种新追求。

3. 城市广场是城市文化与精神文明的重要象征

一些主题广场，如纪念性广场往往成为城市文化名人、城市历史事件、城市某些寓意或某种精神的体现。例如，五四广场、母亲广场、唐山抗震纪念碑广场、哈尔滨市人民防洪胜利纪念塔广场、鲁迅广场，等等，均为城市文化的一种表达。

4. 城市广场是盘活周边地区经济的需要

城市广场的建设为城市开辟了一块公共活动空间。一个选址合理、建设成功的广场，特别是在旧城改造过程中建立的城市广场，对提升城市广场周边地区的环境质量、优化城市结构、增强城市活力、刺激经济增长具有积极作用。而且，一般规模较大的城市广场会比规模较小的城市广场产生更大的影响力和经济效益。

5. 城市广场是增加城市公共绿地的重要途径

城市的发展，使城市绿地比例逐渐降低，影响了城市的环境质量。因此，扩大城市绿地面积就成为城市建设的一项重要任务，而建设城市广场、尽量增加绿地是一个很自然的选择，也是绿地建设的实用手段之一。许多大型城市广场实际上很大面积是用来作为绿地的，因此也可以说建设城市广场在某种程度上是针对城市绿地匮乏而采取的一种带有补救性的措施。建设城市广场不仅增加了城市的景观效果,而且净化了空气,改善了环境质量,对保持城市生态平衡起着重要的作用。

6. 城市广场是城市建筑艺术风格的集中体现

城市广场是构筑城市公共环境大舞台的一部分,富有浓郁的艺术气息、丰富的精神内涵,综合了建筑艺术、造型艺术、园林艺术和声光水景艺术等大众化的公共艺术形态,是社会生活质量提高之后出现的一种新的大众渴求。

三、文化娱乐休闲广场概述 THREE

文化广场应有明确的主题。对于城市深厚的文化积淀和悠久历史,经过深入挖掘整理后,可以以多种形式在文化广场上集中地表现出来。文化广场可以说是城市室外文化展览馆。一个好的文化广场应让人们在休闲中了解该城市的文化渊源,进而达到热爱城市、激发上进精神的目的。

文化广场应该做到:突出主题特征,塑造丰富的空间,提供多流线的交通系统,以"人"为中心,创造出和谐而有新意的环境。安徽芜湖鸠兹广场便是一例,鸠兹广场主空间的周边位置布置了多个小型文化广场群,主要用雕塑、柱廊、浮雕等形式,连续展示了芜湖的文化渊源和发展历史,如图 4-2 所示。

娱乐休闲广场主要是为市民提供良好的户外活动空间,满足市民节假日休闲、交往娱乐的功能要求,兼有代表一个城市的文化传统、风貌特色的作用。娱乐休闲广场一般位于城市的政治、经济、文化、商业中心或居民聚集地,以及交通便利的地段。它可有效地改善民众精神状态,使民众在工作之余得以缓解精神压力和消除疲劳。娱乐休闲广场的布局往往灵活多变,空间多样自由,但一般与环境结合得很紧密。娱乐休闲广场的规模可大可小,无一定的限定。

娱乐休闲广场以让人轻松愉快为目的,因此广场尺度、空间形态、环境小品、绿化、休闲设施等都应符合人们的行为规律和人体尺度要求。娱乐休闲广场的整体主题是不确定的,甚至没有明确的中心主题,而每个小空间环境的主题、功能是明确的,每个小空间的联系是方便的。总之,娱乐休闲广场以舒适方便为目的,让人乐在其中。图 4-3 所示为广场尺度空间的一个例子。

图 4-2 安徽芜湖鸠兹广场

图 4-3 广场尺度空间示例

四、文化娱乐休闲广场的设计 FOUR

文化娱乐休闲广场应有明确的功能和主题，在这个基础上，辅之相配合的次要功能，才能做到主次分明，有一定的文化特色。应有组织地对文化娱乐休闲广场进行空间设计，力求做到在整体中求变化，赋予文化娱乐休闲广场特定的文化内涵。

（一）广场的功能

广场的功能和作用有时可以按城市所在的位置和规划要求而定。文化娱乐休闲广场的性质也决定了其功能特征：文化广场必然以文化性为主，娱乐休闲广场必然以游乐性和趣味性为主。这就要求广场设计要体现广场的固有特征，并且满足人民群众对城市空间环境日益增长的审美要求。

（二）广场的主题

广场作为城市设计的重要部分，是体现城市特色、文化底蕴、景观特色的场所，是一个城市的象征和标志。所以，文化娱乐休闲广场应具有鲜明的主题和个性，或者以城市文化为背景，使人们在游憩中了解城市、解读城市；或者以当地的风俗习惯、人文氛围活动为主；或者通过场地条件、景观艺术来塑造自身鲜明的个性。

（三）广场的尺度

广场是大众群体聚集的大型场所，因此要有一定的规模，即超出 110 m 的限度。广场尺度的处理必须因地制宜，解决好尺度的相对性问题，即广场与周边围合物的尺度匹配关系。建筑师卡米洛・西特(Camillo Sitte)指出，广场的最小尺度应等于它周边主要建筑的高度，而最大的尺度不应超过主要建筑高度的 2 倍。当然，如果广场周围的建筑立面处理得比较厚重，而且尺度巨大，也可以配合一个尺度较大的广场。经验表明，一般矩形广场的长宽比不大于 3：1。

如果用 L 代表广场的长度，用 W 代表广场的宽度，用 H 代表周边围合物的高度，用 D 代表广场周长的 1/4（即 L 与 W 总和的一半），则可以得出下面的一些结论：

（1）当 $D/H < 1$ 时，广场周围的建筑显得比较拥挤，相互干扰，影响广场的开阔性和交往的公共性；

（2）当 $1 \leqslant D/H < 2$ 时，广场尺度合宜；

（3）当 $D/H \geqslant 2$ 时，广场周围的建筑显得过于矮小和分散，起不到聚合与会集的作用，影响到广场的封闭性和凝聚力，以及广场的社会向心空间的作用。

（四）广场的组成要素设计

文化娱乐休闲广场是城市中供人们游玩、休憩以及举行多种娱乐活动的重要场所。在设计时，应注意建筑围合空间的领域感，选择合理的空间形态，使空间形态丰富且统一。设置台阶、坐椅等供人休息，设置喷泉、花坛、水池，以及有一定文化意义的雕塑小品供人欣赏。平面形式灵活多样，有别于其他市政广场、纪念性广场、交通广场、商业广场等类型的广场。

1. 广场的空间形态

广场的空间形态主要表现为平面型和立体型两种形式。平面型广场比较常见，这类广场在剖面上没有太多的变化，接近水平地面，并与城市的主要交通干道联系。它的特点为：交通组织方便快捷，造价低廉，技术含量低，缺乏层次感和特色景观环境。

立体型广场是由广场在垂直维度上的高差与城市道路网格之间所形成的立体空间构成，可分为上升式广场和下沉式广场。上升式广场（见图 4-4）将车行道放在较低层面上，将非机动车和人行道放在地下，实行人车分流；下沉式广场（见图 4-5）多具有步行交通功能，解决了交通分流问题，且在高差处设置水体，使空间产生美妙的动感。在有些大城市，下沉式广场常常还结合地下街、地铁乃至公交车站的使用，更多的下沉式广场则是结合建筑物规划设计的。立体型广场的特点是：为喧闹的城市提供了一个安静、围合并极具归属感的安全空间，点、线、面的结合使空间层次更为丰富。

图 4-4 巴西圣保罗市安汉根班广场

图 4-5 上海静安寺广场

2. 广场的地面铺装处理

合理地选择铺装材料和铺装图案，可加强广场的图底关系，给人以尺度感。通过铺装图案，可将地面上的行人、绿化、小品等联系起来，使广场更加有机。同时，利用铺装材料限定空间，可增加空间的可识别性，强化和衬托广场的主题。如矶崎新设计的筑波中心广场（见图 4-6），引用了地面图案，而建筑与铺地保持相同的肌理。

图 4-6　筑波中心广场

3. 广场的色彩与灯光处理

色彩是表现文化娱乐休闲广场气氛和空间性格的重要手段。文化娱乐休闲广场的色调应富有生机，铺地小品的色彩与主体建筑要取得和谐统一的效果，避免色彩杂乱无章，增强广场的艺术性，提高广场的品位。小品、雕塑的色彩宜鲜亮，起到画龙点睛的作用。如查尔斯·摩尔(Charles Willard Moore)设计的美国新奥尔良的意大利广场(见图 4-7)，铺地采用黑白相间的地面色彩设计，再加上园中不规则的喷泉，给人以赏心悦目、心旷神怡的感觉，达到了既和谐统一又富于变化的目的。

图 4-7　美国新奥尔良的意大利广场

文化娱乐休闲广场往往在夜间使用频率较高，需要创造良好的夜间形象，因此，灯光设计尤为重要。中心区域的照明可以亮一些，休闲区域的照度一般即可。广场照明的灯具可分为三种：第一种，高杆灯，用于主要的活动空间；第二种，庭院灯，用于休闲区域；第三种，草地灯，用于园林绿地照明，创造特殊意境，常常布置在草地当中，创造繁星点点、绚丽迷人的景观效果。

4. 广场绿化、水体与小品的处理

广场绿化可以使空间具有尺度感和方位感。树木可以作为重要的景观设计要素，合理配置树木，对树木进行适当的修剪，既可以体现树木的阴柔之美，又可以体现秩序性。树木本身还具有指引方向、遮阳、净化空气等多重功效。根据不同地区的地域条件，如气候、土壤等，并考虑到观赏周期，选择合适的植物花卉品种，可以在不同的季

节欣赏到不同的景致，谱写出城市广场中绚丽多彩的交响乐。图 4-8 所示为大连星海广场。

水体是广场空间中人们重点观赏的对象。它可分为静态水体和动态水体。静态水体的水面产生倒影，使空间显得宁静深远；而动态水体，如喷泉、瀑布、跌水、导水墙等可在视觉上保持空间的连续性，同时也可以分隔空间，丰富广场的空间层次，活跃广场的气氛（见图 4-9）。

图 4-8 大连星海广场

图 4-9 广场水体

广场小品，如现代化的通信设施、雕塑、坐椅、饮水器、垃圾筒、时钟、街灯、指示牌、花坛、廊架等应与总体的空间环境相协调，在选题、造型方面纳入广场总体规划的衡量指标。广场小品应以趣味性见长，宜精不宜多，讲求得体点题，而并不是新奇与怪异。图 4-10 所示为广场廊架。

图 4-10 广场廊架

任务实施

一、条件分析 ONE

高桥文化娱乐休闲广场位于上海市高桥镇和龙路、大同路路口，南临高桥港，是高桥港轴线景观的一个重要节点，成为该地区标志性景观。广场设计强调南北轴线，轴线北端为半地下室舞台，南端为大同路，并延伸到高桥港，与高桥港景观区连为一体，使高桥港沿河景观整体的空间构架更为完整。广场周围的建筑形式影响着广场的风格、面貌。广场的北立面为欧式风格，雄伟挺拔的欧式古典造型建筑成为本地区的地标性景观。广场东、南面为城市干道，空间开阔。广场设计既要以建筑语言建立对话关系，又要与空间环境相互融合，真正发挥广场美化城市景观、改善城市面貌的作用。

图 4-11 所示为高桥文化娱乐休闲广场平面图，图 4-12 所示为高桥文化娱乐休闲广场局部效果图。

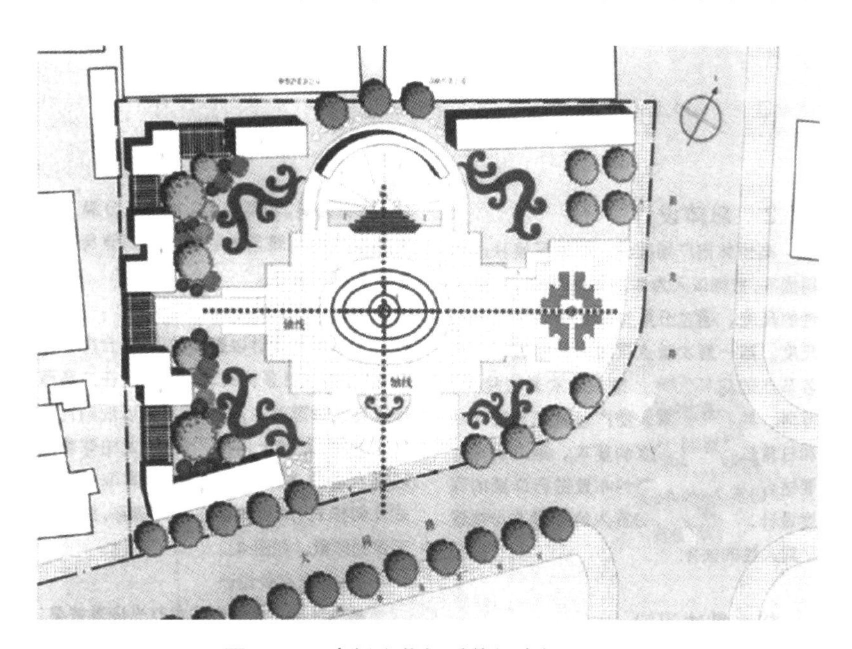

图 4-11 高桥文化娱乐休闲广场平面图

图 4-12 高桥文化娱乐休闲广场局部效果图

二、总体设计 TWO

高桥文化娱乐休闲广场在保证整体环境秩序的前提下，贯彻以人为本的设计原则，营造人性化尺度，通过分层控制整体秩序和空间尺度。第一层次，重点推敲南北轴线与广场各节点的空间尺度；第二层次，通过柱廊、草坪、旱喷的布置，使广场兼顾大型活动和日常使用不同尺度的要求；第三层次，主要结合台阶、灯具等的布置进行详细的深度设计，以保证亲切宜人的尺度，充分体现对人性的关怀。

三、具体设计 THREE

1. 竖向设计

高桥文化娱乐休闲广场的中心舞台高出场地 1.8 m，如图 4-13 所示，随着广场规模的扩大和空间的提升，高桥文化娱乐休闲广场与高桥港沿河景观区的视觉联系成为必然，下沉的半地下室舞台、缓坡草坪、抬升的标高和多样的景观，把广场的南北轴线与高桥港景观区连为一体。

2. 铺装及小品设计

高桥文化娱乐休闲广场的铺装及小品设计，贯彻以人为本的设计原则，营造人性化尺度，使其使用进一步贴近人们的生活。广场设计了足够的铺装硬地供人们活动，同时也保证了一定比例的绿化用地，为人们遮挡夏天烈日，丰富了景观层次和色彩。广场中设计有坐凳、公厕、电话亭等服务设施和喷泉、花池等景观设施，排列有序的花坛、灯柱、花架、廊柱，使广场充满了文化内涵和艺术感染力。只有做到设计新颖、布局合理、环境优美、功能齐全，才能充分满足广大市民大到高雅艺术欣赏、小到健身娱乐休闲的不同需要。

3. 绿化设计

广场绿化设计以整体优先，结合广场的功能安排，设计多样的绿色空间。在广场西南以自然形态为主，大面积草坪以规则几何形态为主，草坪上用黄杨、龙柏球等低矮灌木造型，做成绿色地毯，图案取材于欧式几何样式，从高处俯视格外醒目，给人留下深刻印象，如图 4-14 所示。

图 4-13　高桥文化娱乐休闲广场中心舞台

图 4-14　高桥文化娱乐休闲广场模纹图案

4. 灯光夜景设计

高桥文化娱乐休闲广场非常注重灯光夜景效果。台阶式瀑布用灯光照射，流光溢彩；模纹花坛、草坪用管状灯勾勒形状，凹凸的立体“地毯”在夜间变成了金色的线描图案；柱廊上装有地脚灯，每棵大树都装上泛光灯，每当夜幕降临，华灯初上，广场展现在人们面前的是千姿百态、璀璨耀人的风韵。各式泛光灯、射灯、地脚灯勾画出广场的夜景，整个高桥文化娱乐休闲广场就像一颗熠熠生辉的明珠，与周围的欧式建筑交相映衬，尽显都市的繁华景象。

任务二

纪念性广场设计

任务提出

以昆明胜利广场设计为例，通过对此案例的分析和练习来学习和掌握纪念性广场的设计方法。

任务分析

该项目在工程设计过程中既要考虑纪念性广场的主题和功能，又要考虑该类广场的绿化等构成要素的具体设计及注意事项。要完成该项任务，必须认真阅读平面图，熟悉平面图设计内容，这样才能更好地掌握纪念性广场的设计原则与方法。

相关知识

一、纪念性广场概述 ONE

纪念性广场属于城市广场中的一类，它以纪念性建筑物为主体，结合地形布置绿化与供瞻仰、游览用的铺装场地，供人们缅怀人物或事件。纪念性广场用相应的象征、标志、碑记等教育人、感染人，以强化所纪念的对象，产生更大的社会效益。

城市纪念性广场的题材非常广泛，涉及面很广，可以纪念人物，也可以纪念事件。通常广场中心或轴线以纪念雕塑（或雕像）、纪念碑（或柱）或其他形式的纪念物为标志物，主体标志物应位于整个广场构图的中心位置。对纪念性广场的大小没有严格限制，只要能达到纪念效果即可。因为通常要容纳众人举行缅怀纪念活动，所以纪念性广场应具有相对完整的硬质铺装地，而且与主要纪念标志物（或纪念对象）保持良好的视线或轴线关系。纪念性广场在规划设计中应体现良好的观赏效果，以供人们瞻仰。

纪念性广场的选址一般应远离商业区和娱乐区，以避免对广场造成干扰，突出严肃深刻的文化内涵和纪念主题。整个广场在布置绿化、建筑小品时，应与纪念气氛协调配合，形成庄严、肃穆的整体氛围。纪念性广场一般保存时间很长，所以它的选址和设计都应紧密结合城市总体规划统一考虑。图 4-15 所示为法国凯旋门广场。

二、纪念性广场的设计原则 TWO

纪念性广场的设计一般遵循以下几个原则。

图 4–15　法国凯旋门广场

1. 主题明确

纪念性广场的主题一般是缅怀某些名人或历史事件，在景观设计过程中，应充分渲染这一主题。比如，在广场中心或侧面设置突出的纪念雕塑、纪念碑、纪念塔等作为标志物，按一定的布局形式，在规划上多采用中轴线对称的布局，运用简洁而规则的绿化形式，来满足纪念氛围的要求，如北京的天安门广场。

唐山抗震纪念碑广场

2. 合理组织交通

纪念性广场的设计一方面要创造良好的观赏效果，以供人们瞻仰；另一方面要合理地组织交通，在保持整体环境安静的同时另辟停车场，在避免导入车流的同时满足最大人流集散的需求。

3. 结合主题绿化

纪念性广场后侧或纪念物周围的绿化风格要完善，要根据主题突出绿化风格。如：陵园、陵墓类广场要体现出庄严、肃穆的气氛，多种植常绿草坪和松柏类常绿乔灌木；纪念历史事件的广场应体现事件的特征（可以通过主题雕塑），并结合休闲绿地及小游园的设置，为人们提供休憩的场地，如哈尔滨市人民防洪胜利纪念塔广场（见图 4–16）。

图 4–16　哈尔滨市人民防洪胜利纪念塔广场

三、纪念性广场设计的注意事项 THREE

1. 符合城市规划需求，多元要素设计，体现以人为本的城市广场景观

在设计时，要充分考虑符合城市规划的需求。首先，纪念性广场的景观设计要保证其“纪念性”的体现，一些纪念性广场往往成为城市文化名人，城市历史事件，城市某些寓意、某种精神的体现。例如，五四广场、鲁迅广场、和平鸽广场、母亲广场、胜利广场，等等，均是城市文化的一种表达。其次，纪念性广场作为城市广场中的一类，也要符合城市功能规划的需求，充分考虑到周边环境的各种要素，在突出广场立意、特色的同时，充分考虑到与环境因素的衔接，在设计中体现以人为本的设计理念，注重人的活动与感受的要求，提高舒适性及和谐性。

2. 注重植物造景，建设生态式园林

纪念性广场是为群众开展纪念性质的活动而服务的，需要营造庄严中又不乏活泼、愉快的氛围。以往为了突出严肃、庄严的特性，在此类景观设计中较多采用生态性差的硬质景观素材，而忽略了植物造景的功效。其实景观强调它的自然性、生活性和艺术性。这里主要指景观贵在自然，在嘈杂的城市环境中营造自然、清新的景观，是景观设计的根本出发点与特点。

在纪念性广场的景观设计中，将植物造景和铺装等手法有机地结合在一起，才能创造出符合总体环境需求的景观，而植物造景离不开植物这一基础。植物，是园林要素的重要组成部分，它不但能满足园林的空间构成、艺术构图的需要，为人们提供遮阴、降暑等功能，还是生态系统的初级生产者，是大多数生物种类的栖息地，是园林景观的生命象征。所以，设计中应以绿色植物造景为基础，将绿色植物的亲和性充分发挥在园林小品的设计和装饰中，以期形成树大荫浓、温馨和谐的氛围和良好的生态效益。在植物的选择方面，以适地适树原则为指导，以观赏效果好，抗性强、病虫害少，管理粗放的适生乡土树种为主，体现出植物配置科学性与审美性的有机结合，做到既满足总体环境的景观要求，又使植物体现出地方特色。在不同的地理区域，气候带不同，土质、水质不同，生长着不同的植物种类。地方植物是地方环境特色的有机组成部分之一。同时，地方植物常常还是该地区民族传统和文化的体现。栽植具有地方特色的树种，能满足植物生长对环境的生态要求，并充分发挥其生态园林的功能。图 4–17 所示为陇南 5•12 抗震纪念广场植物配置效果。

图 4–17　陇南 5・12 抗震纪念广场植物配置效果

四、纪念性广场的绿化配置 FOUR

植物作为景观设计的要素在广场设计中的地位是极其重要的，特别是在纪念性广场中，它不仅仅起到空气的净化器、人们休息的庇荫所或为美观而存在的辅助作用，而且是纪念性氛围营造的一种重要手段，是展现场所精神的重要组成部分，发挥着不可替代的重要作用。

植物不同于广场上任何其他的构筑物，它是有生命的个体，它有生命的周期和季相的变化，这就意味着它不可能一成不变地存在。根据纪念性强调时间和象征意义的特点，巧妙地利用植物的形态、质地和色彩等固有特征及植物与环境的关系，能更有效地强调或烘托纪念性广场设计所要体现的精神。

（一）植物的象征性

中国古代文人历来就喜爱寄物抒情，借自然物来表现自己的理想品格和对精神境界的追求，如将松、竹、梅视为“岁寒三友”。坚韧不拔的青松，挺拔多姿的翠竹，傲雪报春的冬梅，它们虽隶属不同属科，却都有不畏严霜的高洁风格，在岁寒中同生，具有很深的象征含义。随着我们经验的不断积累和对植物的不断了解，通过拟人、寓意等艺术手法，结合植物本身的生理和外形特征，赋予了植物不同的文化属性，使许多植物成为高尚品质和高洁情操的象征。环境中的植物能够加深参观者对特定情境的感悟，隐喻场所的精神内容和性格，使人们能够与场所精神在心灵上达到共鸣。

种植在渲染革命精神的纪念性场所的植物，松柏为首选，它们历来被文人墨客咏赞。松树耐寒耐旱，四季常青，凌霜不凋，可傲霜雪。柏树苍劲耐寒，不同流合污，坚贞有节，地位高洁，象征坚贞不渝。

（二）植物的色彩与季相变化

植物不仅随生长改变着原有空间的视觉感受，而且随四季展现丰富多彩的季相变化，使纪念性广场得以以不同空间形象展示纪念主题，营造不同的怀念心境。就纪念性而言，除去最常见的绿色系外，其他相对比较适宜的植物色系为白色系、黄色系和蓝色系。白色象征着纯洁，黄色象征着高贵，蓝色象征着幽静和永恒。有时，红色系作为应时花卉也存在于纪念性空间当中。

（三）植物的形态

纪念性广场的植物形态主要有垂直向上型、水平展开型和不规则型三种。

1. 垂直向上型

这类形态包括圆柱形、笔形、尖塔形、圆锥形等。具有这类形态的植物强调的是空间的垂直感和高度感，修饰了空间的垂直面，易营造严肃、静谧、庄严的气氛。具有垂直向上型形态的植物有雪松、龙柏、池杉、圆柏等。

2. 水平展开型

具有这类形态的多是易整形修剪的植物，如大叶黄杨、金叶女贞等，它们以规整的绿篱形态出现，使环境具有平和、舒展的气氛，增加景观在人们心理上的宽广度，带来空间的扩张感，同时也可以作为空间的分隔线或边界。

3. 不规则型

这类形态是指把易整形修剪的植物塑造成圆形、卵圆形、拱形等，或使用一些草叶植物作为过渡的点缀，这样可使环境具有柔和平静的格调，在纪念性景观中可用来表达哀悼和悲痛之意。可修剪成不规则型形态的植物有女贞、海桐、凤尾兰、金钟、野迎春、梅花、垂柳等。

(四)植物的平面布局

纪念性广场的植物平面布局大概可以分为以下三种形式。

1. 规则式布局

这种布局方式在纪念性广场中运用得最为广泛,它能营造出一种庄重、严肃、宁静的氛围。规则式景观植物一般集中布置在广场靠近主马路的一面,也就是所谓的入口、轴线周围或主题纪念构筑物周围。规则式景观植物布置在入口和轴线周围,能同时起到引导瞻仰者的行进路线的作用;规则式景观植物布置在纪念性构筑物的周围,则能缓和柔化构筑物的角隅。

1)规则式景观植物模纹

利用易修剪造型的灌木等低矮植物,通过其形态、种类或颜色的相间组成相应的图案来表达纪念性主题。具有一定寓意的模纹形式不仅能展现优美的艺术形象,体现与时俱进的时代意义,而且能更好地衬托纪念性构筑物。

2)规则式景观植物形体排列

通过灌木、花草、大乔木和中小乔木等以某种序列的形式共同进行空间上的形体表现,体现整齐划一的空间节奏,进一步衬托纪念性场所的庄严。规则式景观植物形体排列多采用对植和列植等种植方式。

2. 自然式布局

相对于采用规则式布局的植物而言,采用自然式布局的植物种植形式比较自由,不固定,可以是同类或不同类的植物。自然式景观植物多是以背景的形式存在,注重的是一种生态性,在满足纪念性的同时,主要是为参观者提供一个休憩空间。自然式布局多采用孤植、丛植、群植和林植等种植方式。

3. 应时花卉的布局

应时花卉多为草本类,它们不是广场内的固有植物,要视具体情况的要求来布置,一般配合某些大型的纪念活动出现,起到丰富景观的作用。应时花卉可以选择花期,能在指定的时候开花,但生命周期一般比较短暂,需要定时更换。

在大多数情况下,以上几种布局形式不是独立存在的,无法划分出纯粹的规则式布局或自然式布局。它们往往同时存在、共同作用,又各有侧重,满足纪念性表达的不同需求。

任务实施

一、现场条件分析　ONE

胜利广场地处昆明市中心繁华地段,所处位置在历史、景观、交通等方面都十分重要。广场北临城市主干道人民中路,南接历史建筑胜利堂,东西有云瑞东、西路环绕,东北望历史文化古迹文庙。规划区西北高、东南低,平面呈梯形,地面部分用地供停放大客车用;地下为停车场,有4处地下人行出口,规划总面积为5972 m^2。

图4-18所示为昆明胜利广场平面图,图4-19所示为昆明胜利广场全貌。

二、总体设计　TWO

在中心广场,以抽象的主题雕塑来寓意团结胜利、继往开来;同时,雕塑与前导广场的花钟相呼应,借以沟通历史与未来,烘托出胜利与解放、赞美与追求的主题思想。

广场两角的入口处引入两条斜轴,两条斜轴交汇于广场中心后,合成南北向主轴,取得广场与胜利堂、纪念碑的呼应,连接广场与现有纪念性建筑,形成一条历史文化轴线。

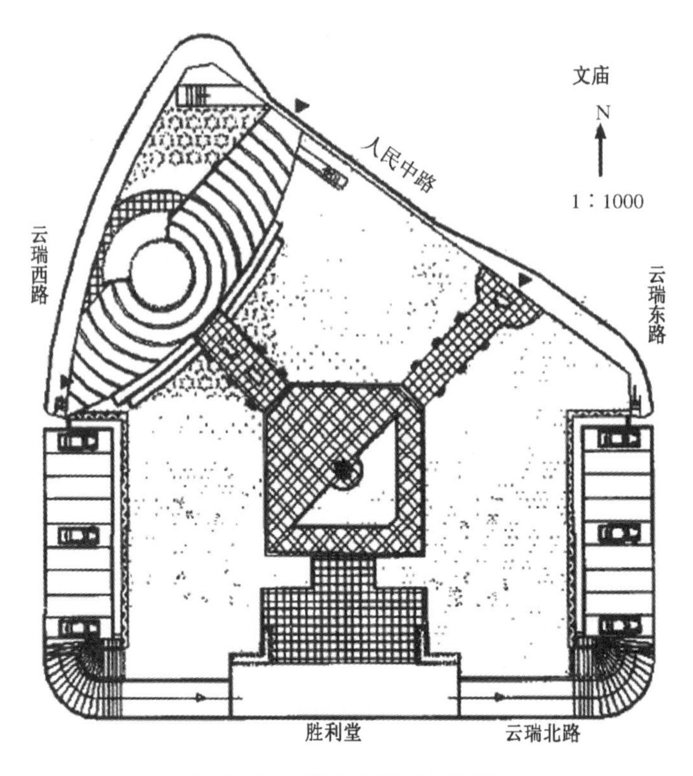

图 4-18 昆明胜利广场平面图

图 4-19 昆明胜利广场全貌

三、具体设计 THREE

1. 景区划分

广场分为前导广场和中心广场。由主入口首先进入一个扇形开放广场,此为前导广场。在其中心设有一个直径为 10 m、高为 2.5 m 的斜向花钟(见图 4-20)。花钟背景衬以花带,选用色彩鲜艳、明快的花卉与铺地形成质感、色彩的对比,吸引游人视线,强化主入口的功能,同时美化街景。

图 4-20　昆明胜利广场花钟

从前导广场向南，由对称的花池作为过渡，进入第二层空间。此处作为前导广场与中心广场的连接纽带，中间布置低矮的花坛，增加导向性，两边列置半圆形坐凳，供人休息。设在场地中央的，是下沉式中心广场，这里形成相对封闭的空间。广场的核心景观是作为标志物的主题雕塑。以背景草坪和封闭空间为衬托，突出了雕塑的感染力。

2. 配套设施规划

为了满足广场的保卫要求，在广场南部设置两处值班室，它们采用生态建筑的做法，上覆以攀缘植物。同时，在广场的西北角，结合花钟设一处小型功能性建筑，它兼有小卖部与储存杂物的功能。

3. 种植设计

广场的植物景观力求形成完整、统一的效果，突出简洁、明快的特点。由于地下为车库，地面覆土层不厚（平均深度为 90 cm），不适宜种植乔木。以完整开阔的草坪作为背景，配置彩叶草、洒金柏、金叶女贞、紫叶小檗等，组成植物色块，突出颜色对比，同时选用苏铁、大叶黄杨、叶子花、金盏菊、四季草花进行适当点缀。开阔的草坪、整形的灌木，适当点缀的四季花卉，使广场做到了四季有花、满目青翠，体现出春城特有的风貌。

任务三

站前广场设计

任务提出

以老常德站站前广场设计为例，通过对此案例的分析来学习和掌握站前广场的设计方法。

任务分析

该项目在工程设计过程中既要考虑火车站站前广场的主题和功能，又要考虑该类广场绿化生态系统的具体设计问题。要完成该项任务，必须认真阅读平面图，熟悉平面图的设计内容，这样才能更好地掌握站前广场的设计原则与方法。

相关知识

一、站前广场概述 ONE

站前广场的主要作用是有效地组织城市交通，包括人流、车流等。站前广场是城市交通体系的有机组成部分，是城市内外交通会合处，主要起交通转换作用。

站前广场是城市对外交通或城市区域间交通的转换地，站前广场的规模与转换交通量，包括机动车交通量、非机动车交通量、行人交通量等有关，站前广场要有足够的行车面积、停车面积和行人场地。对外交通的站前交通广场往往是一个城市的入口，其位置一般比较重要，很可能在一个城市或城市区域的轴线端点上，所以常常是城市景观的重要载体。站前广场的空间形态应与周围建筑环境相协调，体现城市风貌，使过往旅客使用舒适、印象深刻。

图 4-21 所示为老赣州站站前广场。

图 4-21　老赣州站站前广场

二、站前广场绿地的作用 TWO

车站是城市的“门户”，因而站前广场的绿化有别于一般的城市游园绿地，具有表达地域性、组织交通、提供休息和休闲空间及提高环境品质等作用。

首先，站前广场能通过植物，尤其是树木的种类来体现城市的地域特色，如在站前广场上种植市花、市树等，会给外地旅客留下深刻的城市印象。

其次，绿化可以改善站前广场的小气候。站前广场上通常有大面积的石材铺装地面，若能有草皮、树木点缀其上，就可以减少阳光照射而产生的热辐射。绿化会为旅客步行、集散创造良好的遮阴条件，会给旅客营造良好的室外候车、短暂休憩的空间环境。

最后，绿化还常常被用来分隔场地、组织交通。对于广场的建筑群体空间环境来说，它更是一种衬托建筑、美化环境、组织空间的有效手段，大面积的绿化更是一种城市景观。绿化系统与建筑同等重要。

三、建立完整的站前绿化生态系统 THREE

站前广场绿化系统通常由集中绿地和分散绿地、地面绿化和空中绿化、静态水体和动态水体等组成。各组成部分应在点面关系、动静形态和空间维度上有机结合，并与城市绿化系统相辅相成，形成完整的绿化生态体系。

站前广场绿化首先要保证广场绿化“量”的大小，然后再追求绿化的品质。目前我国站前广场的绿化率相差悬殊，集中绿地的面积也因城市的特点、广场的用地环境条件和火车站的等级规模不同而差异极大。

从城市的角度出发，站前广场的绿化应符合城市绿化的有关规范：车站、码头、机场的集散广场绿化应选择具有地方特色的树种，集中成片绿地不应小于广场总面积的 10%。从客观上看，这是对城市和城市设计进行管理的一种方法；但从根本上看，这并没有考虑到人们的主观感受。若广场的绿地率达到 18% 以上，旅客就会对广场的环境产生认同感、亲切感。因此，可以将 18% 的广场绿地率定为广场绿化的下限。

总的说来，车站广场终究还是以交通集散为主。有的车站广场，目前车辆不多，广场上布置了较大的绿地，以备将来交通发展时，部分改作停车场使用，这是一种较好的处理方式。

站前广场的绿化要根据各场地功能来进行合理布置。站前广场绿化的布置主要包括休息场地的布置、停车场地的绿化布置以及边界过渡区和景观性的绿化布置。

为满足旅客逗留休息活动的要求，种植地段之外安排有较大的铺装地坪，并要有高大树木遮阴。铺装地段上布置用石料砌筑或用混凝土、钢木、玻璃钢等材料预制的坐凳，如图 4-22 所示。供旅客休息活动的绿地，不应设在被车流包围或有人流穿越的地方。当绿地面积不大时，通常采用半封闭的布置形式，种植地段的四周通常围以可兼作坐椅的围护结构，以增强广场的可坐性。对于面积较大的休息绿地，可以采用开放式的布置，使旅客能自由出入种植地带而不加任何栏杆或绿篱进行分隔。这种方式使绿化和广场连成一片，感觉自然舒畅。但植物的养护管理要困难一些，绿地内部要有一些小径，即要有游路设计。

图 4-22 站前广场坐椅

对于停车场的绿化，首先，应解决车辆的遮阴问题，应当结合停车位的布置来考虑树木的种植，如图 4-23 所示，真正起到组织交通和调节气候的作用，其次，停车场地要渗水均匀，减少热辐射，用嵌草砖作为停车场地的铺地材料可以一举两得。

综合性交通体系带来了站前广场多层次的空间形式，而绿化与空间相辅相成，也向立体化方向发展。与平面式的绿化相比，立体式的绿化能使人产生丰富的视觉感受，景观性和引导性更强，且能强调空间和丰富空间形式，使空间结构清晰。南京站站前广场采用斜坡形式的绿化架空广场，广场自建筑的二层向玄武湖湖面方向过渡成斜坡，使车站与湖面更加自然紧密地连接，形成独特的景观，如图 4-24 所示。

图 4-23　站前广场停车场绿化

图 4-24　南京站站前广场绿化

站前广场绿化的植物材料选择除了要考虑气候和土壤条件之外，还要注意选用生命力强、少虫害、耐修剪攀折、容易养护管理的树种。用于隐蔽和分隔的绿化植物应以常绿树为主；而布置在休息绿地上的树木，则应与常绿树、落叶树搭配，而且在外形和色彩上均应有所选择。由于广场上人流量大，树木成活不易，因此在绿化时，应采用大树移植的方法，以迅速达到绿化的效果。

任务实施

一、基地条件分析　ONE

站前广场是火车站整体工程中重要的配套工程。老常德站站前广场位于武陵区武陵大道尽端，呈对称结构，中心线与武陵大道重合。老常德站站前广场南临南坪路(207 线)，北抵火车站，东与石长铁路常德站的生产区相接，西与市邮电枢纽中心毗邻，东西长 350 m，南北深 215 m，总用地面积 78800 m^2，总投资约 4500 万元。1998 年 9 月 30 日，火车站站前广场开工，次年 8 月底竣工交付使用。

图 4-25 所示为老常德站站前广场效果图，图 4-26 所示为廊架的局部效果。

图 4-25　老常德站站前广场效果图

图 4-26　老常德站站前广场廊架局部效果

二、总体设计 TWO

站前广场规模大，标准高，是城市形象工程之一，以交通功能为主，兼有休闲、娱乐功能。在总平面布置上，老常德站站前广场共分为两大功能区，即交通停车区和休闲活动区。设计中，充分考虑了内部各分区之间的关系和外部的环境条件，使内部功能分区合理、外部联系方便。

三、具体设计 THREE

1. 交通停车区

交通停车区是站前广场的核心部分，主要包括人行天桥、东西两停车场及与之相联系的进出道路。所有车辆流向均采用东进西出式，单向行驶，互不干扰。站前广场在实现人车分流的同时，也为城市门户创造了良好的环境景观。

2. 广场休闲活动区

站前广场休闲活动区是居民相互交流和娱乐的重要场所，内容包括下沉式露天舞台、中心广场、标志性中心舞台、林荫区等。

3. 广场环境设计

广场环境设计将绿化、水体、广场、雕塑小品与建筑景观融为一体，充分体现城市交通广场、城市门户及市民广场的特色，突出广场个性，更好地烘托火车站的主体建筑；可获得显著的环境效益，借助于灯具、标志、绿化、喷泉、铺地，能有效地分隔组合及引导流线，使分区明确、流线有序。

任务四

广场规划设计实训

任务提出

以学校所在城市的某广场为实训课题，以小组为单位，完成现场踏勘、方案构思、方案设计、方案汇报的全过程。

成果要求

1. 绘制 CAD 总平面图一张。
2. 绘制主要节点效果图。

3. 绘制施工图。

4. 编制苗木统计表。

5. 制作汇报 PPT 讲稿。

任务提出

本次考核以小组为单位进行，表 4-1 为考核表。

表 4-1 考核表

考核项目		分值	考核标准	得分
现场踏勘		20	现场调查内容科学合理，分工合作，工作效率高	
设计作品	图面表现能力	20	能按要求完成设计图纸，图面整洁美观、布局合理，图例、比例、指北针、文字标注等要素齐全	
	可行性	10	能合理选择种植方式和植物种类，景观稳定，施工图能满足施工要求	
	特色	10	绿地整体性强，浑然一体；能根据环境特点和广场功能塑造内涵，或营造意境	
方案汇报		20	PPT 制作精美，汇报条理清楚、富有感染力，能突出表达作品特点	
思政内容		20	团队合作性强，分工合理，能在规定时间内完成设计任务；工作中表现出自觉谦逊、宽厚的优秀品质；有社会责任感，工作作风严谨	

知识链接

城市广场发展简史

城市广场作为城市外部公共空间体系的一种重要组成形态，具有悠久的发展历史。它和城市街道、绿地、公园、开放的城市自然风貌共同构成城市富有特色的外部空间环境。在当代城市建设中，城市广场在中西方城市设计、规划中均占有极其重要的地位。城市广场的产生可以追溯到古代的欧洲。

1. 外国城市广场发展简史

西方人历来注重现实生活，崇尚世俗生活和自我个性的展示。城市社会活动丰富，常把日常的生活空间和注意力集中在户外，数量众多的城市广场及公共建筑成为人们交往的绚丽舞台。城市街道和广场的组合呈现一种清晰而明确的网络体系特征，其中城市广场为整个外部公共空间体系的核心和城市的重心，是城市多条街道空间交汇和发散的节点空间。

城市广场作为西方城市一种人本主义象征的“广场文化”，始终贯穿于西方城市建设艺术中。早在古罗马的城市中，就有中心广场——城市的政治、经济中心。这时的广场空间规整单一，城市干道从中间穿过，四周分布着古罗马最重要的巴西利卡和庙宇。四周建筑大都有一圈一至两层的敞廊，并采用古罗马柱，广场空间整体统一。罗马共和末期和帝国时期，广场增强了纪念性，以满足独裁者为其统治歌功颂德的目的。在此时期，广场空间获得较大的突破，具有代表性的是由罗曼怒姆广场、恺撒广场、奥古斯都广场和图拉真广场组成的庞大的城中广场群，不仅轴线对称、封闭，而且作多层纵深布局，形成多重复合、气势恢宏的广场群。沿轴线延伸的广场空间明暗交替、大小变换，雕刻和建筑物不断转换，取得了纪念性建筑空间感人的艺术效果。继古罗马之后，西方各个历史发展时期，也都出现了一些著名的城市广场，如威尼斯圣马可广场（见图 4-27）、曼彻斯特圣彼得广场等。其中，威尼斯圣马可广场以悠远的海上意境、变幻的复合空间、精美的广场建筑群和标志性钟塔，被后人誉为欧洲中世纪最美丽的

"城市客厅"。

在第二次世界大战以前，西方国家的城市广场多采用平面型。从20世纪50年代到60年代，城市广场开始从平面型向空间型过渡。20世纪70年代以后，城市广场趋向于多功能、综合性和空间型，注重人的环境心理需求。

空间型广场的发展是和避免交通干扰的要求相关的，它可创造安静舒适的环境，又可充分利用有限空间，获得丰富活泼的城市景观。

图4-27 意大利威尼斯圣马可广场

2. 中国城市广场发展简史

中国城市广场是随着城市产生而形成的。最初的广场一般表现为原始的集市性广场和表演性剧场形态，后来这些集市性广场和表演性剧场的交易和演出功能逐渐退化、变化。集市性广场和表演性剧场是各种集会性广场形成的基础，这也是古代广场自发形成的两个基本条件。中国古代官方很少专门为普通民众建设公共广场。中国古代的广场表现为附属于建筑群内的庭院式广场，基本上以内向型的、半封闭的庭院式广场和完全封闭的院落式广场为主。城市广场主要从属于不同的宫殿、坛庙、寺院和陵墓等建筑群的外部空间。所以，中国古代的广场大多数是附属性的，而且主要是为贵族阶级服务的。

1840年鸦片战争开始，中国进入半殖民地半封建社会，中国封建经济结构逐步解体，西方资本主义生产方式开始冲击中国传统生活方式，中国人开始接触、接受某些西方文化思想和生活方式。这时，近代资本主义广场建筑文化、技术涌进中国。由于受帝国主义侵占，广场建筑很多都是照搬外来样式，像哈尔滨的俄罗斯式、青岛的德国式和长春的日本式等，这些地区广场建筑都打上了典型的殖民地性质的烙印。

中国现代广场建设始于1950年以后。中国现代广场主要有两个发展时期：第一个时期是中华人民共和国建国初期，以天安门广场改建和扩建为标志，这个时期的广场以政治集会性广场为主；第二个时期是20世纪80年代改革开放以后，城市建设突飞猛进，城市广场也开始逐渐在各地城市建设中蓬勃兴起，修建了大量各种类型的广场建筑，这一时期也是中国现代广场建筑建设最快、最多的时期。但与欧洲城市广场发展历史相比，我国城市广场建设属于一项新生事物，是中国经济转型时期文化思想观念重大变革的产物。

进入20世纪90年代后期，在可持续发展战略方针指导下，对"生态城市""生态建筑""人居环境"等城市未来发展课题的探讨和实践在建筑界开始广泛展开。我国的城市广场建设正是在这样的时代背景下迅速发展起来的，与城市、公园、自然风貌相结合，成为改善城市生态环境、为市民提供良好的户外生活场所、创造良好的城市景观的重要手段。

3. 现代城市广场的基本特点

各地纷纷建成的城市广场，已经成为现代人户外活动最重要的场所之一。现代城市广场不仅丰富了市民的社会文化生活，改善了城市环境，带来了多种效益，也折射出当代特有的城市广场文化现象，成为城市精神文明的窗口。在现代社会背景下，现代城市广场面对现代人的需求，表现出以下基本特点。

1）性质上的公共性

城市广场作为现代城市户外公共活动空间系统中的一个重要组成部分，首先应具有公共性的特点。随着工作、生活节奏的加快，传统封闭的文化习俗逐渐被现代文明开放的精神代替，人们越来越喜欢丰富多彩的户外活动。在广场活动的人们不论身份、年龄、性别有何差异，都具有平等的游憩和交往权利。现代城市广场要求有方便的对外交通，这正是现代城市广场具有公共性特点的具体表现。

2）功能上的综合性

功能上的综合性特点表现为现代城市广场能满足多种人群的多种活动需求。功能上的综合性是广场产生活力最原始的动力，也是广场在城市公共空间中最具魅力的原因所在。现代城市广场应满足的是现代人户外多种活动的功能要求。年轻人聚会、老人晨练、歌舞表演、综艺活动、休闲购物等，都是过去以单一功能为主的专用广场所无法满足的，取而代之的必然是能满足不同年龄、性别的各种人群（包括残疾人）的多种功能需要，具有综合功能的现代城市广场。

3）空间场所上的多样性

现代城市广场功能上的综合性，必然要求其内部空间场所具有多样性特点，以达到实现不同功能的目的。如：歌舞表演需要有相对完整的空间，给表演者提供的“舞台”或下沉或升高；情人约会需要有相对郁闭私密的空间；儿童游戏需要有相对开敞独立的空间，等等。综合性功能如果没有多样性的空间创造与之相匹配，是无法实现的。场所感是在广场空间、周围环境与文化氛围相互作用下，使人产生的归属感、安全感和认同感。这种场所感的建立对人是莫大的安慰，也是现代城市广场场所性特点的深化。

4）文化休闲性

现代城市广场作为城市的“客厅”，是反映现代城市居民生活方式的“窗口”，注重舒适、追求放松是人们对现代城市广场的普遍要求，从而现代城市广场表现出休闲性特点。广场上精美的铺地、舒适的坐椅、精巧的建筑小品加上丰富的绿化，让人徜徉其间流连忘返，忘却了工作和生活中的烦恼，尽情地欣赏美景、享受生活。

现代城市广场是现代人开放性文化意识的展示场所，是自我价值实现的舞台。特别是文化广场，除了有组织的演出活动外，广场内表演更多的是自发的、自娱自乐的行为，它体现了广场文化的开放性，满足了现代人参与表演活动的“被人看”“人看人”的心理表现欲望。在国外，常见到自娱自乐的演奏者，悠然自得的自我表演者对广场活动气氛也起到很好的提升作用。我国城市广场中单独的自我表演不多，但自发的群体表演却很盛行。

现代城市广场的文化性特点，主要表现在两个方面：一方面，现代城市广场对城市已有的历史、文化进行反映；另一方面，现代城市广场对现代人的文化观念进行创新，即现代城市广场既是当地自然和人文背景下的创作作品，又是创造新文化、新观念的手段和场所，文化与广场的相互作用是一个以文化造广场又以广场造文化的双向互动过程。

项目五
居住区绿地设计

YUANLIN
GUIHUA
SHEJI

导　语

居住区绿地是居民日常休闲和交往的重要场所，也是城市绿地系统的重要组成部分(见图5-1)。居住环境是由自然环境、社会环境及居住者构成的一个系统整体，也是人类生存活动的基本场所。居住区内的绿化对保护居民身体健康，拓展居民生活空间，创造安静、舒适、卫生和美观的环境起着十分重要的作用。

图5-1　居住区绿地景观

技能目标

1. 可以对居住区调查所得的资料进行整理和分析，做出总体方案的初步设计(草图)。
2. 可以完成居住区公共绿地设计平面图。
3. 可以完成居住区公共绿地植物种植设计图。
4. 编制设计说明书。
5. 可以完成小型别墅庭院设计平面图。

知识目标

1. 了解居住区绿地组成的基本知识。
2. 明确居住区绿地规划设计的原则和植物配置的原则。
3. 了解居住区各类绿地规划设计的基本理论。
4. 了解别墅庭院规划设计的基本理论。

思政目标

1. 培养家国情怀。
2. 培养团队合作精神。
3. 培养主动思考的习惯。

任务一

别墅庭院规划设计

任务提出

图5-2所示为某别墅的庭院底图。该庭院位于住宅的北向，庭院与住宅的连接处位于庭院的东南方位。请对其进行设计。

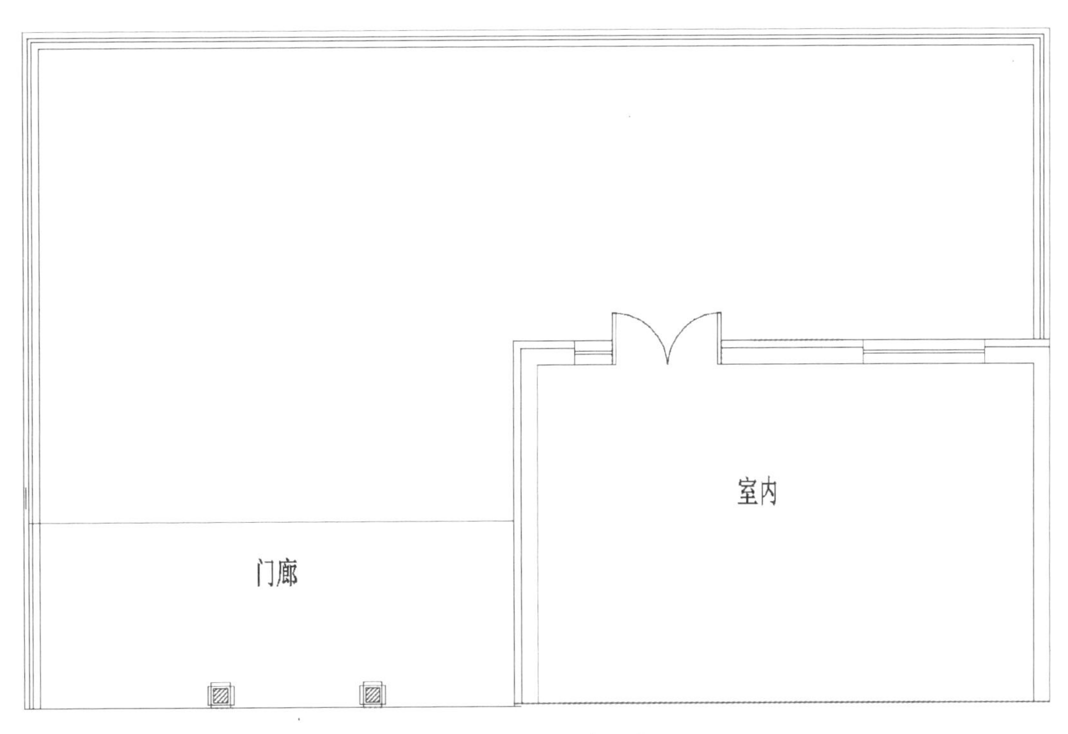

图5-2 某别墅的庭院底图

任务分析

要对该地块进行植物配置，创造科学合理、美观稳定的植物景观，需要熟悉植物的配置技巧，了解植物选择与基地环境的关系，并根据基地状况进行合理的植物配置。

相关知识

别墅庭院是独户庭院的代表形式，院内应根据住户的喜好进行绿化、美化。由于庭院面积相对较大，可在院内进行完整的绿地布局，设计假山、水池（见图5-3）。别墅庭院不仅仅在风格上更有特色，而且在装饰上极富灵活性、随意性，能使住户既嗅到自然的气息，又享受居住的安逸。

图 5-3 别墅庭院中的水池

一、别墅庭院的分区 ONE

别墅庭院一般可分为五个区域:前庭、主庭、后庭、中庭和通道。

(一)前庭(公开区)

从大门到房门之间的区域就是前庭。它给外来访客留下对整个景观的第一印象,因此要保持清洁,并给外来访客一种清爽、好客的感觉。前庭与停车场紧邻时,更要注重实用美观。前庭包括大门区域、草地、进口道路、回车道、屋基植栽区域等。设计前庭时,不仅宜与建筑调和,还应注意街道及其环境四季景色,不宜有太多变化。

(二)主庭(私有区)

主庭是指紧接起居室、会客厅、书房、餐厅等室内主要部分的庭院区域,面积最大,是一般住宅庭院中最重要的一个区域。主庭最足以体现家庭的特征,是家人从事休憩、读书、聊天、游戏等户外活动的重要场所。因此,主庭宜设置于庭院的最优部分,最好朝南向或东南向。日照应充足,通风应良好,有夏凉冬暖的条件最佳。为使主庭的功能得到充分发挥,应设置水池、假山、花坛、平台、凉亭、走廊、喷泉、瀑布、坐椅及家具等(见图 5-4)。

图 5-4 别墅庭院布局

（三）后庭（事务区）

后庭是存放杂物的区域，同厨房与卫生间相对，是日常生活中接触时间最多的地方。后庭很少朝南，为防西晒，可在建筑北、西侧，栽植高大常绿屏障树。与后庭出入口相连的道路的设计，要以平坦、畅通为原则。

（四）中庭

中庭是指三面被房屋包围的庭院区域，通常占地最少。一般中庭日照、通风都较差，不适合种植树木、花草，比较适合摆设雕塑品，布置整形的浅水池，陈设一些奇岩怪石，或者铺以装饰用的沙砾、卵石等。此外，在中庭配置植物时，要选择耐阴的种类，最好是形状比较工整、生长不快的植物，栽植数量也不可多，以保持中庭空间的幽静、整洁。

（五）通道

通道是庭院中联络前庭、主庭、后庭和中庭的功能性区域。通道可以采用踏石或其他铺地，以增加庭院的趣味性。沿着通道种些花草，更能衬托出庭院的高雅气氛。通道空间范围虽小，却可兼具道路与观赏用途。

别墅不一定完全具备以上别墅庭院的各组成部分，特别是在城市用地紧张的情况下，别墅往往为连栋式，别墅庭院也只在住户前后或一个方位才有，要根据具体情况具体对待。

二、别墅庭院设计要点 TWO

（一）别墅庭院设计的要求

（1）满足室外活动的需要，将室内、室外统一起来考虑。

（2）简洁、朴素、轻巧、亲切、自由、灵活。

（3）为一家一户所独享，要在小范围内达到一定程度的私密性。

（4）尽量避免雷同，每个院落各异其趣，既丰富街道面貌，又方便住户自我识别。

（二）别墅庭院风格的确定

庭院有多种不同的风格，一般根据业主的喜好确定庭院基本的样式。庭院的样式可简单地分为规则式和自然式两大类，目前从风格上可将私家庭院分为四大流派：亚洲的中国式和日本式，欧洲的法国式和英国式。而建筑却有多种多样的不同风格与类型，如古典与现代的差别，前卫与传统的对比，东方与西方的差异。常见的做法是根据建筑的风格来大致确定庭院的类型。具有典型日本庭院风格的杂木园式庭院与茶庭等，往往融自然风景于庭院之中，给人清雅、幽静之感。但日式庭院与西式建筑两者难以统一，日式建筑与规则式庭院也有格格不入之感，因此要考虑到庭院风格与建筑之间的协调性。

（三）别墅庭院空间的划分

庭院别墅为一家所有，多由主人一家使用或被主人的亲戚朋友参观。庭院空间划分应基于家庭人员的组成与年龄结构，并重点考虑老人与儿童的安全性和活动场地的设置。此外，庭院空间设计必须考虑其私密性和室内空间延伸的特点，可用木条栅栏、篱笆或花架与邻家庭院相通。在休闲区域，可以考虑用拱门或花架来进行空间划分，产生“曲径通幽”和“柳暗花明又一村”的效果（见图 5-5 和图 5-6）。

图 5-5　休闲花架

图 5-6　栅栏隔离

（四）别墅庭院各组成要素的设计

1. 地形

在别墅庭院中，由于场地较小，一般不设置微地形，或只设置坡度很缓的微地形。

2. 水体

庭院水体具有小而精致的特点，常见的形式有两种：一种是自然状态下的水体，如自然界的湖泊、池塘、溪流等；一种是人工状态下的水体，如喷水池、游泳池等。庭院中还可以布置金属（或石料）水碗或墙壁水、水幕墙等墙式水景。需要注意的是，无论布置哪一种水体，水体的深度都既不能太深又不能太浅，主要从安全性方面考虑确定（见图 5-7）。

图 5-7　别墅庭院中的水景

3. 植物

别墅庭院里的植物种类不宜太多，应以一两种植物作为主景植物，再选种一两种植物作为配景植物。植物的选择要与整体庭院风格相配，植物的层次要清楚，形式要简洁而美观。别墅中经常用柔质的植物材料，如基础栽植、墙角种植、立体绿化等形式，来软化生硬的几何式建筑形体（见图 5-8）。

图 5-8 别墅庭院中的植物

4. 园林建筑小品

在庭院景观中常用的建筑小品有假山、凉亭、花架、雕塑、桌凳等。同时，庭院中还可以用一些装饰物和润饰物，风格力求大胆，如日晷、雕像、花盆等。运用小品把周围环境和外界景色组织起来，能使庭院的意境更生动、更富有诗情画意(见图 5-9)。

图 5-9 别墅庭院中的小品

5. 园路

别墅庭院中的园路主要供庭院主人散步、游憩用，主要突出窄、幽、雅。别墅庭院中园路的铺装一般较灵活，可用天然石材、各色地砖或黑白相间的鹅卵石铺就，还可使用步石、旱汀等(见图 5-10)。

图 5-10　别墅庭院中的散步小路

别墅庭院
设计举例

任务实施

一、调查研究阶段　ONE

调查研究阶段需要做好以下三个方面的工作：第一，通过实地调查，了解庭院的自然环境；第二，通过与业主充分沟通，把握业主的喜好；第三，了解业主养护管理绿地的水平。

二、拟定设计方案阶段　TWO

1. 地形

因庭园面积较小，地形以平地为主，故以砾石做小型旱溪，雨季可收集雨水，形成自然水景。

2. 铺装

为了兼顾通行方便和美观的双重要求，采用了较多的铺装材料和铺装形式，东侧出入口处利用不同颜色的卵石组成交叠的圆形构图，两侧的花架下地面和南面园路均为冰裂纹铺装，但色彩有所不同，既有呼应又有变化。西北角圆弧形景墙前面为防腐木铺装，与景墙上防腐木花池的材质形成呼应。连接门廊处采用了嵌草路，突出了自然质朴的风格。

3. 建筑小品

花架提供遮阴，景墙遮挡西北风并装饰以花箱栽植悬垂植物，并特别设置了洗手池，方便清洁院子和园艺养护活动用水。

4. 植物

植物的第一个特色是立体种植，花架上栽植葡萄，不但能遮阴，还能在采摘季体验收获的快乐。该庭院位于别墅建筑的北侧，最北端围栏处为阳光最充足之处，围栏处栽植藤本月季，形成绚烂的花墙；西北景墙上立体花箱中栽植应时花卉，让主人在更换和养护鲜花的过程中体现与花园的良性互动。第二个特色是花境的自然美感，选用夏季开花的不同花色的宿根花卉，结合观赏草形成花团锦簇又浪漫自然的植物景观。在此基础上栽植紫玉兰、石榴、北美海棠三种小乔木，形成高低错落的植物的层次感。

别墅庭院设计平面图如图 5-11 所示。

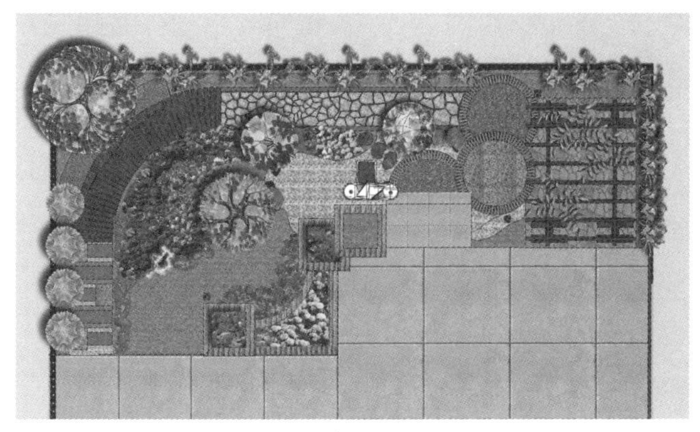

（a）彩平图

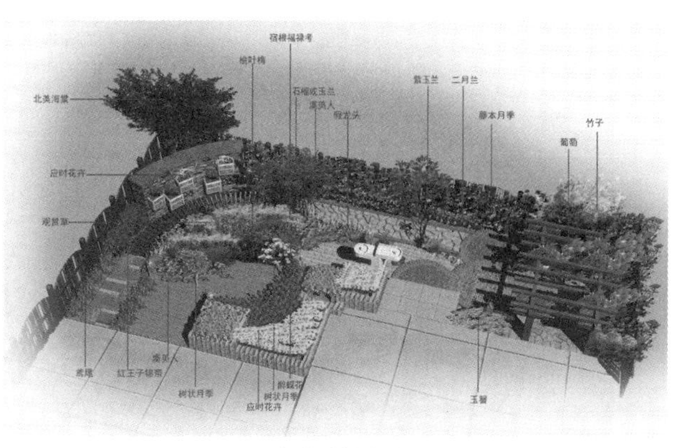

（b）效果图

图 5-11　别墅庭院设计平面图

任务二　居住区绿地设计

任务提出

橘子国住宅小区位于苏州苏锦路西侧的平江新城中央板块，占地约6 hm^2。请对该居住区绿地景观进行设计。

任务分析

通过对任务的认真分析发现，要完成这个居住区的绿化设计，要在准确把握该地块基地条件的基础上，理清该居住区的组成部分，了解绿地景观应该发挥的作用，掌握每部分的设计要点，把握整个居住区的总体风格，运用美学原理使各组成部分协调配合。

相关知识

一、居住区绿地的组成与指标　ONE

（一）居住区绿地的组成

居住区绿地的主要类型有居住区公共绿地（见图 5-12）、宅旁绿地、居住区道路绿地及专用绿地等。

图 5-12　居住区公共绿地

1. 居住区公共绿地

居住区公共绿地就是供全区居民公共使用的绿地，其位置适中，并靠近小区主路（见图 5-13），适于各年龄段的居民使用。它从居住区规划结构形式上分为居住区公园（居住区级）、小游园（小区级）、居住生活单元组团绿地（组团级）以及儿童游戏休息场和其他的块状绿地、带状公共绿地等（见表 5-1）。

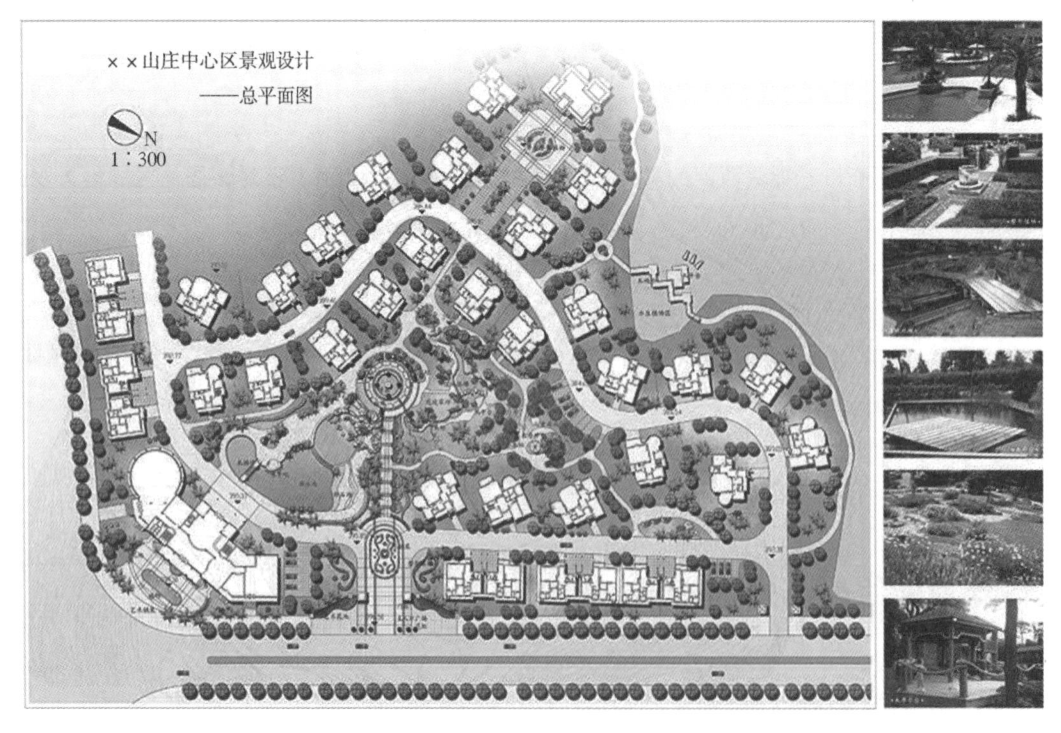

图 5-13　居住区公共绿地靠近居住区主路和主出入口

表 5-1　居住区公共绿地规划基本要求

分级	组团级	小区级	居住区级
类型	儿童游戏休息场	小游园	居住区公园
使用对象	住宅组团居民，特别是儿童和老人	全小区居民	全区居民
设施内容	幼儿游戏设施、坐凳、树木、草地、花卉等	儿童游戏设施、老年人成年人活动休息场地、运动场地、坐凳、树木、草地、花卉、凉亭、花架等	树木、草地、花卉、水体、凉亭、花架、雕塑、假山、小卖部、坐凳、儿童游戏休息场、运动场地、老年人成年人活动休息场地等
用地 /hm^2	大于 0.04	大于 0.4	大于 1.0
步行距离 /min	3 ~ 4	5 ~ 8	8 ~ 15
布局要求	灵活布置	园内有一定的功能划分	园内有明确的功能划分

根据相关规范，居住区公共绿地要满足以下要求：第一，居住区公共绿地至少有一边与相应级别的道路相临；第二，有不少于 1/3 的绿地面积在标准日照阴影之外；第三，块状、带状公共绿地的宽度均不小于 8 m、面积均不小于 400 m^2；第四，绿化面积（含水面）不宜小于居住区公共绿地总面积的 70%。

2. 宅旁绿地

宅旁绿地也称宅间绿地，一般包括宅前、宅后以及建筑本身的绿化，是居民最常使用的一种绿地形式，尤其适于学龄前儿童和老人使用。

3. 居住区道路绿地

居住区道路绿地是指居住区内道路红线以内的绿地，具有遮阴、防护、丰富道路景观等功能。它一般可分为居住区道路、小区路、组团路和宅间小路四级。

4. 专用绿地

各类公共建筑和公共设施四周的绿地称为专用绿地。它的绿化布置要满足公共建筑和公共设施的功能要求，并考虑与周围环境的协调性。

5. 其他绿地

其他绿地包括居住区住宅建筑内外的植物栽植区，一般出现于阳台、窗台及建筑墙面、屋顶等处。

（二）居住区绿地指标

居住区绿地指标用于反映一个居住区绿地数量的多少和质量的好坏，以及城市居民生活的福利水平，也是评价城市环境质量的标准和城市居民精神文明的标志之一。

居住区绿地指标由居住区绿地率、绿地覆盖率和人均公共绿地面积组成。

绿地率：居住区用地范围内各类绿地面积的总和占居住区用地总面积的比率。

绿化覆盖率：居住区用地范围内所有绿化种植的垂直投影面积占居住区总面积的百分比（乔木下的灌木投影面积、草坪面积不得计入在内）。

人均公共绿地面积：居住区中每个居民平均占有公共绿地的面积。

相关规范规定：新建居住区绿地率不低于 30%，旧区改造后绿地率不低于 25%；居住小区公共绿地（含组团绿地）应不少于 1 m^2/ 人，居住区（含小区与组团）绿地应不少于 1.5 m^2/ 人，组团绿地应不少于 0.5 m^2/ 人，并应根据居住区规划组织结构类型统一安排、灵活使用。

二、居住区绿地规划设计的原则 TWO

(一)居住区绿地规划布局原则

(1)居住区绿地规划应与居住区总图规划同时进行、统一规划，绿地均匀分布在居住区域小区内部，使绿地指标、功能得到平衡，居民使用方便。

(2)要充分利用原有自然条件，因地制宜，充分利用地形、原有树木和建筑，以节约用地和投资额。尽量将劣地、坡地、洼地等作为绿化用地，并且要特别对古树名木加以保护和利用。

(3)居住区绿化应以植物造景为主进行布局，并利用植物组织和分隔空间、改善环境卫生与小气候；利用绿色植物塑造绿色空间的内在气质，风格宜亲切、平和、明朗，各居住区绿地也应突出自身特点、各具特色。

(4)规划设计要处处以人为本，注意园林建筑、小品的尺度，营造亲切的人性空间。根据不同年龄居民活动、休息的需要，设立不同的休息空间，尤其注意要为残疾人的生活和社会活动提供条件，例如一些无障碍设施的设置。

(5)绿地设计要突出小区的特色，强调风格的体现，力求布局新颖。这可通过小区主题的设置、园林建筑和小品的配置、园路铺装的设计和树种的选择与搭配等来体现。

(6)绿化和环境设施相结合，共同满足舒适、卫生、安全、美观的综合要求，满足人们对室外绿地环境的各种使用功能的要求。

(7)充分运用垂直绿化，屋顶、天台绿化，阳台、墙面绿化等多种绿化方式，增加绿地景观效果，美化居住环境。

(二)居住区绿地植物配置原则

(1)充分保护和利用绿地内现有树木。

(2)乔灌结合，常绿植物和落叶植物、速生植物和慢生植物结合，比例应控制在1/4～1/3之间，同时点缀花卉、草坪。

(3)植物种类不宜繁多，但也要避免单调，要达到多样统一的要求。在儿童活动场地，要通过少量不同树种的变化，方便儿童记忆及辨认场地和道路。

(4)在统一基调的基础上，树种力求变化，创造出优美的林冠线和林缘线，打破建筑群体的单调和呆板感。

(5)在栽植上，尽量采用孤植、对植、丛植等，适当运用对景、框景等造园手法，将装饰性绿地和开放性绿地相结合，营造丰富而自然的绿地景观。

(6)充分利用植物的观赏特性，通过植物叶、花、果实、枝条和干皮等显示一年中的季相变化。

三、居住区各类绿地规划设计 THREE

(一)居住区公共绿地规划设计

1. 居住区公园

居住区公园是为整个居住区居民服务的，面积比较大，布局与城市小公园相似，应有一定的地形地貌、小型水体、功能分区和景观分区。构成要素除了树木花草外，还有适当比例的建筑、活动场地、园林小品及活动设施。居住区公园与城市公园相比，游人成分单一，主要是本居住区的居民，游园时间比较集中，多在一早一晚，特别是夏季的晚上是游园的高峰。因此，加强照明设施、灯具造型、夜香植物的布置，成为居住区公园的特点。一般将此公园设在居住区几何中心位置，以方便居民使用。服务半径不宜超过 800 ~ 1000 m，居民步行 10 min 左右可以到达。居住区公园的功能分区及其相应的物质要素如表 5-2 所示。

表 5-2　居住区公园的功能分区及其相应的物质要素

功能分区	物质要素
休息、游览区	休息场地、散步道、坐椅、灯具、廊、亭、榭、花架、假山、老人活动区、花木、草坪、水景等
游乐区	电动游戏设施、文娱活动室、坐椅、树木、花卉、草地等
运动健身区	运动场地及设施、休息设施、树木、花卉、草地等
儿童游戏区	儿童乐园及游戏设施、休息设施、树木、花草等
服务区	小卖部、厕所、餐厅、坐椅、花草等
管理区	管理用房、公园大门等

居住区公园规划设计要点包括以下四项。

(1) 满足功能要求。应根据居民各种活动的要求布置休息、文化娱乐、体育锻炼、儿童游戏，以及人际交往、服务管理等各种活动的场地与设施。

(2) 满足风景审美的要求。以景取胜，注意意境的创造，充分利用地形、水体、植物及人工建筑塑造景观(见图 5-14)。

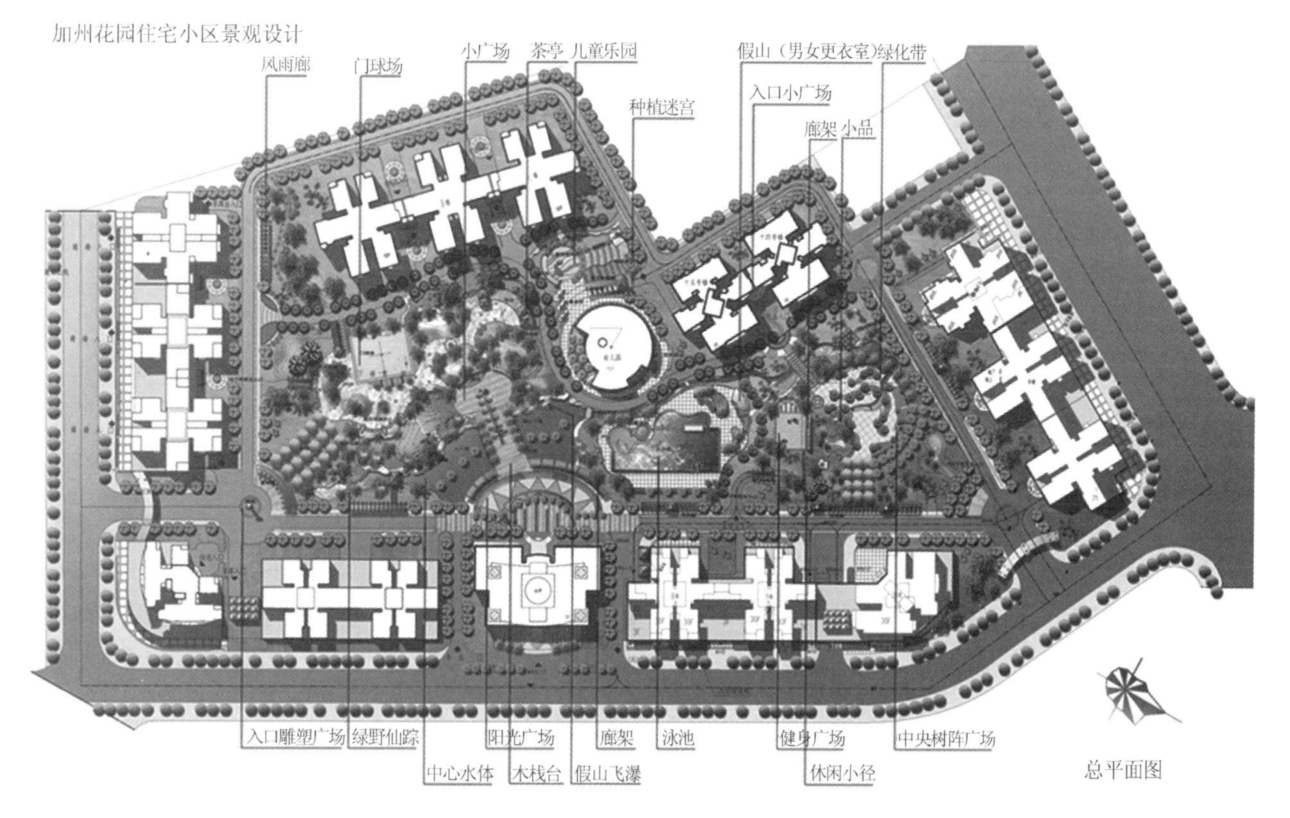

图 5-14　居住区公园

(3)满足游览的需要。公园空间的构建与园路规划应结合组景，园路既是交通的需要，又是游览观赏的线路。

(4)满足净化环境的需要。多种植树木、花草，改善居住区的自然环境和小气候。

2. 居住小区中心游园(小游园)

居住小区中心游园主要供小区内居民使用。服务半径为300～500 m，步行3～5 min即可到达。小区公园的主要服务对象是老人和青少年，提供休息、观赏、游玩、交往及文娱活动场所。居住小区中心游园要求位置适中，多数布置在小区中心。也可在小区一侧沿街布置居住小区中心游园，以形成绿化隔离带，美化街景，方便居民及游人休息(见图5–15)。

图5–15　居住小区中心游园

居住小区中心游园设计要点包括以下八个方面。

(1)确定居住小区中心游园的位置及规划形式：居住小区中心游园一般在小区的一侧沿街布置或在道路的转弯处两侧沿街布置，可以形成绿化隔离带，减弱干道的噪声对临街建筑的影响，还可以美化街景，便于居民使用。位置确定后根据居住小区中心游园构思立意、地形状况、面积大小、周边环境和经营管理条件等因素，居住小区中心游园平面布置形式可采用规则式、自然式或混合式。

(2)功能分区：根据游人不同年龄特点划分活动场地和确定活动内容，特别要考虑老人和儿童健身锻炼所需的场地和配套设施。场地之间既分隔又紧凑，将功能相近的活动安排在一起。重点考虑动静两区之间在空间布局上的联系与分隔问题。

(3)入口：结合园内功能分区、地形条件、道路系统，在不同方向设置出入口，数量不少于两个，以方便居民进出，但要避开交通拥挤的场所。入口处应适当放宽道路或设小型内外广场，以便集散。内设花坛、假山石、景墙、雕塑、植物等作为对景，这样有利于强调并衬托入口设施。同时，主出入口应采取无障碍设计。

(4)地形处理：居住小区中心游园地形应力求在空间竖向上有变化，在考虑土方基本平衡的原则下，结合自然地形做微地形处理，不宜堆砌大规模假山；或者根据功能分区设计出上升或下沉、开放或封闭的地形，以营造出不同感受的园林空间。同时，应尽量利用和保留原有自然地形和原有植物。地形的设计必须利于排水。

(5)水体设计:为了满足游人的亲水性,居住小区中心游园中的水体设计可根据居住区的园林风格,确定水体的规划形式是规则式还是自然式,结合一定的造景手法创造出“一峰则太华千寻,一勺则江湖万里”的效果。同时,考虑水体循环问题,强化安全防护措施。水景的面积不宜超过绿地面积的5%。

(6)植物配置:植物种类的选择既要统一基调,又要各具特色,做到多样统一。注意季相变化和色彩配合,选择观赏价值较高的植物种类,多采用乡土树种,避免选择有毒、带刺、易引起过敏的植物。

(7)园林建筑、小品:居住小区中心游园以植物造景为主,但适当布置园林建筑、小品,能丰富绿地内容,增加游憩趣味,使空间富于变化,起到点景的作用,也为居民提供停留休息观赏之所。居住小区中心游园面积小,又被住宅建筑包围,因此要有尺度感,总的说来,宜小不宜大、宜精不宜粗、宜巧不宜拙,以便起到画龙点睛的作用。居住小区中心游园的园林建筑及小品有亭、廊、榭、棚架、水池、坐凳、雕塑、果皮箱、宣传栏、园灯等。

(8)居住小区中心游园道路及广场:园路布局宜主次分明、导向性好。园路宽度以不小于2人并排行走的宽度为宜,最小宽度为0.8 m,一般主路宽3 m左右,次路宽1.5~2 m。园路要随地形变化而起伏,随景观布局的需要而弯曲、转折,在转弯处布置树丛、小品、山石等,增加沿路的趣味性,设置坐椅处要局部加宽。园路加宽到一定程度后就成为广场,居住小区中心游园中广场的主要作用是集散人流、作为休息场地和活动场地等。一般广场地面、主路采用硬质铺装。居住小区中心游园中的次路和支路可用虎皮石、卵石、冰裂纹石等铺砌。

(二)居住区组团绿地规划设计

居住区组团绿地是直接靠近住宅的公共绿地,通常结合居住建筑组群布置,服务对象是组团内居民,主要为老人和儿童就近活动和休息提供场所。有的小区不设中心游园,由分散在各组团内的绿地、路网绿化区域、专用绿地等,形成小区绿地系统。

组团绿地面积小、用地少、布置灵活、见效快、使用效率高,为居民提供了一个安全、方便、舒适的休息、游憩和社会交往的场所。

1. 组团绿地的布置类型

(1)周边式住宅中间:这种组团绿地环境安静、有封闭感,可以获得较大面积的绿地,有利于居民从窗内看管在绿地玩耍的儿童。

(2)行列式住宅山墙之间:这种组团绿地空间缺乏变化,比较单调。适当增加山墙之间的距离,并开辟出绿地,可以打破行列式住宅山墙间所形成的狭长胡同的感觉。可以将这种组团绿地与前后庭院绿地空间相互渗透,丰富空间变化。

(3)扩大住宅建筑的间距:将行列式住宅之间的间距扩大到原间距的1.5~2倍,即可以在扩大的间距中开辟组团绿地。

(4)住宅组团一角:在不便于布置住宅建筑的角隅空地安排绿地,能充分利用土地,但由于在一角,加长了服务半径。

(5)结合公共建筑:结合公共建筑布置,使组团绿地同专用绿地连成一片,相互渗透,扩大绿化空间感。

(6)临街布置:在居住建筑临街的一面布置,使绿化和建筑互相映衬,丰富了街道景观,也成为行人休息之地。

(7)穿插布置:对于采用自由式布置的住宅,将组团绿地穿插其间,使组团绿地与庭院绿地结合,不仅可以扩大绿化空间,而且构图显得自由活泼。

2. 组团绿地的布置方式

(1)开敞式：绿地不以绿篱或栏杆与周围分隔，居民可以自由进入绿地内活动。

(2)半封闭式：绿地用绿篱或栏杆与周围分隔，但留有若干出入口，允许居民进出。

(3)封闭式：绿地被绿篱、栏杆围合，居民不能进入，主要以草坪和模纹花坛为主。

3. 组团绿地的设计要点

(1)出入口的位置和道路、广场的布置要与绿地周围的道路系统及人流方向结合起来考虑，以便捷为准。

(2)绿地内要有足够的铺装地面，以方便居民休息、活动，并利于绿地的清洁卫生。

(3)组团绿地要有特色。一个居住小区往往有多个组团绿地，这些组团绿地在布局、内容及植物布置上要各有特色。

(4)针对主要的使用人群，即老年人与儿童，分别设置安静休息区和游戏活动区。安静休息区设在远离道路的区域，周边以植物围合，以便形成安静的氛围。同时，布置亭、花架、坐椅等休息设施。安静休息区要布置一些防滑的铺装地面或草地，供老年人进行散步、打拳等健身活动时使用，并设置一些辅助性的设施，如扶手等。

(5)游戏活动区可分别设计幼儿和少儿活动场，供儿童进行游戏和体育活动。该区的园林建筑、小品要考虑尺度问题，且颜色要明亮，造型要新颖。地面铺装以草坪或海绵塑胶及沙地为主。同时，场地周边必须种植冠大荫浓的乔木，以解决儿童和家长的遮阳问题，并且要有相应的休息设施。

(6)充分利用植物的线形、色彩、体量、质感等景观设计元素，进行各种乔灌木、藤本植物、宿根花卉与草本植物的生态构筑，使居民能在美好的绿化环境中进行各种户外活动。组团绿地中，不同的活动区域应有不同的绿化形式，如：晨练、遛鸟、下棋等积极休息活动处，种植庇荫效果好的落叶乔木，保证足够的活动空间；交谈、赏景、阅读等安静活动处，种植一些树形优美的树木及花香、色彩宜人的时令花卉，为居民提供舒适的园林环境(见图 5-16)；在儿童活动区，种植色彩明快、耐踩踏、抗折压、无毒无刺的树木花草为宜；在散步区，以季相构图明显的自然带植，乔、灌、花、草复层种植形式为佳，这有利于人们心情的放松。

图 5-16　组团绿地植物布置

(三)居住区宅旁绿地规划设计

宅旁绿地是住宅内部空间的延续和补充(见图 5-17)，它虽不像公共绿地那样具有较强的娱乐、游赏功能，但却与居民的日常生活起居息息相关。宅旁绿地使现代住宅单元楼的封闭隔离感得到较大程度的缓解，使以家庭为单位的私密性和以宅间绿地为纽带的社会交往活动得到了统一与协调。

图 5–17　宅旁绿地

1. 宅旁绿地的类型

宅旁绿地的形式多种多样，主要有以下几种。

（1）树林型：以高大乔木为主，大多数为开放式绿地，居民树下的活动面积大，对改善小气候有良好的作用。但缺乏灌木和花草的搭配，比较单调。同时，应注意乔木与住宅墙面的距离在 5 m 以外，以免影响室内通风采光。

（2）游园型：在宅间以绿篱或栏杆围出一定的范围，布置花草树木和园林设施；色彩层次较为丰富，有一定的私密性，为居民提供游憩场地；可布置成规则式或自然式，有时形成封闭式花园，有时形成开放式花园。

（3）草坪型：以草坪绿化为主，在草坪边缘适当种植一些乔木或花灌木、草花之类的植物。这种形式多见于高级独院式住宅，有时也用于多层或高层住宅。

（4）棚架型：以棚架绿化为主，多采用紫藤、凌霄、炮仗藤等观赏价值较高的攀缘植物，也可结合生产，选用一些瓜果或药用攀缘植物。

（5）植篱型：在住宅前后用常绿或观花、观果、带刺的植物组成绿篱、花篱、果篱、刺篱，分隔或围合宅间绿地。

（6）庭院型：在绿化的基础上，适当设置园林小品，如花架、山石、水景等，形成自然幽静的居住环境。

（7）园艺型：根据居民的喜好，在庭院绿地中种植果树、蔬菜，既能绿化环境，又能生产果品蔬菜，使居民享受田园之乐。

2. 宅旁绿地的特点

（1）贴近居民，领域性强。宅旁绿地是将居民送到家门口的绿地，与居民各种生活息息相关，具有通达性和实用观赏性。宅旁绿地具有“半私有”性质，常为相邻的住宅居民所享用。因此，居住小区公共绿地要求统一规划、统一管理，而宅旁绿地则可以由住户自己管理，实行自由的绿化模式，而不必推行同一种模式。

（2）绿化为主，形式多样。宅旁绿地通常面积较小，多以绿化为主。宅旁绿地较之小区公共集中绿地，面积较小但分布广泛，且由于住宅建筑的高度和排列不同，形成了宅间空间的多变性，绿地因地制宜，也就形成了丰富多样的宅旁绿化形式。

（3）以老人、儿童为主要服务对象。宅旁绿地最主要的使用对象是学龄前儿童和老年人，老人、儿童是宅旁绿地中游憩活动时间最长的人群，满足这些特殊人群的游憩要求是宅旁绿地绿化景观设计首先要解决的问题，绿化应结合老人和儿童的心理和生理特点来配置植物，合理组织各种活动空间、季相构图景观，保证良好的光照和空气流通。

3. 宅旁绿地的设计要点

（1）入口处理：连接入口的通道，可设置成台阶式、平台式和连廊式绿化形式，将居民一路由绿色、花香送到家门口。但要注意不要栽种有刺的植物，以免伤害出入的居民，特别是儿童。

（2）墙角及基础绿化：可通过花台、花境、花坛、花带、绿篱、对植、列植、墙附等多种植物景观形式，进行建筑墙角及基础的绿化、墙面的垂直绿化、建筑入口的重点绿化等，美化建筑构图，表现环境主题。

（3）丰富绿化内容，避免景色单调。整个居住区宅旁绿地的树种应该丰富多样，树种的选择要在基调统一的前提下，使不同的宅旁绿地各具特色，成为识别区分不同宅旁绿地的标志。

（4）住宅建筑物周围的绿化：在建筑物南侧，应配置落叶乔木；在建筑物北面，可能终年没有阳光直射，因此应尽量选用耐阴观叶植物，若面积较大，可种植常绿乔灌木，抵御冬季西北寒风的侵袭；在建筑物东、西两侧，可栽植落叶大乔木或利用攀缘植物进行垂直绿化，以有效防止夏季暴晒；在高层住宅的迎风面及风口，应选择深根性树种。

（5）符合生态要求，满足生活需求。住宅周围因建筑物的遮挡而形成的阴影区，树种选择要注意耐阴性，保证阴影区的绿化效果。结合宅旁绿地空间狭小的特点，合理种植攀缘植物，进行垂直绿化。在住宅建筑南向窗前，以种植低矮灌木和枝叶疏朗的落叶中小乔木为宜，满足低层住宅对通风采光的要求。

（6）养护管理方便，生长抗逆性强。宅旁绿地分布着高密度管网，同时游人活动频繁，通常养护管理水平比中心游园等小区公共集中绿地要低。因此，植物应选择当地生长健壮、抗性较强、适宜粗放管理的优良树种，以减少后期养护管理成本。

（7）绿化设计与空间组织。宅旁绿地绿化空间的设计与游憩赏景条件关系密切。因此，宅旁绿地设计要注意通过绿化创造各种空间环境。绿化空间的组织要考虑居民在绿地中活动时的感受和需求。植物造景可利用乔木、灌木、地被植物等高低、大小、疏密等的不同，形成开敞、封闭、半开敞等不同的视景空间，为居民的公共及私密活动营造宜人的环境氛围。

（四）居住区道路绿地规划设计

根据居住区的规模和功能要求，居住区道路可分为居住区级道路、小区级道路、组团级道路及宅前小路四级，道路绿化要和各级道路的功能相结合。

1. 居住区级道路

居住区级道路为居住区的主要道路，是联系居住区内外的通道，除人行外，车行也比较频繁，车行道宽度一般为 9 m 左右，行道树的栽植要考虑遮阴与交通安全，在交叉口及转弯处只能种不超过 0.7 m 高的灌木、花卉与草坪草等，要考虑安全视距，保证行车安全。主干道两侧的行道树可选用体态雄伟、树冠宽阔的乔木，营造出绿树成荫的景观。乔木的分枝点高度要在 2.5 m 以上。在人行道和居住建筑之间，可多行列植或丛植乔灌木，以草坪、灌木、乔木形成多层次复合结构的带状绿地，起到防尘、隔音的效果。

2. 小区级道路

小区级道路是联系居住区各组成部分的道路，一般路宽 3～5 m，是组织和联系小区各项绿地的纽带，以人行为主，是居民散步之地。树木配置要灵活多样，多选小乔木及花灌木，特别是一些开花繁密、叶色变化的树种，如合欢、樱花、五角槭、红叶李、栾树等。小区道路同一路段应有统一的绿化形式，不同路段的绿化形式应有所变化。在一条路上以一两种花木为主体，形成合欢路、紫薇路、丁香路等。次干道可以设计成隐蔽式车道，车道内种植不妨碍车辆通行的草坪花卉，铺设人行道，平日作为绿地使用，应急时可供特殊车辆使用，有效地弱化了单纯车道的生硬感，提高了景观效果。

3. 组团级道路

组团级道路一般以通行自行车和人行为主，绿化与建筑的关系较为密切，一般路宽 2～3 m，绿化多采用花灌木（见图 5-18）。组团级道路的绿化布置仍要考虑交通要求，当车道为尽端式道路时，绿化还需与回车场地结合，使自然空间自然优美。

图 5-18　组团级道路

4. 宅前小路

宅前小路是通向各住宅户或各单元入口的道路，宽 2 m 左右，只供人行（见图 5-19）。绿化布置要退后 0.5～1 m，以便必要时急救车和搬运车驶进住宅。小路交叉路口有时可适当放宽，与休息场地结合布置，显得灵活多样，丰富道路景观。行列式住宅的各条小路，从树种选择到配置方式都要多样化，形成不同景观，并便于识别家门。

（五）居住区专用绿地规划设计

居住区专用绿地是指居住区内一些带有院落或场地的公共建筑、公共设施的绿地，如中、小学校园，幼儿园的绿地。虽然这些机构的绿地由本单位使用、管理，但是其绿化也是居住区绿化的重要组成部分，除了按本单位的功能和特点进行布置外，还应结合周围环境的要求加以考虑。

专用绿地的设计要点如下：

（1）满足各公共建筑和公用设施的功能要求；

（2）结合周围环境的要求布置，公共建筑与住宅间多用植物构成浓密的绿色屏障，以保持居住区的安静；

（3）与整个居住区的绿地综合起来考虑，以形成有机的整体。

图 5-19　宅前小路

任务实施

一、基地条件分析 ONE

橘子国背靠虎丘山庄，西望云岩寺塔，自然和区位条件得天独厚，是苏州城区乃至大都市格局的核心，也是苏州沉淀繁华轴线的一个支点；交通优势明显，多路公交车可以直达。

二、景观设计原则 TWO

(1)高效性原则：力求合理利用现有河道等自然景观和土地资源，种植设计以各类易成活的植物为主，以色彩搭配与季相变化相配套为主，以既取得效果，又减少投入和长期维护的成本。

(2)生态化原则：追求生态化的环境艺术，大量利用自然材料，达到艺术性与自然性的高度统一。

(3)可持续原则：硬质景观与绿化结合处理，强调景观体系的可持续性。

(4)安全性原则：强调以人为本，多方考虑开展活动的安全性。对水景整理出浅滩，或增加护栏，或以绿化维护。种植设计体现安全、健康的原则，达到实用、安全、环保的目的。

(5)地方性原则：大量采用地方材料和地方建筑形式，种植设计中不盲目引进外来树种，体现江南水乡的地方文化特色，实现设计与地方环境的密切配合。

三、景观结构体系　THREE

实行人车分流的景观结构，以三条景观主轴线为依托，派生出六个景观节点和一条步行景观副轴线(见图5-20)。整体设计结构流畅舒展，强调景观的关联性。在局部景观的布局结构设计中，强调自然生态的设计理念，同时又将橘子的理念融入设计中，以达到景观体系的完整，实现对业主的人文关怀。

图 5-20　景观节点分布

四、道路体系景观设计　FOUR

图 5-21 所示为道路体系景观鸟瞰图。

(1)小区内道路基本实现人车分流，为沥青路面的引车道，经济适用，步行道以舒布洛克砖为主，局部配以花岗岩或卵石铺装，给人一种自然、亲近、舒适的感觉。

(2)消防道路隐形设计，即消防通道占人行道，院落车行道合并使用时，可设计成隐蔽式车道，在 4 m 宽的消防车道内种植不妨碍消防车通行的草坪花卉，铺设人行步道，平日作为绿地使用，有效地弱化了单纯作为消防车道的生硬感，提高了景观效果。

图 5-21　道路体系景观鸟瞰图

(3)小区整体考虑无障碍设计,充分考虑残障人士的实际需要,体现人性化的设计理念和对老年人的人性关怀。

(4)道路作为车辆和人员的汇流途径,具有明确的导向性。道路两侧的环境景观符合导向要求,并达到步移景异的视觉效果。道路边的绿化种植及路面的质地色彩采用具有韵律感和观赏性的处理方式。在满足交通需要的同时,可形成重要的视线走廊(见图 5-22),因此,设计方案要注意道路的对景和远景设计。休闲性人行道、园道两侧的绿化种植形成绿荫带,并串联花台、亭廊、游乐场等,增强环境景观的层次感。

图 5-22　道路绿化形成视线走廊

五、绿化景观体系设计 FIVE

(1)遵照适地适树的原则,优先选用乡土树种。选择不同形态的树种,兼顾树种形态对空间的分隔效果。

(2)植物配置注重意境主题的营造,确定骨干树种。兼顾常绿树种与落叶树种的搭配,四季观赏效果的搭配,“乔、灌、草”结构的合理选型搭配,充分分析各空间植物生长的立地条件,依地择树,科学、经济、合理地构筑绿色生态系统。

(3)种植配置(见图5-23)中,除了以常见的广玉兰、香樟、女贞作为基调树种之外,引种阔瓣含笑、青冈栎等常绿树种,搭配榉树、栾树等落叶乔木,构成庭荫树、主景树。同时,橘子树作为点题的概念树也进行了集中的布置。高度为中间层次的树种,以桂花、蔷薇科花树为主。球形类树以枸骨、火棘、山茶为主,宜成片种植。重点应用的有杜鹃、小叶黄杨、龟甲冬青等。地被除了重点推荐百慕大草种之外,辅助种植鸢尾、红花酢浆草、过路黄、三叶草、书带草。住宅楼北侧阴角大量选用八角金盘、桃叶珊瑚。

图5-23 植物配置

(4)平台绿化结合地形特点及使用要求设计,平台下部空间为停车库、辅助设备用房;平台上部空间为安全美观的行人活动场所。把握“人流居中,绿地靠窗”的原则,将人流限制在平台中部,以防止对平台首层居民的干扰。平台绿地根据平台结构的承载力及小气候条件进行种植设计,才能解决好排水和草木浇灌的问题。平台上种植土的厚度必须满足植物生长的需要,对于相对高大的树木在平台上设置树池进行栽植。

六、场所体系设计 SIX

(1)休闲广场:休闲广场设于小区的人流集散地,面积适中,形式结合整体规划构架并具有一定的主题。广场保证大部分面积有日照并具备挡风条件。广场周围设计适量遮阴树和休息坐椅,在不干扰邻近居民休息的前提下保证适度的灯光照明。广场铺装以硬质材料为主,形式及色彩搭配具有一定的图案感,部分采用橘子剖面图案(见图5-24)。广场出入口采用无障碍设计。

图 5-24 部分广场采用橘子剖面图案

(2)儿童游乐场:在景观绿地中划出固定的区域作为儿童游乐空间(见图 5-25),且均为开敞式;阳光充足、空气清洁,同时能避免强风的袭扰;与小区的主要道路相隔一定距离,以减少汽车噪声并保证儿童的安全;周围保持较好的可通视性,便于成人对儿童进行目光监护。

图 5-25 儿童游乐场节点效果图

(3) 景观建筑小品：① 亭，主要景亭为橘子亭，高 3 m，为点题而设计，造型别致而富有情趣；②廊，在人流集中的地方设计廊架，具有引导人流、引导视线、连接景观节点和供人休息的功能。

任务三

居住区绿化设计实训

任务提出

以学校所在城市某小区绿化项目为实训课题，以小组为单位，完成现场踏勘、方案构思、方案设计、方案汇报的全过程。

成果要求

1. 绘制 CAD 总平面图一张。
2. 绘制绿化配置平面图、竖向设计图、道路布局图等。
3. 绘制主要节点效果图。
4. 制作汇报 PPT 讲稿。

考核标准

本次考核以小组为单位进行，表 5–3 为考核表。

表 5–3 考核表

考核项目		分值	考核标准	得分
现场踏勘		20	现场调查内容科学合理，分工合作，工作效率高	
设计作品	图面表现能力	20	按要求完成设计图纸，图面整洁美观、布局合理，图例、比例、指北针、文字标注等要素齐全	
	功能性	10	能合理选择种植方式和植物种类，合理配置园林建筑、小品，满足小区内绿地使用人群的不同需要，景观稳定	
	特色	10	能根据环境特点和居住群体的特点塑造内涵，或营造意境	
方案汇报		20	PPT 制作精美，汇报条理清楚、富有感染力，能突出表达作品特点	
思政内容		20	团队合作性强，分工合理，能在规定时间内完成设计任务；方案中能体现一定的家国情怀；能主动思考进行方案创新	

知识链接

城市居住区规划设计标准(摘录)
GB 50180—2018

1 总则

1.0.1 为确保居住生活环境宜居适度,科学合理、经济有效地利用土地和空间,保障城市居住区规划设计质量,规范城市居住区的规划、建设与管理,制定本标准。

1.0.2 本标准适用于城市规划的编制以及城市居住区的规划设计。

1.0.3 城市居住区规划设计应遵循创新、协调、绿色、开放、共享的发展理念,营造安全、卫生、方便、舒适、美丽、和谐以及多样化的居住生活环境。

1.0.4 城市居住区规划设计除应符合本标准外,尚应符合国家现行有关标准的规定。

2 术语

2.0.1 城市居住区 urban residential area

城市中住宅建筑相对集中布局的地区,简称居住区。

2.0.2 十五分钟生活圈居住区 15-min pedestrian-scale neighborhood

以居民步行十五分钟可满足其物质与生活文化需求为原则划分的居住区范围;一般由城市干路或用地边界线所围合,居住人口规模为 50000 人~100000 人(约 17000 套~32000 套住宅),配套设施完善的地区。

2.0.3 十分钟生活圈居住区 10-min pedestrian-scale neighborhood

以居民步行十分钟可满足其基本物质与生活文化需求为原则划分的居住区范围;一般由城市干路、支路或用地边界线所围合,居住人口规模为 15000 人~25000 人(约 5000 套~8000 套住宅),配套设施齐全的地区。

2.0.4 五分钟生活圈居住区 5-min pedestrian-scale neighborhood

以居民步行五分钟可满足其基本生活需求为原则划分的居住区范围;一般由支路及以上级城市道路或用地边界线所围合,居住人口规模为 5000 人~12000 人(约 1500 套~4000 套住宅),配建社区服务设施的地区。

2.0.5 居住街坊 neighborhood block

由支路等城市道路或用地边界线围合的住宅用地,是住宅建筑组合形成的居住基本单元;居住人口规模在 1000 人~3000 人(约 300 套~1000 套住宅,用地面积 2 hm^2~4 hm^2),并配建有便民服务设施。

2.0.6 居住区用地 residential area landuse

城市居住区的住宅用地、配套设施用地、公共绿地以及城市道路用地的总称。

2.0.7 公共绿地 public green landuse

为居住区配套建设、可供居民游憩或开展体育活动的公园绿地。

2.0.8 住宅建筑平均层数 average storey number of residential buildings

一定用地范围内,住宅建筑总面积与住宅建筑基底总面积的比值所得的层数。

2.0.9 配套设施 neighborhood facility

对应居住区分级配套规划建设,并与居住人口规模或住宅建筑面积规模相匹配的生活服务设施;主要包括基层公共管理与公共服务设施、商业服务业设施、市政公用设施、交通场站及社区服务设施、便民服务设施。

2.0.10 社区服务设施 5-min neighborhood facility

五分钟生活圈居住区内,对应居住人口规模配套建设的生活服务设施,主要包括托幼、社区服务及文体活动、卫生服务、养老助残、商业服务等设施。

2.0.11 便民服务设施 neighborhood block facility

居住街坊内住宅建筑配套建设的基本生活服务设施，主要包括物业管理、便利店、活动场地、生活垃圾收集点、停车场(库)等设施。

3 基本规定

3.0.1 居住区规划设计应坚持以人为本的基本原则，遵循适用、经济、绿色、美观的建筑方针，并应符合下列规定:

1 应符合城市总体规划及控制性详细规划;

2 应符合所在地气候特点与环境条件、经济社会发展水平和文化习俗;

3 应遵循统一规划、合理布局，节约土地、因地制宜，配套建设、综合开发的原则;

4 应为老年人、儿童、残疾人的生活和社会活动提供便利的条件和场所;

5 应延续城市的历史文脉、保护历史文化遗产并与传统风貌相协调;

6 应采用低影响开发的建设方式，并应采取有效措施促进雨水的自然积存、自然渗透与自然净化;

7 应符合城市设计对公共空间、建筑群体、园林景观、市政等环境设施的有关控制要求。

3.0.2 居住区应选择在安全、适宜居住的地段进行建设，并应符合下列规定:

1 不得在有滑坡、泥石流、山洪等自然灾害威胁的地段进行建设;

2 与危险化学品及易燃易爆品等危险源的距离，必须满足有关安全规定;

3 存在噪声污染、光污染的地段，应采取相应的降低噪声和光污染的防护措施;

4 土壤存在污染的地段，必须采取有效措施进行无害化处理，并应达到居住用地土壤环境质量的要求。

3.0.3 居住区规划设计应统筹考虑居民的应急避难场所和疏散通道，并应符合国家有关应急防灾的安全管控要求。

3.0.4 居住区按照居民在合理的步行距离内满足基本生活需求的原则，可分为十五分钟生活圈居住区、十分钟生活圈居住区、五分钟生活圈居住区及居住街坊四级，其分级控制规模应符合表 3.0.4 的规定。

表 3.0.4 居住区分级控制规模

距离与规模	十五分钟生活圈居住区	十分钟生活圈居住区	五分钟生活圈居住区	居住街坊
步行距离（m）	800 ~ 1000	500	300	—
居住人口（人）	50000 ~ 100000	15000 ~ 25000	5000 ~ 12000	1000 ~ 3000
住宅数量（套）	17000 ~ 32000	5000 ~ 8000	1500 ~ 4000	300 ~ 1000

3.0.5 居住区应根据其分级控制规模，对应规划建设配套设施和公共绿地，并应符合下列规定:

1 新建居住区，应满足统筹规划、同步建设、同期投入使用的要求;

2 旧区可遵循规划匹配、建设补缺、综合达标、逐步完善的原则进行改造。

3.0.6 涉及历史城区、历史文化街区、文物保护单位及历史建筑的居住区规划建设项目，必须遵守国家有关规划的保护与建设控制规定。

3.0.7 居住区应有效组织雨水的收集与排放，并应满足地表径流控制、内涝灾害防治、面源污染治理及雨水资源化利用的要求。

3.0.8　居住区地下空间的开发利用应适度，应合理控制用地的不透水面积并留足雨水自然渗透、净化所需的土壤生态空间。

3.0.9　居住区的工程管线规划设计应符合现行国家标准《城市工程管线综合规划规范》GB 50289 的有关规定；居住区的竖向规划设计应符合现行行业标准《城乡建设用地竖向规划规范》CJJ 83 的有关规定。

3.0.10　居住区所属的建筑气候区划应符合现行国家标准《建筑气候区划标准》GB 50178 的规定；其综合技术指标及用地面积的计算方法应符合本标准附录 A 的规定。

项目六
单位附属绿地规划设计

YUANLIN
GUIHUA
SHEJI

导　语

单位附属绿地是指在某一部门或单位内，由该部门或单位投资、建设、管理、使用的绿地。单位附属绿地是城市建设用地中绿地之外的各类用地中的附属绿化用地，常见的单位附属绿地主要包括机关团体、部队、学校、医院、工厂（企业）等单位内部的附属绿地。这些绿地在丰富人们的工作、生活，改善城市生态环境等方面起着重要的作用。图 6-1 所示为企业附属绿地。

图 6-1　企业附属绿地

技能目标

能够独立完成各类单位附属绿地的规划设计任务，并按要求绘制图纸。

知识目标

掌握各种类型单位附属绿地规划设计的原则、方法和程序。

思政目标

1. 培养严谨的工作作风。
2. 培养优秀文化传承意识和能力。
3. 培养生态设计理念。
4. 培养效率意识。

任务一 工厂（企业）绿地设计

任务提出

广西柳州绿达实业有限责任公司是一家由广西农垦集团公司控股的专业水果生产和农工贸一体化企业。其厂前区为不规则地块，请对其进行设计。

任务分析

要完成该项任务，必须了解企业绿化与企业性质之间的关系，了解工厂企业的用地组成，掌握厂前区的绿化设计要点。

相关知识

一、工厂绿地的功能　ONE

(1)保护生态环境，保障职工健康。具体表现为：①吸收 CO_2，放出 O_2；②吸收有害气体；③吸收放射性物质；④吸滞烟尘和粉尘；⑤调节改善小气候；⑥减弱噪声；⑦监测环境污染(主要是指在工厂种植一些对污染物质比较敏感的"信号植物"，实现对环境的监测作用)。

(2)美化环境，树立企业形象。

(3)改善工作环境。国外的研究资料表明：优美的厂区环境可以使生产率提高15%～20%，使工伤事故率下降40%～50%。

(4)创造经济效益。工厂绿化可以创造物质财富，产生直接和间接的经济效益。在进行工矿企业绿化设计时，应尽可能地将环境效应与工厂园林绿化的经济效益相结合。

二、工厂绿地的环境特点　TWO

(1)环境恶劣，不利于植物生长。

(2)用地紧凑，绿化用地面积小。

(3)要把保证生产安全放在首位。

(4)服务对象主要以本厂职工为主。

三、工厂绿化的基本原则和要求　THREE

(一)满足生产和环境保护的要求，把保证工厂安全生产放在首位

工厂绿化应根据工厂的性质、规模、生产和使用特点、环境条件对绿化的不同功能要求进行设计。在设计中不能因绿化而任意延长生产流程和交通运输路线，影响生产的合理性。

只有从生产的工艺流程出发，根据环境的特点，明确绿地的主要功能，确定合适的绿化方式、方法，合理地进行规划，科学地进行布局，才能达到预期的绿化效果。

(二)工厂绿化应充分体现各自的特色和风格

工厂绿化是以厂内建筑为主体的环境净化、绿化和美化，绿化设计时要体现本厂绿化的特色和风格，充分发挥绿化的整体效果，以植物与工厂特有的建筑的形态、体量、色彩相衬托、对比、协调，形成别具一格的工业景观(远观)和独特优美的厂区环境(近观)。

同时，工厂绿化还应根据本厂实际，在植物的选择配置、绿地的形式和内容、布置风格和意境等方面，体现出

厂区宽敞明朗、洁净清新、整齐一律、宏伟壮观、简洁明快的时代气息和精神风貌。

(三)充分体现为生产服务、为职工服务的宗旨

工厂绿化要充分体现为生产服务、为职工服务的设计宗旨。

在设计时首先要体现为生产服务,具体的做法是:充分了解工厂及其车间、仓库、料场等区域的特点,综合考虑生产工艺流程、防火、防爆、通风、采光以及产品对环境的要求,使绿化服从或满足这些要求,有利于生产和安全。

其次要体现为职工服务,具体的做法是:在了解工厂及各个车间生产特点的基础上创造有利于职工劳动、工作和休息的环境,有益于工人的身体健康。尤其是生产区和仓库区,占地面积大,又是职工生产劳动的场所,绿化的好坏直接影响厂容厂貌和工人的身体健康,应作为工厂绿化的重点之一。

(四)增加绿地面积,提高绿地率

工厂绿地面积的大小,直接影响到绿化的功能、工业景观,因此要想方设法,通过多种途径,采用多种形式来增加绿地面积,以提高绿地率、绿视率。

我国一些学者提出,为了保证工厂实行文明生产,改善厂区环境质量,必须有一定的绿地面积:重工业类企业厂区绿地面积应占厂区面积的 10%,化学工业类应占 20%~25%,轻工业、纺织工业类应占 40%~50%,精密仪器工业类应占 50%,其他工业类应占 30% 左右。

(五)统一规划、合理布局,形成点、线、面相结合的厂区绿地系统

工厂绿化要纳入厂区总体规划中,在对工厂建筑、道路、管线等进行总体布局时,要把绿化结合进去,做到全面规划,合理布局,形成点、线、面相结合的厂区绿地系统。

点的绿化是厂前区和游憩性游园的绿化。

线的绿化是厂内道路、铁路、河渠的绿化及防护林带。

面的绿化就是车间、仓库、料场等生产性建筑、场地的周边绿化。

从厂前区到生产区、仓库、作业场、料场,到处是绿树红花青草,让工厂掩映在绿荫丛中,同时,也要使厂区绿化与市区街道绿化联系衔接,且过渡自然。

(六)绿化应与全厂的分期建设协调并适当结合生产进行

工厂绿化应与全厂的分期建设紧密结合,并且可以适当结合生产进行。例如:在各分期建设用地中,绿地可以设置成苗圃的形式,既起到绿化、美化、保护环境的作用,又可为下一期的绿化提供苗木。

四、工矿企业绿地的组成 FOUR

(1)厂前区绿地:厂前区由道路广场、出入口、门卫收发室、办公楼、科研实验楼、食堂等组成,不仅是全厂行政、生产、科研、技术、生活的中心,而且是职工活动和上下班集散的中心,还是连接市区与厂区的纽带;厂前区绿地可分为广场绿地、建筑周围绿地等。

厂前区面貌体现了工厂的形象和特色,是工厂绿化美化的重点地段。

(2)生产区绿地:生产区分布着车间、道路、各种生产装置和管线,是工厂的核心,也是工人生产劳动的区域;生产区绿地比较零碎分散,呈条带状和团片状分布在道路两侧或车间周围。

（3）仓库、堆场区绿地：仓库、堆场区为原料和产品堆放、保管和储运区域，分布着仓库和露天堆场，绿地与生产区基本相同，多为边角地带。为保证生产，绿化不可能占用较多的地方。

（4）道路绿地：主要指工厂内部道路周围的绿化地段。

（5）绿化美化地段：主要指厂内的防护林带、小游园、花园等。

五、工厂绿化设计前的准备工作 FIVE

（1）自然条件的调查。

（2）工厂性质及其规模的调查。

（3）了解工厂的总图。

（4）社会调查。

六、工厂各分区绿化设计要点 SIX

（一）厂前区绿地设计

厂前区是工厂对外联系的中心，与城市道路相邻，代表工厂形象，体现工厂面貌，也是工厂文明生产的象征，其环境好坏直接影响到城市的面貌。

（1）厂前区绿地一般应采用规则式或混合式。入口处的布置要富于装饰性和观赏性，强调入口空间。

（2）厂前区的绿化要美观、整齐、大方、开朗明快，给人以深刻印象，并要方便车辆通行和人流集散。

（3）绿地设置应与广场、道路、周围建筑及有关设施（光荣榜、画廊、阅报栏、黑板报、宣传牌等）相协调，一般多采用规则式或混合式。广场周边、道路两侧的行道树，选用冠大荫浓、耐修剪、生长快的乔木或树姿优美、高大雄伟的常绿乔木，形成外围景观或林荫道。

（4）植物配置要和建筑立面、形体、色彩相协调，与城市道路相联系，种植类型多用对植和行列式。

（5）入口处的布置要富于装饰性和观赏性，并注意入口景观的引导性和标志，以起到强调作用。建筑周围的绿化还要处理好空间艺术效果、通风采光、各种管线的关系。

（6）如果用地宽裕，厂前绿化还可与小游园的布置相结合，设置水池、园路小径，放置园灯、凳椅，栽植观赏花木和草坪，形成恬静、清洁、舒适、优美的环境，为职工工余班后休息、散步、交往、娱乐提供场所，也体现了厂区面貌，成为城市景观的有机组成部分。

（二）生产区绿地设计

工厂在生产过程中会或多或少地产生污染，生产区是工厂相对集中的污染源，存在污染严重的问题，同时，管线多、绿地面积小、绿化条件差。

1. 生产区绿化设计应注意的问题

（1）了解生产车间职工生产劳动的特点。

（2）了解职工对园林绿化布局、形式以及观赏植物的喜好。

（3）将车间出入口作为重点美化地段。

(4) 注意合理地选择绿化树种，特别是在有污染的车间附近。

(5) 注意车间对通风、采光以及环境的要求。

(6) 绿化设计要满足生产运输、安全、维修等方面的要求。

(7) 处理好植物与各种管线的关系。

(8) 绿化设计要考虑四季的景观效果与季相变化。

2. 生产区绿地设计

生产车间周围的绿化要根据车间生产特点及其对环境的要求进行设计，为车间创造生产所需要的环境条件，减轻和防止车间污染物对周围环境的影响和危害，满足车间生产安全、检修、运输等方面对环境的要求，为工人提供良好的短暂休息场所。

一般情况下，车间周围的绿地设计，首先，要考虑有利于生产和室内通风采光，距车间 6～8 m 内不宜栽植高大乔木。其次，要把车间出入口两侧绿地作为重点绿化美化地段。各类车间生产性质不同，对环境要求也不同，必须根据车间具体情况因地制宜地进行绿化设计。

1) 有污染车间周围的绿化

这类车间在生产的过程中会对周围环境产生不良影响和严重污染，如散发有害气体，产生烟尘、粉尘、噪声等。在设计时应首先了解车间的污染物成分以及污染程度，有针对性地进行设计。植物种植形式宜采用开阔草坪、地被、疏林等，以利于通风、及时疏散有害气体。在污染严重的车间周围不宜设置休息绿地，应种植抗性强的树种并在与主导风向平行的方向上留出通风道。在噪声污染严重的车间周围，应选择枝叶茂密、分枝点低的灌木，并多层密植，形成隔音带。

2) 无污染车间周围的绿化

这类车间周围的绿化与一般建筑周围的绿化一样，只需考虑通风、采光的要求，并妥善处理好植物与各类管线的关系即可。

3) 对环境有特殊要求的车间周围的绿化

对于类似精密仪器车间、食品车间、医药卫生车间、易燃易爆车间、暗室作业车间等对环境有特殊要求的车间，在设计时应特别注意（见表 6-1）。

表 6-1 对环境有特殊要求的车间周围绿化要求

车间类型	绿化特点	设计要点
精密仪器车间、食品车间、医药卫生车间、供水车间	对空气质量要求较高	以栽植藤本、常绿树木为主，铺设大块草坪，栽植无飞絮、种毛、落果及不易落叶的乔灌木和杀菌能力强的树种
化工车间、粉尘车间	有利于有害气体、粉尘的扩散、稀释或吸附，起隔离、遮蔽作用	栽植抗污、吸污、滞尘能力强的树种，以草坪、乔灌木形成一定空间和呈立体层次的屏障
恒温车间、高温车间	有利于改善和调节小气候环境	以地被植物、乔灌木混交，形成自然式绿地，以常绿树种为主，花灌木色淡味香，可配置园林小品
噪声车间	有利于减弱噪声	选择枝叶茂密、分枝点低、叶面积大的乔灌木，以常绿落叶树木组成复层混交林带
易燃易爆车间	有利于防火、防爆	栽植防火植物，以草坪植物和乔木为主，不栽或少栽花灌木，以利于可燃气体稀释、扩散，并留出消防通道和场地

续表

车间类型	绿化特点	设计要点
露天作业区	起隔音、分区、遮阳作用	栽植大树冠的乔木混交林带
工艺美术车间	创造美好的环境	栽植姿态优美、色彩丰富的树木花草，配置水池、喷泉、假山、雕塑等园林小品，铺设园路小径
暗室作业车间	形成幽静、庇荫的环境	搭荫棚或栽植枝叶茂密的乔木，以常绿乔灌木为主

（三）仓库、堆场区绿地设计

仓库区的绿化设计，要考虑消防、交通运输和装卸方便等要求，选用防火树种，禁用易燃树种，疏植高大乔木（间距 7～10 m），绿化布置宜简洁。在仓库周围留出 5～7 m 宽的消防通道。尽量选择病虫害少、树干通直、分枝点高的树种。

对于露天堆场区的绿化，在不影响物品堆放、车辆进出、装卸的条件下，周边栽植高大、防火、隔尘效果好的落叶阔叶树，以利于夏季工人遮阳休息，外围加以隔离。

（四）厂内道路、铁路绿化

厂区道路是工厂生产组织、工艺流转、原材料及成品运输、企业管理、生活服务的重要通道，是厂区的动脉。满足生产要求、保证厂内交通运输的畅通和职工安全既是厂区道路规划的第一要求，也是厂区道路绿化的基本要求。

绿化设计时，要充分了解这些情况，选择生长健壮、适应性强、抗性强、耐修剪、树冠整齐、遮阳效果好的乔木做行道树，以满足遮阳、防尘、降低噪声、交通运输安全及美观等要求。道路两侧通常以等距行式栽植乔木做行道树。行道树株距以 5～8 m 为宜。交叉口及转弯处应留出安全视距。大型工厂道路足够宽时，可布置成花园式林荫道。

（五）工厂小游园设计

1. 结合厂前区布置

厂前区是职工上下班的必经场所，也是来宾首到之处，又临近城市街道，因此，小游园结合厂前区布置既方便了职工游憩，也美化了厂前区的面貌和街道侧旁景观。

2. 结合厂内自然地形布置

工厂内若有自然起伏的地形或者天然池塘、河道等水体，则是布置小游园的好地方，不仅可丰富小游园的景观，而且可增加休息活动的内容，还可改善厂内水体的环境质量，可谓一举多得。

3. 车间附近布置

车间附近是工人工余休息最便捷之处。应根据本车间工人的爱好，将车间附近区域布置成各有特色的小游园，结合厂区道路和车间出入口，创造优美的园林景观，使职工在花园化的工厂中工作和休息。

小游园若与工会、俱乐部、阅览室、食堂、人防工程相结合布置，则能更好地发挥各自的作用。根据人防工程上土层厚度选择植物，土层厚 2 m 以上可种大乔木，1.5～2 m 厚可种小乔木或大灌木，0.5～1.5 m 厚可种灌木、竹子，0.3～0.5 m 厚可栽植地被植物。需要提请注意的是，人防设施出入口附近不能种植有刺或蔓生伏地植物。

七、工厂绿化树种的选择 SEVEN

(一)工厂绿化树种选择的原则

1. 识地识树,适地适树

识地识树就是对拟绿化的工厂内的绿地环境条件,包括温度、湿度、光照等气候条件,以及土层厚度、土壤结构和肥力、土壤的 pH 值等,有清晰的认识和了解,并对各种园林植物的生物学和生态学特征了如指掌。适地适树就是根据绿化地段的环境条件选择园林植物,使环境适合植物生长,也使植物能适应栽植地环境。沿海的工厂选择的绿化树种要有抗盐、耐潮、抗风、抗飞沙等特性。土壤瘠薄的地方,要选择能耐瘠薄又能改良土壤创造良好条件的树种。

2. 选择抗污能力强的植物

工厂中一般或多或少都会有一些污染,因此,绿化时要在调查研究和测定的基础上,选择抗污能力强、净化能力强的植物,并尽快取得良好的绿化效果,避免失败和浪费,发挥工厂绿地改善和保护环境的功能。

3. 绿化要满足生产工艺的要求

不同工厂、车间、仓库、料场,生产工艺流程和产品质量对环境的要求,如空气洁净程度、防火、防爆等也不同。因此,选择绿化植物时,要充分了解和考虑这些对环境条件的限制因素。

4. 易于繁殖,便于管理

工厂绿化管理人员有限,为省工节支,应选择繁殖、栽培容易和管理粗放的树种,尤其要注意选择乡土树种。装饰美化厂容,要选择那些繁衍能力强的多年生宿根花卉。

(二)工厂绿化常用树种

1. 抗二氧化硫树种

抗性强的树种有大叶黄杨、雀舌黄杨、瓜子黄杨、海桐、蚊母树、山茶、女贞、小叶女贞、凤尾兰、夹竹桃、枸骨、枇杷、金柑、构树、无花果、白蜡树、木麻黄、十大功劳、侧柏、银杏、广玉兰、柽柳、梧桐、重阳木、合欢、刺槐、槐树、紫穗槐。

抗性较强的树种有华山松、白皮松、云杉、杜松、罗汉松、龙柏、桧柏、石榴、月桂、冬青、珊瑚树、柳杉、栀子、臭椿、桑树、楝树、榆树、朴树、蜡梅、毛白杨、丝棉木、木槿、丝兰、桃树、枫杨、含笑花、杜仲、七叶树、八角金盘、花柏、粗榧、丁香、卫矛、板栗、无患子、地锦、泡桐、连翘、金银忍冬、紫荆、柿树、垂柳、枫香、加杨、旱柳、紫薇、乌桕、杏树、黑弹树。

反应敏感的树种有苹果、梨、郁李、悬铃木、雪松、马尾松、云南松、白桦、毛樱桃、贴梗海棠、油梨、梅花、玫瑰、月季。

2. 抗氯气树种

抗性强的树种有龙柏、侧柏、大叶黄杨、海桐、蚊母树、山茶、女贞、夹竹桃、凤尾兰、棕榈、构树、木槿、紫藤、无花果、樱花、枸骨、臭椿、榕树、小叶女贞、丝兰、广玉兰、柽柳、合欢、皂荚、槐树、黄杨、榆树、红棉木、沙枣、椿树、白蜡树、杜仲、桑树、柳树、枸杞。

抗性较强的树种有桧柏、珊瑚树、樟树、栀子、青桐、楝树、朴树、板栗、无花果、罗汉松、桂花、石榴、紫荆、紫穗槐、乌桕、悬铃木、水杉、银杏、柽柳、丁香、细叶榕、枇杷、瓜子黄杨、山桃、刺槐、铅笔柏、毛白杨、石楠、榉树、泡桐、云杉、柳杉、太平花、梧桐、重阳木、小叶榕、木麻黄、杜松、旱柳、小叶女贞、卫矛、接骨木、地锦、君迁子、月桂。

反应敏感的树种有池杉、薄壳山核桃、枫杨、木棉、樟子松、赤杨。

3. 抗氟化氢树种

抗性强的树种有大叶黄杨、海桐、蚊母树、山茶、凤尾兰、瓜子黄杨、龙柏、构树、朴树、石榴、桑树、丝棉木、青冈栎、侧柏、皂荚、槐树、柽柳、木麻黄、榆树、夹竹桃、棕榈、杜仲、厚皮香。

抗性较强的树种有桧柏、女贞、白玉兰、珊瑚树、无花果、垂柳、桂花、樟树、青桐、木槿、楝树、枳橙、臭椿、刺槐、合欢、杜松、白皮松、柳、山楂、胡颓子、楠木、紫茉莉、白蜡树、云杉、广玉兰、榕树、柳杉、丝兰、太平花、银桦、梧桐、乌桕、小叶朴、泡桐、小叶女贞、油茶、含笑花、紫薇、地锦、柿树、山楂、月季、丁香、樱花、凹叶厚朴、银杏、金鸡条、金银花。

反应敏感的树种有葡萄、杏、梅、山桃、榆叶梅、金丝桃、池柏。

4. 抗乙烯树种

抗性强的树种有夹竹桃、棕榈、悬铃木、凤尾兰。

抗性较强的树种有黑松、女贞、榆树、枫杨、重阳木、乌桕、红叶李、柳树、香樟、罗汉松、白蜡树。

反应敏感的树种有月季、十姐妹、大叶黄杨、苦栎、刺槐、臭椿、合欢、玉兰。

5. 抗氨气树种

抗性强的树种有女贞、樟树、丝棉木、蜡梅、柳杉、银杏、紫荆、杉木、石楠、石榴、朴树、无花果、皂荚、木槿、紫薇、玉兰、广玉兰。

反应敏感的树种有紫藤、小叶女贞、杨树、悬铃木、薄壳山核桃、杜仲、珊瑚树、枫杨、芙蓉、栎树、刺槐。

6. 抗二氧化氮树种

抗性强的树种有龙柏、黑松、夹竹桃、大叶黄杨、棕榈、女贞、樟树、构树、广玉兰、臭椿、无花果、桑树、栎树、合欢、枫杨、刺槐、丝棉木、乌桕、石榴、酸枣、旱柳、糙叶树、垂柳、泡桐。

7. 抗臭氧树种

抗性强的树种有枇杷、悬铃木、枫杨、刺槐、银杏、柳杉、日本扁柏、黑松、樟树、青冈、日本女贞、夹竹桃、海州常山、冬青、连翘、八仙花。

8. 抗烟尘树种

抗性强的树种有香榧、粗榧、樟树、黄杨、女贞、青冈、楠木、冬青、珊瑚树、桃叶珊瑚、广玉兰、石楠、枸骨、桂花、大叶黄杨、夹竹桃、栀子、槐树、厚皮香、银杏、刺楸、榆树、朴树、木槿、重阳木、刺槐、苦栎、臭椿、构树、三角槭、桑树、紫薇、悬铃木、泡桐、五角槭、乌桕、皂荚、榉树、青桐、麻栎、樱花、蜡梅、大绣球。

9. 滞尘能力强树种

抗性强的树种有臭椿、槐树、栎树、刺槐、榆树、麻栎、白杨、柳树、悬铃木、樟树、榕树、凤凰木、海桐、黄杨、青冈、女贞、冬青、广玉兰、珊瑚树、石楠、夹竹桃、枸骨、榉树、朴树、银杏。

(三)工厂防护林带设计

1. 防护林带的功能作用

工厂防护林带是工厂绿化的重要组成部分,尤其是对那些产生有害排出物或产品要求卫生防护很高的工厂,更显得重要。

工厂防护林带的主要作用是滤滞粉尘、净化空气、吸收有毒气体、减轻污染、保护和改善厂区乃至城市环境。

2. 防护林带的树种选择

防护林带应选择生长健壮、病虫害少、抗污染性强、树体高大、枝叶茂密、根系发达的树种。在树种搭配上,要常绿树与落叶树相结合,乔木、灌木相结合,阳性树与耐阴树相结合,速生树与慢生树相结合,净化与美化相结合。

3. 防护林带的结构

防护林带的结构如图 6-2 所示。

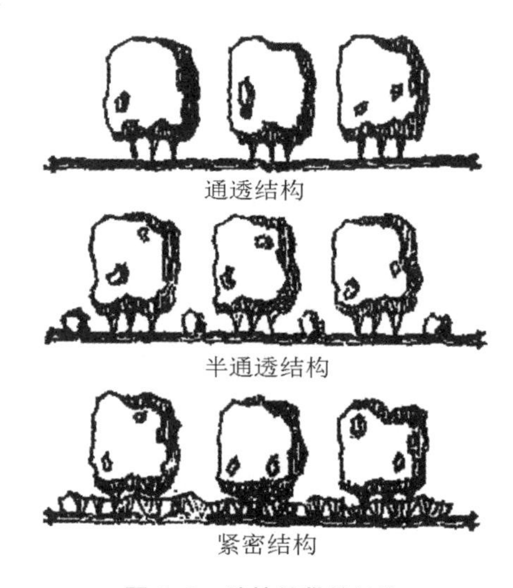

图 6-2 防护林带的结构

1)通透结构

通透结构的防护林带一般由乔木组成,林带面积因树种而异,一般为 3 m×3 m。气流一部分从林带下层树干之间穿过;一部分滑升,从林冠上面绕过。在林带背风一侧比树高 7 倍处,风速为原风速的 28%;比树高 52 倍处,恢复原风速。

2)半通透结构

半通透结构的防护林带以乔木构成林带主体,在林带两侧各配置一行灌木。少部分气流从林带下层的树干之间穿过,大部分气流则从林冠上部绕过,在背风林缘处形成涡旋和弱风。据测定,在林带两侧比树高 30 倍的范围内,风速均低于原风速。

3)紧密结构

紧密结构的防护林带一般由大、小乔木和灌木配置而成,形成复层林相,防护效果好。气流遇到林带,在迎风处上升扩散,从林冠上方绕过,在背风处急剧下沉,形成涡旋,有利于有害气体的扩散和稀释。

4)复合式结构

如果有足够宽度的地带设置防护林带,则可将三种结构结合起来,形成复合式结构。在临近工厂的一侧建立通透结构,临近居住区的一侧为紧密结构,中间为半通透结构。复合式结构的防护林带可以充分发挥防护林带的作用。

4. 防护林带的横断面形式

由于构成防护林带的树种不同，因而形成的林带横断面的形式也不同。防护林带的横断面形式有矩形、凹槽形、梯形、屋脊形、背风面和迎风面垂直的三角形(见图6-3)。矩形横断面的防护林带防风效果好；屋脊形和背风面垂直的三角形防护林带有利于气体上升；结合道路设置的防护林带，迎风梯形和屋脊形防护效果较好。

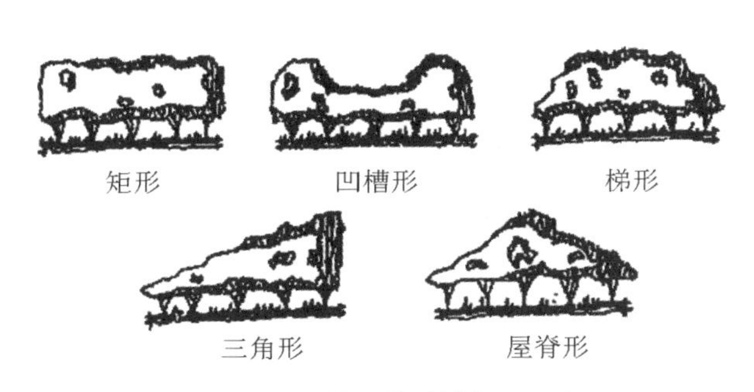

图6-3 防护林带的横断面形式

5. 区各处的防护林带

(1)工厂区与生活区之间的防护林带。

(2)工厂区与农田交界处的防护林带。

(3)工厂内分区、分厂、车间、设备场地之间的隔离防护林带。如厂前区与生产区之间的防护林带，各生产系统之间为减少相互干扰而设置的防护林带，防火、防爆车间周围起防护隔离作用的防护林带。

(4)结合厂内、厂际道路绿化形成的防护林带。

6. 工厂防护林带的设计

工厂防护林带的设计要根据污染因素、污染程度和绿化条件，综合考虑，确立林带的条数、宽度和位置。

通常，在工厂上风向设置防护林带，防止风沙侵袭及污染邻近企业。在下风向设置防护林带，必须根据有害物排放、降落和扩散的特点，选择适当的位置和种植类型。在一般情况下，污染物排出并不立即降落，在厂房附近地段不必设置防护林带，应将防护林带设在污染物开始密集降落和受影响的地段内。在防护林带内，不宜布置供散步休息用的小道、广场，在横穿防护林带的道路两侧加以重点绿化隔离。

在大型工厂中，为了连续降低风速和污染物的扩散程度，有时还要在厂内各区、各车间之间设置防护林带，以起隔离作用。因此，防护林带还应与厂区、车间、仓库、道路绿化结合起来，以节省用地。

防护林带应选择生长健壮、病虫害少、抗污染性强、树体高大、枝叶茂密、根系发达的树种。在树种搭配上，要常绿树与落叶树相结合，乔木、灌木相结合，阳性树与耐阴树相结合，速生树与慢生树相结合，净化与绿化相结合。

任务实施

一、绿地布局 ONE

广西柳州绿达实业有限责任公司厂前区地块的平面轮廓为不规则形状，这决定了厂前区绿化布局不能完全采用规则式，但是要求厂前区具有整洁大气的特点又决定了厂前区的布局不能完全采用自然式。因此，设计时采用了混合式设计手法。在办公楼前留出足够的集散场地，正对办公楼大门处的绿地设计成规则式小广场，小广场两侧则由流线形园路过渡为自然式(见图 6–4 和图 6–5)。西南侧充分利用不规则地块设计自然式水体,并在水体与园路结合处设计观景平台和休息凉亭。

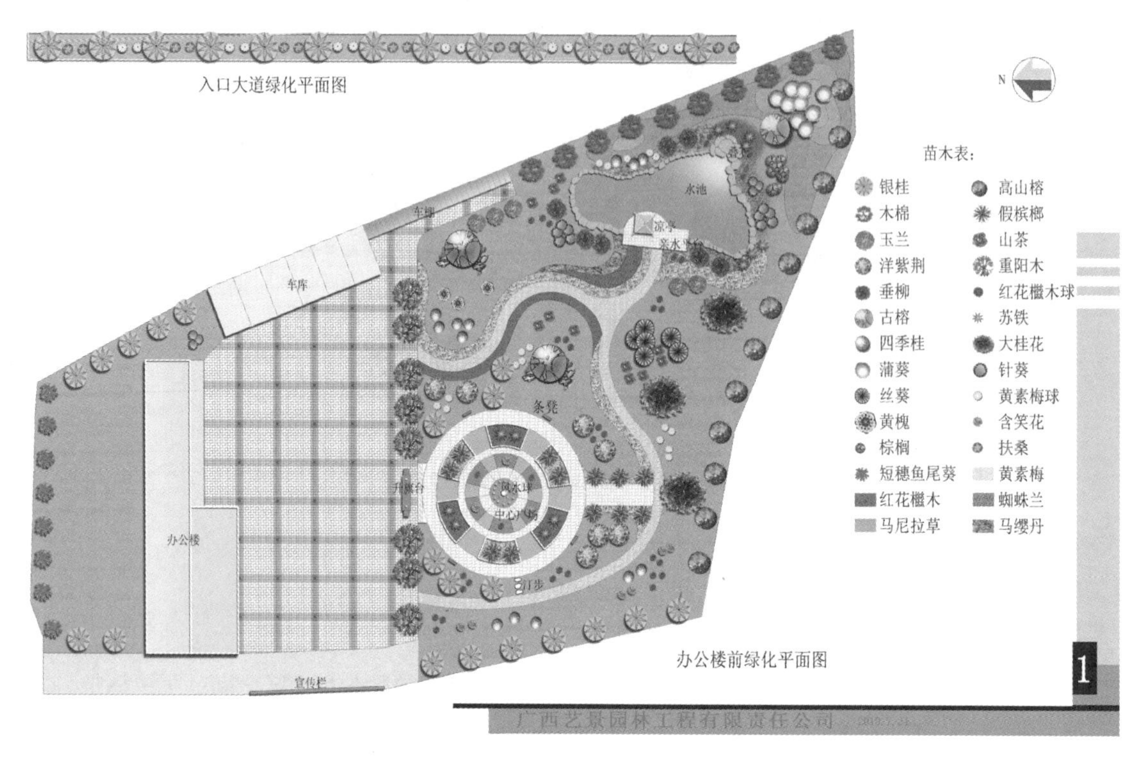

图 6–4　广西柳州绿达实业有限责任公司厂前区绿化设计平面图

图 6–5　广西柳州绿达实业有限责任公司厂前区绿化设计鸟瞰图

二、植物配置　TWO

植物种类以乡土树种为主,乔木、灌木、花、草搭配成景。乔、灌木种植方式注意规则式行列植与自然式丛植之间的过渡,花卉采用流线形花带,塑造现代气息。

任务二 校园绿地设计

任务提出

图 6-6 所示为苏州市中华会计函授学校昆山分校平面图，请对其进行绿化设计。

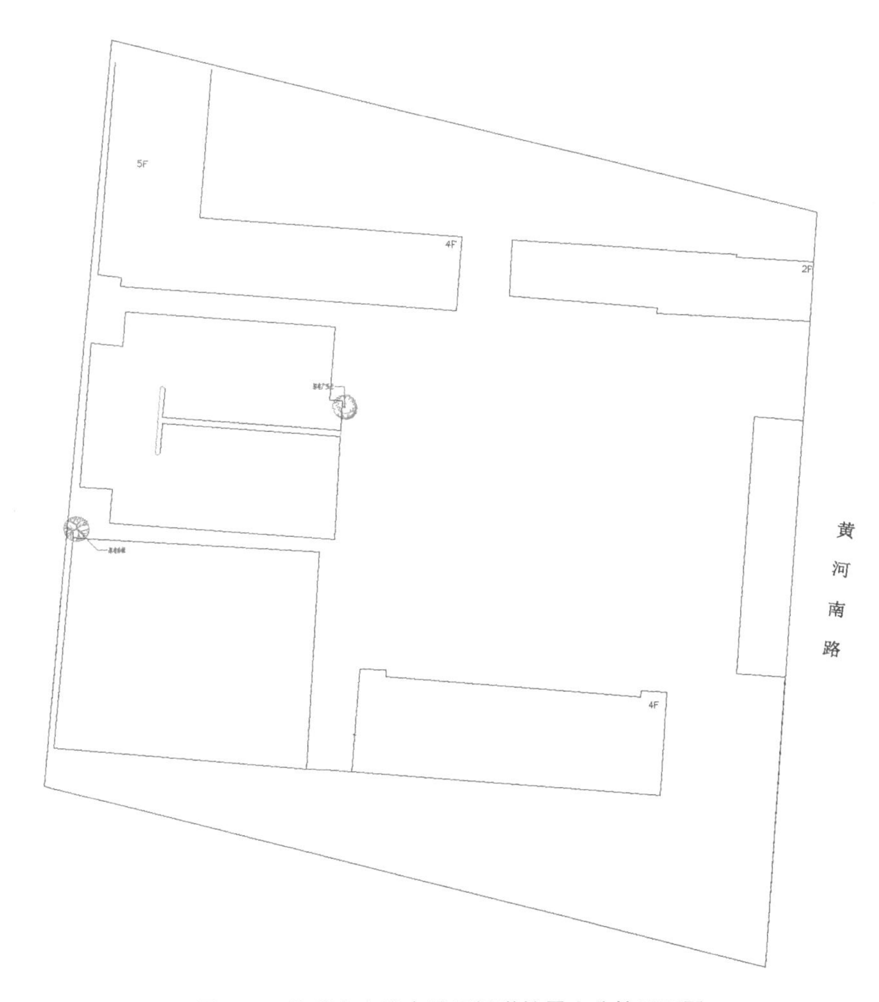

图 6-6 苏州市中华会计函授学校昆山分校平面图

任务分析

该项目属于校园绿地，要对其进行绿化设计，就要懂得校园绿化设计的要点，根据校园性质配置园林植物，塑造校园文化。

相关知识

根据我国目前的教育模式，学校教育可分为学前教育、义务教育、高中阶段教育、高等教育、特殊教育，由于学校规模、教育阶段、学生年龄的不同，绿地建设也有很大的差异。在一般情况下，中小学校的规模较小、建设经费紧张、学生年龄较小，学生以走读方式为主，因此绿化无论是从设计角度来讲还是从功能角度来讲都比较简单；而大专院校由于规模大、学生年龄较大、学生以住校方式为主，因此绿地的设计及功能要求都比较复杂。

一、大专院校绿地设计 ONE

（一）大专院校的绿地组成

1. 教学科研区绿地

教学科研区是大专学校的主体，主要包括教学楼、实验楼、图书馆及行政办公楼等建筑。该区也常常与学校大门主出入口综合布置，体现学校的面貌和特色。教学科研区周围要保持安静的学习与研究环境，其绿地一般沿建筑周围、道路两侧呈条带状或团块状分布。

2. 学生生活区绿地

该区为学生生活、活动区域，主要包括学生宿舍、学生食堂、浴室、商店等生活服务设施，以及部分体育活动器械。该区与教学科研区、体育活动区、校园绿化景区、城市交通及商业服务有密切联系，绿地沿建筑、道路分布，比较零碎、分散。但是该区又是学生课余生活比较集中的区域，绿地设计要注意满足其功能性。

3. 教工生活区绿地

该区为教工生活、居住区域，主要是居住建筑和道路，一般单独布置，或者位于校园一隅，与其他功能区分开，以求安静、清幽。其绿地分布与普通居住区无差别。

4. 休息游览区绿地

休息游览区是在校园的重要地段设置的集中绿化区或景区，供学生休息散步、自学、交往用。另外，该区还起着陶冶情操、美化环境、树立学校形象的作用。该区绿地呈团块状分布，是校园绿化的重点区域。

5. 体育活动区绿地

体育活动区是校园的重要组成部分，是培养学生德、智、体、美、劳全面发展的重要场所。其内容主要包括大型体育场、馆和操场，游泳池、馆，各类球场及器械运动场等。该区要求与学生生活区有较方便的联系。除足球场草坪外，绿地沿道路两侧和场馆周边呈条带状分布。

6. 校园道路绿地

校园道路绿地分布于校园内的道路系统中，对各功能区起着联系与分隔的双重作用，且具有交通运输功能。道路绿地位于道路两侧，除行道树外，道路外侧绿地与相邻的功能区绿地融合。

7. 后勤服务区绿地

该区分布着为全校提供水、电、热力和各种气体的动力站，以及仓库、维修车间等设施，占地面积大，管线设施多，既要有便捷的对外交通联系，又要离教学科研区较远，以避免教学科研区受干扰。其绿地也是沿道路两侧及建筑场院周边呈条带状分布。

(二)大专院校绿地设计的原则

(1)以人为本。

(2)突出校园文化特色。

(3)突出育人氛围。

(4)突出校园景观的艺术特色。

(5)创造宜人的小空间环境。

(6)以自然为本,创造良好的校园生态环境。

(三)大专院校各区绿地规划设计要点

1. 校前区绿化

校前区主要是指学校大门、出入口与办公楼、教学主楼之间的空间,有时也称作校园的前庭,是大量行人、车辆的出入口,具有交通集散功能,同时起着展示学校标志、校容校貌及形象的作用,一般有一定面积的广场和较大面积的绿化区,是校园重点绿化美化地段之一。校前区空间的绿化要与大门建筑形式相协调,以装饰观赏为主,衬托大门及立体建筑,突出庄重典雅、朴素大方、简洁明快、安静优美的高等学府校园环境。

校前区的绿化主要分为两部分:门前空间和门内空间。

门前空间主要指城市道路到学校大门之间的部分。门前空间的绿化一般使用常绿花灌木以形成活泼而开朗的门景,两侧花墙用藤本植物进行配置。在四周围墙处,选用常绿乔灌木并采用自然式带状布置,或者以速生树种形成校园外围林带。另外,门前空间的绿化既要与街景有一致性,又要体现学校特色。

门内空间主要指大门到主体建筑之间的空间。门内空间的绿化设计一般以规划式绿地为主,以校门、办公楼或教学楼为轴线,在轴线上布置广场、花坛、水池、喷泉、雕塑和主干道。轴线两侧对称布置休息性绿地。在开阔的草地上种植树丛,点缀花灌木,形成自然活泼的景观,或者种植草坪及整形修剪的绿篱、花灌木,达到低矮开朗、富有图案装饰的效果。在主干道两侧种植高大挺拔的行道树,外侧适当种植绿篱、花灌木,形成开阔的绿荫大道。

2. 教学科研区绿化

教学科研区一般包括教学楼、实验楼、图书馆及行政办公楼等建筑,其主要功能是满足全校师生教学、科研的需要。教学科研区绿地主要是指教学科研区周围的绿地,其功能是为教学科研工作提供安静优美的环境,也为学生创造课间进行适当活动的绿色室外空间。

教学科研主楼前广场的绿化设计,一般以大面积铺装为主,结合花坛、草坪,布置喷泉、雕塑、花架、园灯等园林小品,体现简洁、开阔的景观特色。有的学校也将校前区和教学科研主楼前的广场结合起来布置。

为满足学生休息、集会、交流等活动的需要,教学楼之间的广场空间应注意体现其开放性、综合性的特点,并具有良好的尺度和景观,以乔木为主,用花灌木点缀。绿地布局平面上要注意图案构成和线形设计,以丰富的植物及色彩形成适合师生在楼上俯视的鸟瞰画面;立面要与建筑主体相协调,并衬托、美化建筑,使绿地成为该区空间的休闲主体和景观的重要组成部分。教学楼周围的基础绿带,在不影响楼内通风采光的条件下,多种植落叶乔灌木。

大礼堂是集会的场所,正面入口前一般设置集散广场,绿化同校前区,由于大礼堂周围绿地空间较小,内容相应简单。大礼堂周围的基础栽植以绿篱和装饰性树种为主。大礼堂外围可根据道路和场地大小，布置草坪、树林或花坛，以便人流集散。

实验楼的绿化基本与教学楼相同，另外要注意根据不同实验室的特殊要求，在选择树种时综合考虑防火、防爆及空气洁净程度等因素。

图书馆是图书资料的储藏之处，为师生教学、科学活动服务，也是学校标志性建筑，其周围的布局与绿化基本与大礼堂相同。

3. 学生生活区绿化

大专院校为方便学生学习和生活，校园内设置有学生生活区和各种服务设施。学生生活区绿化应以校园绿化基调为前提，根据场地大小，兼顾交通、休息、活动、观赏诸功能，因地制宜地进行设计。食堂、浴室、商店、银行、邮局前要留有一定的交通集散及活动场地，周围可留基础绿带，种植花草树木，活动场地中心或周边可设置花坛或种植庭荫树。

学生宿舍区绿化可根据楼间距大小，结合楼前道路进行设计。楼间距较小时，只在楼梯口之间进行基础栽植或硬化铺装；场地较大时，可结合行道树形成封闭式的观赏性绿地，或者布置成庭院式休闲性绿地，铺装地面，花坛、花架、基础绿带和庭荫树池相结合，形成良好的学习、休闲场地。

4. 教工生活区绿化

教工生活区绿化与普通居住区绿化相同，设计时可参阅居住区绿地中的有关内容。

5. 休息游览区绿化

大专院校一般面积较大，在校园的重要地段设置花园式或游园式绿地，供师生休闲、观赏、游览和读书。另外，大专院校中的花圃、苗圃、气象观测站等科学实验园地，以及植物园、树木园，也可以园林形式布置成休息游览绿地。

休息游览绿地规划设计构图的形式、内容及设施，要根据场地的地形地势、周围道路、建筑等环境，综合考虑，因地制宜地进行。

6. 体育活动区绿化

体育活动区一般在场地四周栽植高大乔木，下层配置耐阴的花灌木，形成一定层次和密度的绿荫，以有效地遮挡夏季阳光的照射，阻挡冬季寒风的侵袭，减弱噪声对外界的干扰。

室外运动场的绿化不能影响体育活动和比赛，以及观众的通视，应严格按照体育场地及设施的有关规范进行。为保证运动员及其他人员的安全，运动场四周可设围栏。在适当之处设置坐凳，供人们观看比赛。设坐凳处可种植落叶乔木遮阳。

体育馆建筑周围应因地制宜地进行基础绿带绿化。

7. 校园道路绿化

校园道路两侧行道树应以落叶乔木为主，构成道路绿地的主体和骨架，达到浓荫覆盖的效果，以利于师生们的工作、学习和生活。在行道树外还可以种植草坪或点缀花灌木，形成色彩、层次丰富的道路侧旁景观。

8. 后勤服务区绿化

后勤服务区绿化与生活区绿化基本相同，不同的是还要考虑水、电、热力和各种气体动力站，以及仓库、维修车间等处的绿化。

二、中小学校绿地设计　TWO

中小学用地一般可分为建筑用地（包括办公楼、教学楼、实验楼、广场道路及生活杂务场院）、体育场地和道路用地。

1. 建筑用地周围的绿化设计

中小学校建筑用地绿化，往往沿道路两侧、广场、建筑周边和围墙边呈条带状分布，以建筑为主体，绿化相衬托、美化。因此，绿化设计既要考虑建筑的使用功能，如通风采光、遮阳、交通集散，又要考虑建筑的形状、体积、色彩，以及广场、道路的空间大小。

大门出入口、建筑门厅及庭院，可作为校园绿化的重点，结合建筑、广场及主要道路进行绿化布置，注意色彩、层次的对比变化，建花坛，铺草坪，植绿篱，配置四季花木，衬托大门及建筑入口空间和正立面景观，丰富校园景色。建筑前后作低矮的基础栽植，5 m 内不能种植高大乔木。在两山墙外可种植高大乔木，以防日晒。庭院中也可种植乔木，形成庭荫环境，并可适当设置乒乓球台、阅报栏等文体设施，供学生课余活动用。

适应管线和设施的特殊要求，在选择配置树种时，要综合考虑防火、防爆等因素。

图 6-7 所示为广西师范大学附中校园绿化设计。

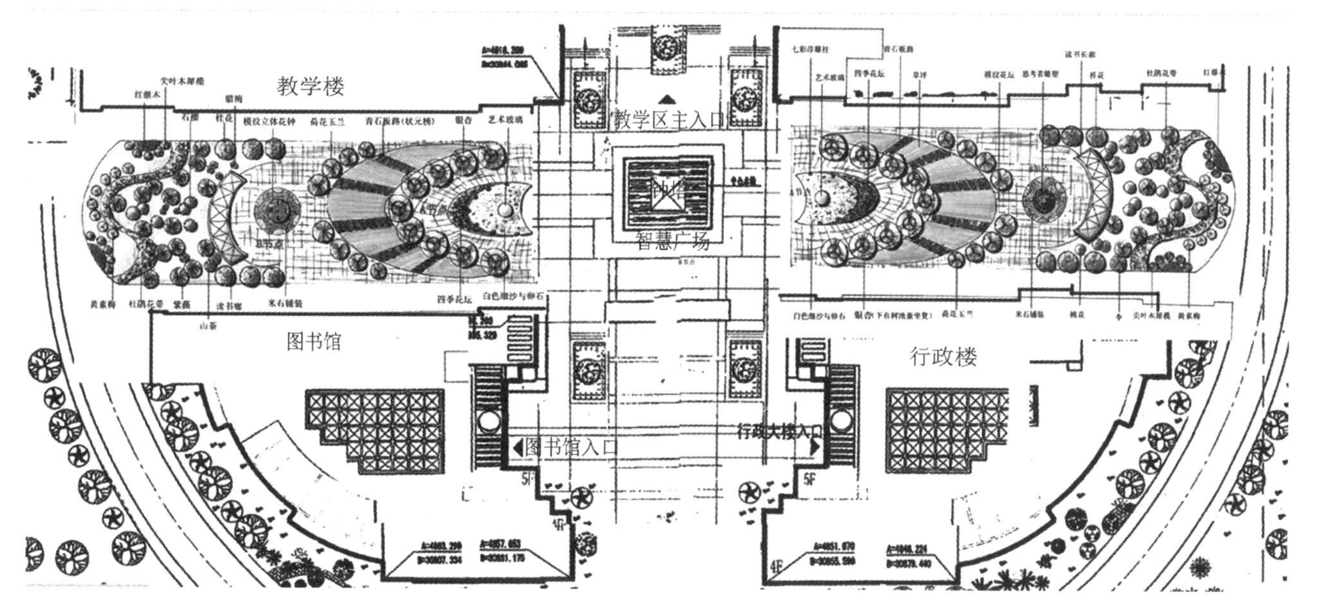

图 6-7　广西师范大学附中校园绿化设计

2. 体育场地周围的绿化设计

体育场地主要供学生开展各种体育活动。一般小学操场较小，通常以楼前后的庭园代之。中学单独设立较大的操场，并可划分为标准运动跑道、足球场、篮球场及其他体育活动用地。

运动场周围植高大遮阳落叶乔木，少种花灌木。地面铺草坪（除道路外），尽量不硬化。运动场要留出较大空地以满足户外活动使用，并且要求视线通透，以保证学生安全和体育比赛的顺利进行。

3. 道路绿化设计

校园道路绿化主要考虑功能要求，为满足遮阳需要，一般多种植落叶乔木，也可适当点缀常绿乔木和花灌木。另外，学校周围沿围墙植绿篱或乔灌木林带，以与外界环境相对隔离，避免相互干扰。

三、幼儿园绿地设计 THREE

幼儿园主要承担学龄前幼儿的教育。一般正规的幼儿园包括室内活动的地方和室外活动的场地两部分。根据活动要求，室外活动场地又分为公共活动场地、生活杂务用地和自然科学基地等。

公共活动场地是儿童游戏活动场地，也是幼儿园重点绿化区。对于该区的绿化，应根据场地大小，结合各种游戏活动器械的布置，适当设置小亭、花架、涉水池、沙坑。在活动器械附近，以遮阳的落叶乔木为主，角隅处也可适当点缀花灌木，所有场地应开阔、平坦、视线通透，不能影响儿童活动。

菜园、果园及小动物饲养地，是培养儿童热爱劳动、热爱科学的情感的基地。有条件的幼儿园可将其设置在全园一角，用绿篱隔离，里面种植少量果树，以及油料作物、药用植物等，或饲养少量家畜家禽。

整个室外活动场地应尽量铺设耐践踏的草坪，或采用塑胶铺地，在周围种植成行的乔灌木，形成浓密的防护带，起防风、防尘和隔离噪声作用。

幼儿园绿地植物的选择，要考虑儿童的心理特点和身心健康，要选择形态优美、色彩鲜艳、适应性强、便于管理的植物，禁用有飞毛、飞絮、毒、刺及易引起过敏的植物，如花椒、黄刺玫、漆树、凤尾兰等。同时，建筑周围注意通风采光，5 m 内不能植高大乔木。

任务实施

一、现场踏查 ONE

1. 自然状况调查

调查学校所在地的气候、水文、土壤、植被等情况。该地气候条件和土壤情况均符合要求，在植物种植方面有充足的发挥空间。

2. 社会环境调查

调查学校的历史、人文、学校性质、行业特色等。同时，与校方密切沟通，了解校方在文化塑造、植物选择方面的喜好，及时与校方沟通设计思路，避免走弯路。

3. 校园绿地现状调查和现有资料的取得

收集设计所需底图和各种资料，对与图纸有出入的地方进行现场测绘。

二、总体构思 TWO

因校园面积较小，将校园绿地的功能进行合并，行政办公区绿地同时发挥绿化美化和休息游览的功能。

三、绿化设计思路　THREE

图 6-8 所示为绿化平面图，具体设计思路如下：

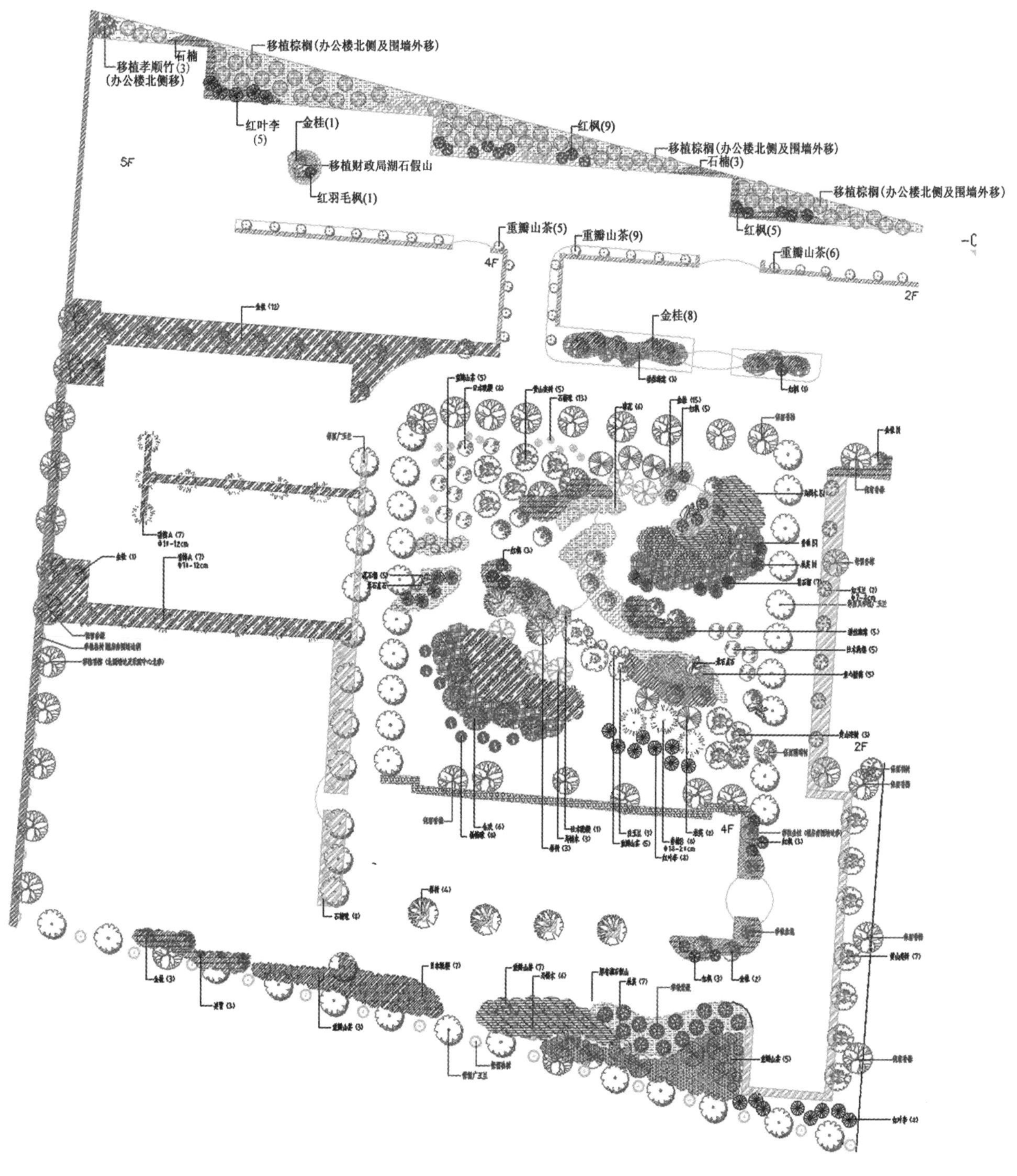

图 6-8　绿化平面图

(1) 以绿化设计修正不规则的地块，绿地边缘与主路和建筑取齐，以弱化不规则地块的尖角轮廓；

(2) 以彩叶树种体现色彩丰富的景观特征（见表 6-2）；

(3) 保留原有大树。

表 6-2　苏州市中华会计函授学校昆山分校景观工程苗木表

编号	名称	规格 /cm			单位	数量	备注
		高度	胸径	冠径			
1	香樟 A	400 ~ 450	10 ~ 12	200 ~ 250	株	14	全冠，树形匀称
1'	香樟 B	500 ~ 550	18 ~ 20	250 ~ 300	株	8	全冠，树形匀称
2	杜英	400 ~ 450	13 ~ 15	250 ~ 300	株	17	全冠，树形匀称
3	香柚	500 ~ 550	18 ~ 20	250 ~ 300	株	5	全冠，树形佳
4	榉树	500 ~ 550	18 ~ 20	300 ~ 350	株	7	树形佳，带蓬栽
5	白玉兰	400 ~ 450	14 ~ 15	250 ~ 300	株	6	树形佳，带蓬栽
6	马褂木	400 ~ 450	13 ~ 15	250 ~ 300	株	14	树形佳，带蓬栽
7	黄山栾树	400 ~ 450	15 ~ 16	250 ~ 300	株	15	树形佳，带蓬栽
8	合欢	350 ~ 400	10 ~ 12	250 ~ 300	株	6	树形佳，带蓬栽
9	日本晚樱	250 ~ 300	干径 7 ~ 8	180 ~ 200	株	21	树形匀称，冠形饱满
10	红叶李	250 ~ 300	干径 5 ~ 6	180 ~ 200	株	21	树形匀称，冠形饱满
11	红枫	250 ~ 300	干径 6 ~ 8	250 ~ 300	株	29	树形佳，冠形饱满
12	红羽毛枫	130 ~ 150	干径 5 左右	130 ~ 150	株	1	树形佳，冠形饱满
13	垂丝海棠	250 ~ 300	干径 7 ~ 8	250 ~ 300	株	8	树形佳，冠形饱满
14	金桂（丛生）	250 ~ 300		200 ~ 250	株	43	树形佳，冠形饱满
15	重瓣山茶	150 ~ 180		100 ~ 120	株	53	树形佳，冠形饱满
16	石楠	130 ~ 150		100 ~ 120	株	35	树形佳，冠形饱满
17	杨梅球			100 ~ 120	株	8	树形佳，冠形饱满
18	琼花	250 ~ 300		250 ~ 300	株	6	树形佳，冠形饱满
19	素心蜡梅	250 ~ 300		200 ~ 250	株	5	树形佳，冠形饱满
20	花石榴	250 ~ 300		200 ~ 250	株	12	树形佳，冠形饱满
21	茶梅	31 ~ 40		25 ~ 30	m^2	112	25 株 /m^2

续表

编号	名称	规格 /cm			单位	数量	备注
		高度	胸径	冠径			
22	南天竹	31 ~ 40	3 ~ 4 分叉	25 ~ 30	m^2	72	25 株 /m^2
23	红花檵木	31 ~ 40		25 ~ 30	m^2	118	36 株 /m^2
24	红叶石楠	40 ~ 50		25 ~ 30	m^2	494	36 株 /m^2
25	金森女贞	31 ~ 40		25 ~ 30	m^2	247	36 株 /m^2
26	栀子	40 ~ 50		25 ~ 30	m^2	138	25 株 /m^2
27	匍枝亮绿忍冬	40 ~ 50		25 ~ 30	m^2	78	36 株 /m^2
28	锦绣杜鹃	30 ~ 40		25 ~ 30	m^2	168	36 株 /m^2
29	皋月杜鹃	30 ~ 40		25 ~ 30	m^2	121	36 株 /m^2
30	八角金盘	40 ~ 50		30 ~ 40	m^2	95	16 株 /m^2
31	洒金珊瑚	30 ~ 40		25 ~ 30	m^2	44	20 株 /m^2
32	鸢尾			10 ~ 15	m^2	455	49 株 /m^2
33	花叶蔓长春	藤长 31 ~ 40			m^2	123	49 株 /m^2
34	草坪				m^2	3579	百慕大追播黑麦草
35	紫玉兰	250 ~ 300	干径 7 ~ 8	180 ~ 200	株	7	树形匀称，冠形饱满
36	凌霄		地径 3 ~ 4		株	3	树形佳，规格匀称

任务三

机关单位绿地设计

任务提出

图 6-9 所示为某机关单位平面图，请对其环境进行设计。

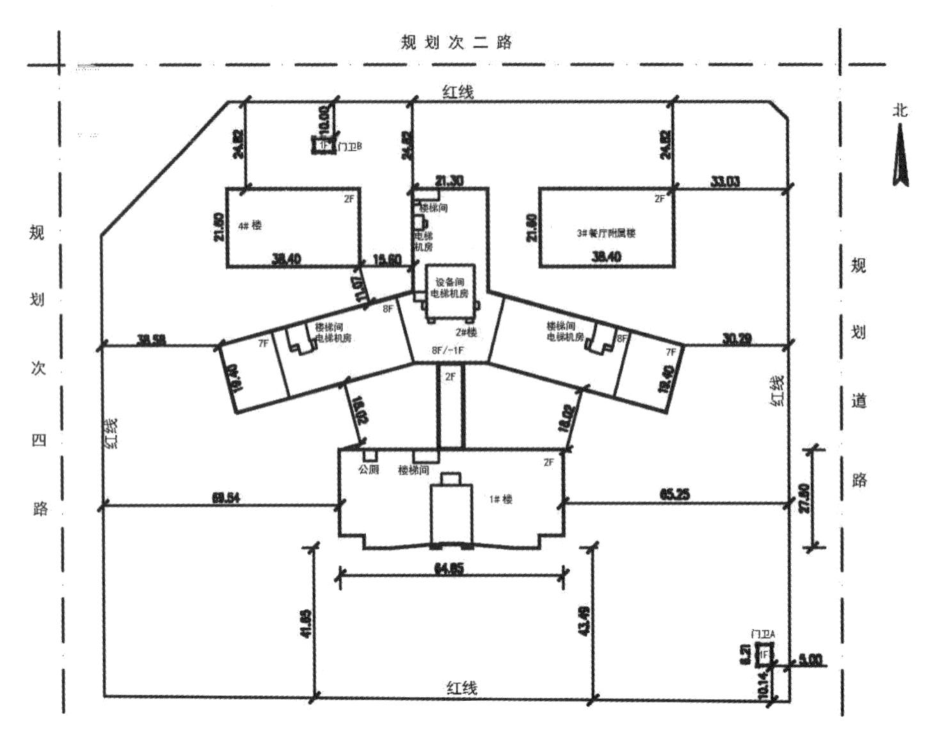

图 6-9　某机关单位平面图

任务分析

该项目为某机关单位附属绿地设计。要在分析单位性质的基础上,根据单位附属绿地的设计要点,因地制宜地进行设计。

相关知识

一、机关单位绿地概述　ONE

(一)机关单位绿地的概念

机关单位绿地是指党政机关、行政事业单位、各种团体及部队用地范围内的环境绿地,也是城市园林绿地系统的重要组成部分。

(二)机关单位绿地的功能

(1)为工作人员创造良好的户外活动环境,使工作人员在工休时间得到身体放松和精神享受。

(2)给前来联系公务和办事的客人留下美好印象,从而提高单位的知名度和荣誉度。

(3)是提高城市绿化覆盖率的一条重要途径,对绿化美化市容、保护城市生态环境起着举足轻重的作用。

(4)是机关单位乃至整个城市管理水平、文明程度、文化品位、面貌和形象的反映。

(三)机关单位绿地的特点

与其他类型绿地相比,机关单位绿地规模比较小,分布较为分散,如图 6-10 所示。因此,机关单位绿地在规划设计时要突出两个方面:“小”和“美”。

(1)绿化设计在“小”字上做文章。

机关单位的绿化用地面积一般都比较有限,因此在规划设计时,要针对这一特点,综合运用各种园林艺术和造景手法,以期取得以小见大的艺术效果,打造精致、精巧、功能齐全、环境优美的绿色景观。

(2)绿化设计在“美”字上下功夫。

机关单位的环境是机关单位管理水平、文明程度、文化品位的象征,直接影响到机关单位的面貌和形象,因此进行设计时一定要在“美”字上下功夫,绿化设计的立意构思要与机关单位的性质紧密结合,打造景色优美、品位高雅、特色分明的个性化绿色景观。

由于机关单位往往位于街道侧旁,其建筑物又是街道景观的组成部分,因此,在进行园林绿化时一定要结合文明城市、园林城市、卫生和旅游城市的创建工作,结合城市建设和改造,逐步实施“拆墙透绿”工程,拆除沿街围墙或用透花墙、栏杆墙代替,使单位绿地与街道绿地相互融合、渗透、补充、统一和谐。

二、机关单位绿地的组成 TWO

图 6-10 所示为机关单位内小型绿地。

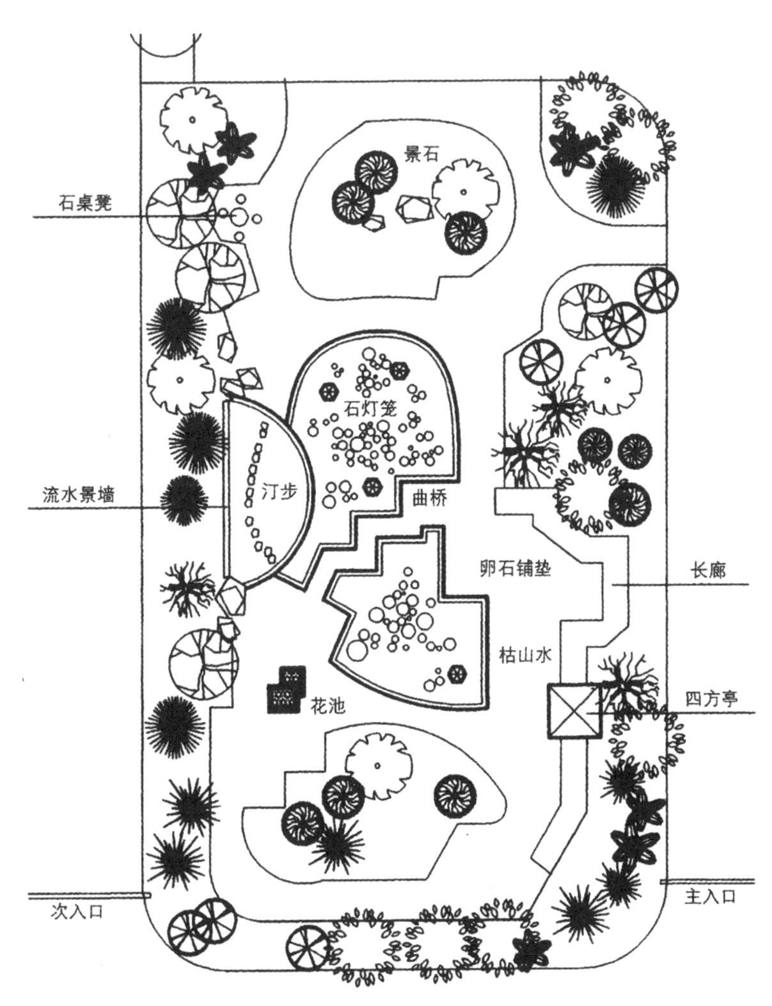

图 6-10 机关单位内小型绿地

(1)大门入口处绿地:主要指城市道路到单位大门口之间的绿化用地,这里的设计直接影响到城市道路景观,这里也是单位对外宣传的窗口。

(2)办公楼前(主要建筑物前)绿地:属于办公楼绿地,主要指大门到主体建筑之间的绿化用地。办公楼前绿地是机关单位对外联系的枢纽,是机关单位绿化设计最重要的部位(见图 6-11)。

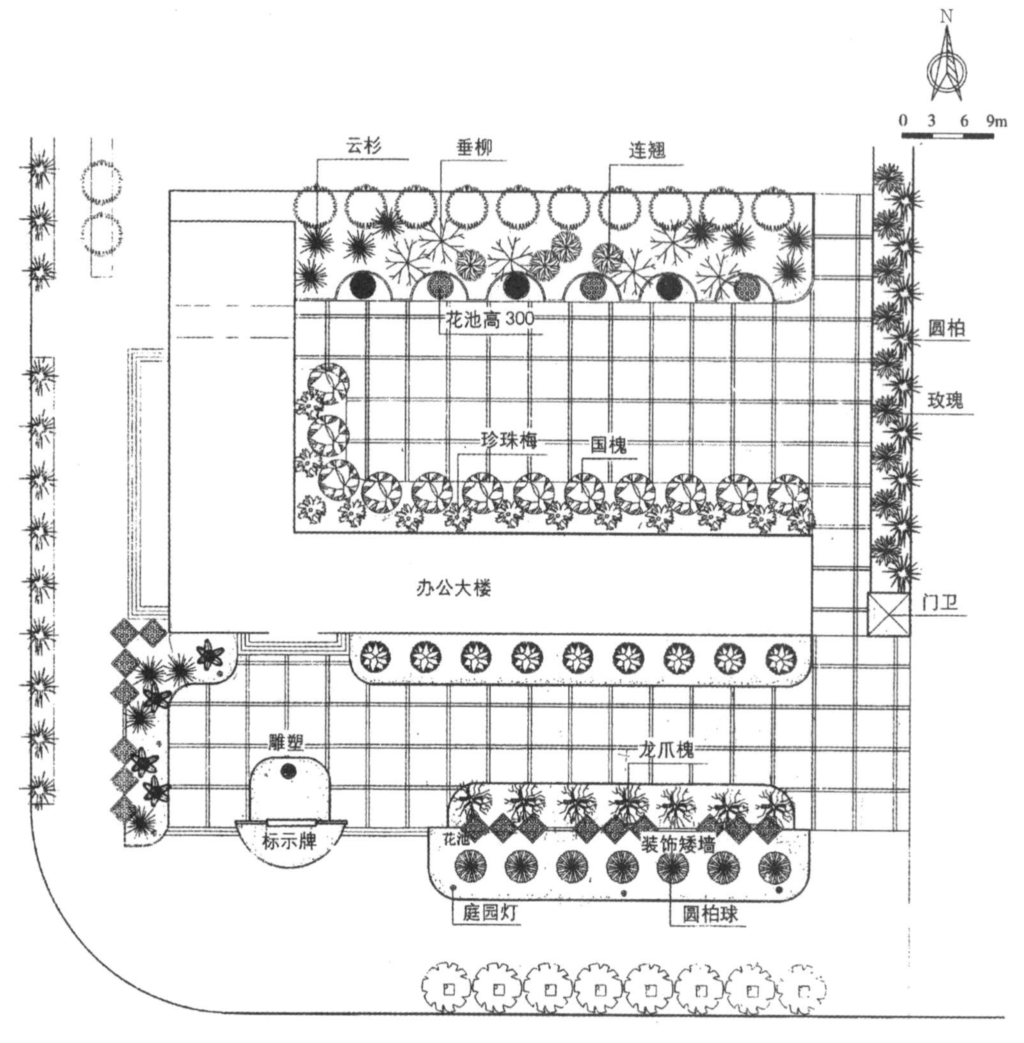

图 6-11 机关单位办公楼周围绿化

(3)附属建筑旁绿地:主要指食堂、锅炉房、供变电室、车库、仓库、杂物堆放房等建筑旁及围墙内的绿地。

(4)小游园:面积较大的机关单位,可在庭院内设置小游园。

(5)道路绿地:主要指机关单位内的道路绿化用地。

三、机关单位绿地各组成部分的规划设计 THREE

(一)大门入口处绿地

大门入口处是机关单位形象的缩影,是机关单位对外宣传的窗口,大门入口处绿地是机关单位绿化的重点之一。

在进行大门入口处绿化设计时应注意以下几点：

(1)应充分考虑大门入口处绿地的形式、色彩和风格，要与入口空间、大门建筑相协调，以形成机关单位的特色及风格；

(2)一般大门外两侧采用规则式种植，以树冠规整、耐修剪的常绿树种为主，与大门形成强烈对比，或对植于大门两侧，衬托大门建筑，强调入口空间；

(3)为了丰富景观效果，可在入口处的对景位置设计花坛、喷泉、假山、雕塑、树丛、树坛及影壁等；

(4)大门外两侧绿地，应适当与街道绿地中人行道绿化带的风格协调，入口处及临街的围墙要通透，也可用攀缘植物进行绿化。

(二)办公楼绿地

办公楼绿地可分为办公楼前装饰性绿地、办公楼入口处绿地及办公楼周围的基础绿地。

1. 办公楼前装饰性绿地

一般情况下，在大门入口至办公楼前，根据空间和场地大小，往往规划成广场，供人流交通集散和停车，绿地位于广场两侧。

若空间较大，也可在楼前设置装饰性绿地，绿地两侧为集散和停车广场。大楼前的场地在满足人流、交通、停车等功能的条件下，可设置雕塑、喷泉、假山、花坛等，作为入口的对景。

办公楼前装饰性绿地以规则式、封闭型为主，对办公楼及空间起装饰、衬托和美化作用。通常的做法是以草坪铺底，以绿篱围边，点缀常绿树和花灌木，形成低矮开敞的景观，或做成模纹图案，获得装饰效果。办公楼前广场两侧绿地，视场地大小而定：场地面积小时，一般设计成封闭型绿地，起绿化、美化作用；场地面积较大时，常建成开放型绿地，可适当考虑休闲功能。

2. 办公楼入口处绿地

办公楼入口处绿地的处理手法有以下三种：

(1)结合台阶，设花台或花坛；

(2)选用耐修剪的花灌木或者树形规整的常绿针叶树，对植于入口两侧；

(3)将盆栽植物摆放于大门两侧，常用的植物包括苏铁、棕榈、南洋杉、鱼尾葵等。

3. 办公楼周围的基础绿地

办公楼周围的基础绿地，位于楼与道路之间，呈条带状，不仅美化、衬托建筑，而且起隔离作用，保证室内安静，还是办公楼与楼前绿地的衔接过渡。其绿化设计应简洁明快，以绿篱围边，以草坪铺底，栽植常绿树与花灌木，形成低矮、开敞、整齐、富有装饰性的景观。在建筑物的背阴面，要选择耐阴植物。为保证室内通风采光，高大乔木可栽植在距建筑物 5 m 之外。为防日晒，也可于建筑两山墙处结合行道树栽植高大乔木。

(三)附属建筑旁绿地

机关单位内的附属建筑旁绿地主要是指食堂、锅炉房、供变电室、车库、仓库、杂物堆放房等建筑旁及围墙内的绿地。这些地方的绿化只需把握一个原则：在不影响使用功能的前提下，进行绿化、美化，并且对影响环境的地方做到“俗则屏之”。

（四）小游园

如果机关单位内的绿地面积较大，可考虑设计休息性的小游园。小游园中一般以植物造景为主，结合道路、休闲广场布置水池、雕塑，以及亭、廊、花架、桌椅、园凳等园林建筑、小品和休息设施，满足人们休息、观赏、散步等活动的需要。

（五）道路绿地

道路绿地也是机关单位绿化的重点，它贯穿于机关单位各组成部分之间，起着交通、空间和景观的联系与分隔作用。

道路绿化应根据道路及绿地宽度，采用行道树及绿化带种植方式。在进行道路绿化设计时，要注意处理好植物与各种管线之间的关系，且应注意行道树种类不宜繁杂。如果机关单位道路较窄且与建筑物之间的空间较小，行道树应选择观赏性较强、分枝点较低、树冠较小的中小乔木，且株距宜为 3～5 m。

任务实施

一、办公楼前绿地设计　ONE

办公楼前的布局以规则对称式为主，与主楼的对称式布局相呼应，营造庄重大气的气氛。楼前设规则式铺装广场，以花岗岩铺装。广场南侧为林荫停车场，铺设草坪砖，以减轻地面辐射。广场两侧过渡为自然式休闲绿地。

图 6-12 所示为某机关单位绿化设计平面图。

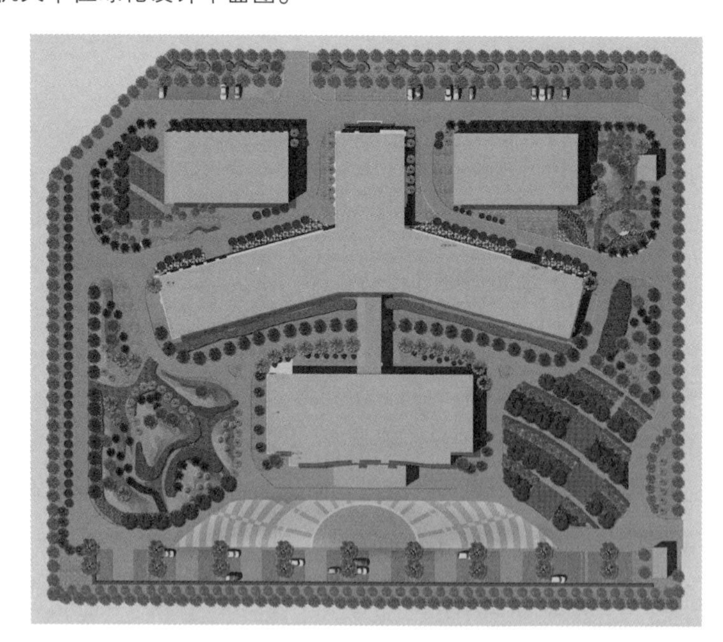

图 6-12　某机关单位绿化设计平面图

二、周边绿化　TWO

四周因与城市道路相邻，故植物种植采用列植，与街道景观区相协调。

任务四

单位附属绿地规划设计实训

任务提出

以学校所在城市的某校园或某单位的绿地设计为实训课题，以小组为单位，完成现场踏勘、方案构思与完善、方案设计、方案汇报的全过程。

成果要求

1. 绘制 CAD 总平面图一张。
2. 根据基地和设计要求选择植物，并绘制植物配置平面图、竖向图和道路布局图等施工图。
3. 绘制主要节点效果图。
4. 编制苗木统计表。

【考核标准】

考核标准

本次考核以小组为单位进行，表 6–3 为考核表。

表 6–3　考核表

考核项目		分值	考核标准	得分
现场踏勘		20	现场调查内容科学合理，分工合作，工作效率高	
设计作品	图面表现能力	20	按要求完成设计图纸，图面整洁美观、布局合理，图例、比例、指北针、文字标注等要素齐全	
	可行性	20	能合理选择种植方式和植物种类，景观稳定，施工图能满足施工要求	
	特色	20	能根据单位性质和特点塑造内涵，或营造意境	
	思政内容	20	团队合作性强，分工合理，能在规定时间内完成设计任务；工作中表现出严谨的工作作风和效率意识；有优秀文化传承意识和能力；能体现生态设计理念	

知识链接

医院绿化设计

医院绿化的目的是卫生防护隔离、阻滞烟尘、减弱噪声，创造幽雅、安静的绿化环境，以利人们防病治病，尽快恢复身体健康。据测定，在绿色环境中，人的体表温度可降低 1 ~ 2.2 ℃，脉搏平均减缓 4 ~ 8 次 / min，呼吸均匀，血流舒缓，紧张的神经系统得以松弛，对高血压、神经衰弱、心脏病和呼吸道疾病能起到间接的治疗作用。在现代医院设计中，环境作为基本功能要素已不容忽视，具体地说，将建筑与绿化有机结合，使医院的功能在心理及生理意义上得到更好的落实。

1. 医疗机构绿地树种的选择

在医院、疗养院绿地设计中，根据医疗单位的性质和功能，合理地选择和配置树种，对充分发挥绿地的功能起着至关重要的作用。在医院、疗养院绿地设计中，植物的选择依据以下几个方面进行。

1）选择杀菌力强的树种

具有较强杀灭真菌、细菌和原生动物能力的树种主要有侧柏、圆柏、铅笔柏、雪松、杉松、油松、华山松、白皮松、红松、湿地松、火炬松、马尾松、黄山松、黑松、柳杉、黄栌、盐肤木、锦熟黄杨、大叶黄杨、沙枣、核桃、月桂、七叶树、合欢、刺槐、国槐、紫薇、广玉兰、木槿、楝树、大叶桉、蓝桉、柠檬桉、茉莉、女贞、日本女贞、丁香、悬铃木、石榴、枣树、枇杷、石楠、麻叶绣线菊、枸橘、银白杨、钻天杨、垂柳、栾树、臭椿及蔷薇科的一些植物。

2）选择经济类树种

医院、疗养院应尽可能地选用果树、药用树种等经济类树种，如山楂、核桃、海棠、柿树、石榴、梨、杜仲、国槐、山茱萸、芍药、金银花、连翘、丁香、垂盆草、土麦冬、枸杞、丹参、鸡冠花、藿香等。

2. 医疗机构绿地各组成部分规划设计要点

1）门诊部绿化设计

门诊部靠近医院主要出入口，与城市街道相邻，是城市街道与医院的结合部，人流比较集中，在大门内外、门诊楼前要留出一定的交通缓冲地带和集散广场。医院大门至门诊楼之间的空间组织和绿化，不仅起到卫生、防护、隔离作用，还起到衬托、美化门诊楼和市容街景作用，体现出医院的精神面貌、管理水平和城市文明程度。因此，应根据医院条件和场地大小，因地制宜地进行绿化设计，以美化装饰为主。

门诊部的绿化设计应注意以下几点。

(1)入口绿地应与街景协调并突出自身特点，种植防护林带以阻止来自街道及周围的烟尘和噪声污染。

医院的临街围墙以通透式为主，使医院内外绿地交相辉映，围墙与大门形式相协调，宜简洁、美观、大方、色调淡雅。若空间有限，围墙内可结合广场周边作条带状基础栽植。

(2)入口处应有较大面积的集散广场，广场周围可作适当的绿化布置。

综合性医院入口广场一般较大，在不影响人流、车辆交通的条件下，广场可设置装饰性的花坛、花台和草坪，有条件的还可设置水池、喷泉和主题雕塑等，形成开朗、明快的格调。尤其是喷泉，可增加空气湿度，促进空气中负离子的形成，有益于人们的健康。喷泉与雕塑、假山的组合，加之彩灯、音乐的配合，可形成不同的景观效果。同时，应注意设置一定数量的休息设施供病人候诊。

(3)门诊区的整体格调要求开朗、明快，色彩对比不宜强烈，应以常绿素雅为主。

(4)注意保证门诊楼室内的通风与采光。

门诊楼建筑周围的基础绿带，绿化风格应与建筑风格相协调，美化、衬托建筑形象。门诊楼前绿化应以草坪、绿篱及低矮的花灌木为主，乔木应在距建筑 5 m 以外栽植，以免影响室内通风、采光及日照。门诊楼后常因建设物遮挡，形成阴面，光照不足，要注意耐阴植物的选择配置，保证良好的绿化效果，如栽植鸡树条、金丝桃、珍珠梅、金银忍冬、绣线菊、海桐、大叶黄杨、丁香等，以及玉簪、紫萼、麦冬、土麦冬、白三叶、冷绿型混播草坪等宿根花卉和草坪。

门诊楼与其他建筑之间应保持 20 m 的间距，其间栽植乔灌木，以达到一定的绿化、美化和卫生隔离效果。

2)住院部绿化设计

住院部位于门诊部后、医院中部较安静地段。住院部的庭园要精心布置，根据场地大小、地形地势、周围环境等情况，确定绿地形式和内容，结合道路、建筑进行绿化设计，创造安静、优美的环境，供病人室外活动及疗养。

住院部的绿化设计具体应注意以下几点。

(1)绿地总体要求环境优美、安静，视野开阔。

住院部周围有较大面积的绿化场地时，可采用自然式的布局手法，利用原有地形和水体，稍加改造形成平地或微起伏的缓坡和蜿蜒曲折的湖池、园路，并可适当点缀园林建筑、小品，配置花草树木，形成优美的自然式庭园。

(2)小游园内的道路起伏不宜太大，应少设台阶，采用无障碍设计，并应考虑一定量的休息设施。

对住院部周围小型场地进行绿化布局时，一般采用规则式构图方式，绿地中设置整形广场，广场内以花坛、水池、喷泉、雕塑等做中心景观，周边放置坐椅、桌凳、亭廊、花架等休息设施。广场、小径尽量平缓，采用无障碍设计、硬质铺装，以利病人出行活动。绿地中植草坪、绿篱、花灌木及少量遮阴乔木。这种小型场地，环境清洁优美，可供病人坐息、赏景、活动，兼作日光浴场，也是亲属探视病人的室外接待处。

(3)植物配置方面应注意:首先，植物配置要有丰富的色彩和明显的季相变化，使长期住院的病人能感受到自然界季节的交替，调节情绪，提高疗效;其次，在进行植物配置时应考虑夏季遮阴纳凉和冬季沐浴阳光的需要，选择“保健型”人工植物群落，利用植物的分泌物质和挥发物质，达到防病、治病，增强人体健康的效果。

(4)根据医疗需要，在绿地中，可考虑设置辅助医疗场所。

有时，根据医疗需要，在较大的绿地中开辟一些辅助医疗地段，如日光浴场、空气浴场、树林氧吧、体育活动场等，以树丛、树群相对隔离，形成相对独立的林中空间，场地以草坪为主，或作嵌草砖地面。在场地内适当位置设置坐椅、凳、花架等休息设施。为避免交叉感染，应为普通病人和传染病患者设置不同的活动绿地，并在绿地之间栽植一定宽度的以常绿及杀菌能力强的树种为主的隔离带。

(5)一般病区绿地与传染病区绿地要加以隔离。一般病房与传染病房也要留有30 m 的空间地段，并以植物进行隔离。

3)其他区域绿化设计

其他区域包括辅助医疗的药库、制剂室、手术室、化验室、太平间，以及总务部门的食堂、浴室、洗衣房和宿舍区等。该区域往往于医院后部单独设置，绿化要强化隔离作用。绿化设计时应注意以下几个方面:

(1)太平间、解剖室应单独设置出入口，并处于病人视野之外，周围用常绿乔灌木密植隔离;

(2)手术室、化验室、放射科周围绿化应防止东、西晒，保证通风和采光，保证环境洁净，不能种植有飞毛、飞絮的植物;

(3)总务部门的食堂、浴室及宿舍区也要和住院区有一定距离，用植物相对隔离，为医务人员创造一定的休息、活动环境。

3. 不同性质医院的特殊要求

1)传染病医院绿化

传染病医院主要收治各种急性传染病患者，为了避免传染，更应突出绿地的防护和隔离作用。传染病医院的防护林带要宽于一般医院，同时常绿树的比例要更大，使在冬季也具有防护作用。不同病区之间也要相互隔离，避免交叉感染。由于病人活动能力小，以散步、下棋、聊天为主，各病区绿地不宜太大，休息场地距离病房近一些。

2）精神病院绿化

精神病院主要收治精神病患者。由于艳丽的色彩容易使病人精神兴奋、神经中枢失控，不利于治病和康复，因此，精神病院绿地设计应突出宁静的气氛，以白、绿色调为主，多种植乔木和常绿树，少种花灌木，并选种白丁香、白碧桃、白月季、白牡丹等白色花灌木。在病房区周围面积较大的绿地中，可布置休息庭园，让病人在此享受阳光、新鲜空气和自然气息。

3）儿童医院绿化

儿童医院主要收治 14 岁以下的儿童患者。其绿地除具有综合性医院绿地的功能外，还要考虑儿童的一些特点。如绿篱高度不超过 80 cm，以免阻挡儿童视线，在绿地中适当设置儿童活动场地和游戏设施。在植物选择上，注意色彩效果，避免选择对儿童有伤害的植物。

儿童医院绿地中的儿童活动场地、设施、装饰图案和园林小品，形式、色彩、尺度都要符合儿童的心理和需要，并富有童趣。要以优美的布局形式和绿化环境，营造活泼、轻松的气氛，减少医院和疾病给病儿造成的心理压力。

4）疗养院绿地设计

疗养院是具有特殊治疗效果的医疗保健机构，主要治疗各类慢性病，疗养期较长，一般为一个月到半年。疗养院具有休息和医疗保健双重作用，多设于环境优美、空气新鲜，并有一些特殊治疗条件（如温泉）的地段。有的疗养院就设在风景区中，有的疗养院单独设置。

疗养院的疗养手段是以自然因素为主，如气候疗法（日光浴、空气浴、海水浴、沙浴等），矿泉水疗法、泥疗、理疗与中医相配合。因此，在进行环境和绿化设计时，应结合各种疗养法，如日光浴、空气浴、森林浴，布置相应的场地和设施，并与环境相融合。

与综合性医院相比，疗养院一般规模与面积较大，尤其有较大的绿化区，因此更应发挥绿地的功能作用，院内不同功能区应以绿化带加以隔离。疗养院内树木花草的布置要衬托、美化建筑，使建筑内阳光充足、通风良好，并避免日晒，留有风景透视线，以供病人在室内远眺观景。为了保持安静，在建筑附近不应种植如毛白杨等树叶声大的树木。疗养院内的露天运动场地、舞场、电影场等周围也要进行绿化，形成整洁、美观、大方、宁静、清新的环境。

总之，医疗单位的绿化，应注意隔离作用，避免各区相互干扰。植物应选择能净化空气、杀菌，有助疗效作用的种类，也可选用果树、药用植物，以管理省工为主。

项目七
公园规划设计

YUANLIN
GUIHUA
SHEJI

导　语

城市公园是城市居民文化生活不可缺少的要素，它不仅为城市提供大面积的种植绿地，而且具有丰富的户外游憩活动内容，适用于各种年龄和职业的城市居民进行一日或半日游赏活动，是全市居民共享的“绿色空间”（见图 7-1）。

图 7-1　城市公园

技能目标

1. 能进行常见类型公园的方案设计。
2. 能绘制平面图、局部效果图，进行方案的详细设计。
3. 能综合运用园林设计的基本理论和基本技能，创造出布局合理、功能齐全、美观自然的园林空间。
4. 能在公园设计中有意识地运用园林设计理论和植物配置技巧，做到活学活用，将前后知识融会贯通。

知识目标

1. 掌握公园设计理论。
2. 掌握并灵活应用园林设计理论和植物配置技巧。

思政目标

1. 培养融入人类命运共同体的历史担当意识。
2. 培养优秀文化传承意识和能力。
3. 培养与自然和谐共生理念。
4. 培养效率意识。

任务一

城市公园设计

任务提出

项目选址于唐山市北新道与龙泽南路交汇处，前身为唐山市粮库，建筑破旧，严重影响市容市貌及两山景观。市委市政府针对此情况决定加大力度对其进行彻底改造，建设唐山博物馆公园。设计方案要求展现唐山特色。

任务分析

该项目为公园设计，主题为博物馆公园，定位为城市综合性公园，发挥综合性公园的功能。因此，进行该公园的设计，要掌握公园设计的基本理论，并综合应用园林设计原理，提炼园林的文化意蕴，展现地方特色。

相关知识

一、公园出入口的确定与设计　ONE

（一）公园出入口的组成及设计要点

公园出入口一般包括主要出入口、次要出入口和专用出入口三种。为了集散方便，入口处还设有园内和园外的集散广场。

1. 主要出入口

主要出入口是公园大多数游人出入公园的地方，一般直接或间接通向公园的中心区。主要出入口通常包括大门建筑、入口前广场、入口后广场三个部分。大门建筑作为游人进入公园的第一个视线焦点，给游人留下第一印象（见图 7-2），其平面布局、立面造型、整体风格应根据公园的性质和内容来具体确定。一般公园大门造型都与其周围的城市建筑有较明显的区别，以突出其特色。入口前广场应退后于街道，要考虑游人集散量的大小，一般要与公园的规模、游人量、园门前道路宽度与形状、所在城市街道的位置等相适应，应设停车场和自行车存放处。入口后广场处于大门入口之内，它是园外和园内集散的过渡地段，往往与主路直接联系，面积可小些。可以设丰富出入口景观的园林小品，如花坛、水池、喷泉、雕塑、花架、宣传牌、导游图和服务部等。

公园主要入口在位置上要求面对游人的主要来向，直接和城市街道相连，位置明显，但应避免设于几条主要街道的交叉口上；在地形上要求有大面积的平坦地形；在外观上要求美观大方。

图 7-2　韩国首尔奥林匹克公园大门

2. 次要出入口

次要出入口是为了方便附近居民使用或为园内局部地区某些设施服务的，要求方便本区游人出入，一般设在游人量较小但临近居住区的地方。

3. 专用出入口

专用出入口是出于园务管理需要而设的，不供游览使用。其位置可稍偏僻，以方便管理又不影响游人活动为原则。

（二）公园大门常见设计手法

公园出入口布局形式包括对称均衡与不对称均衡两种。

1. 对称均衡

对称均衡布局有明确的中轴线（见图 7-3）。

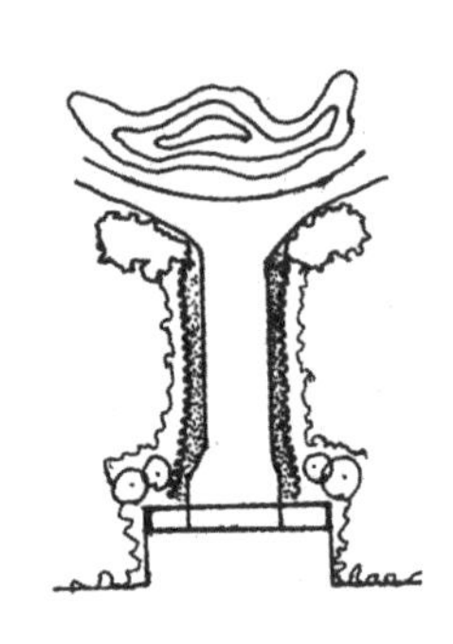

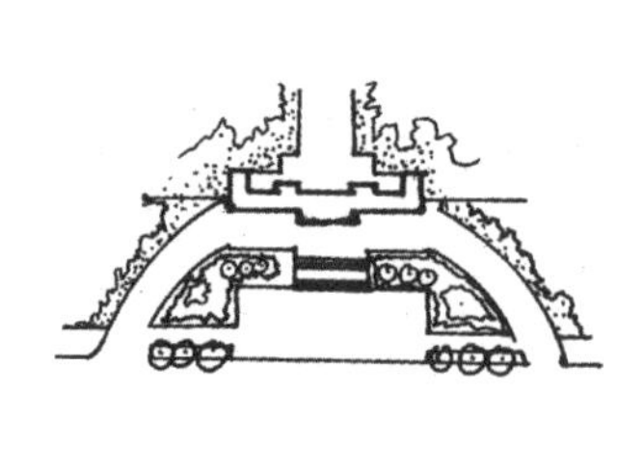

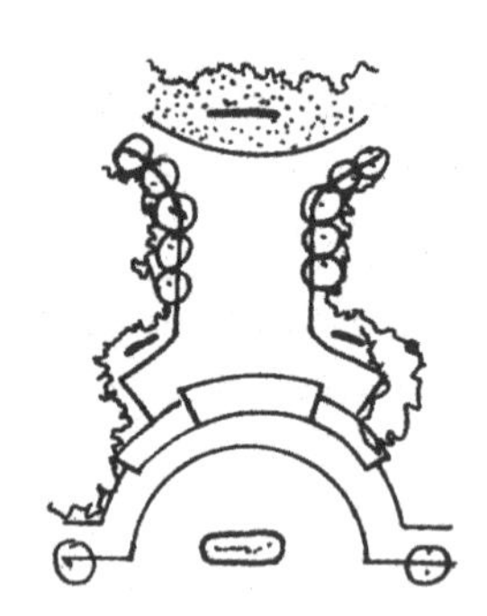

图 7-3　对称均衡的大门口设计

2. 不对称均衡

不对称均衡布局无明确的中轴线（见图 7-4）。

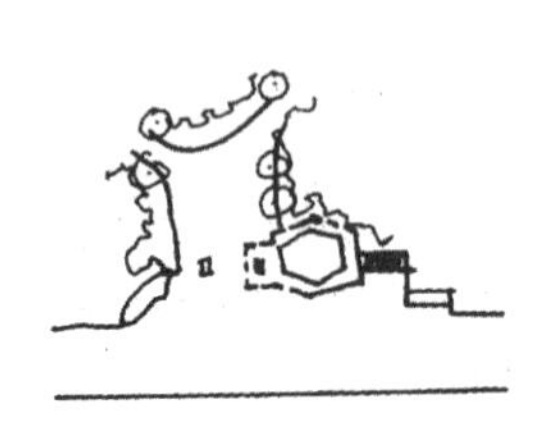

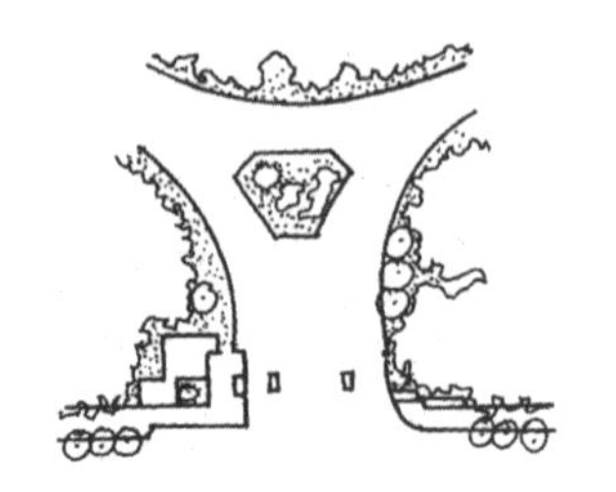

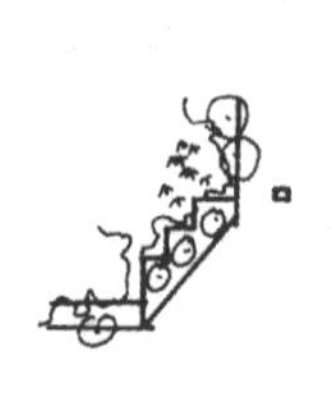

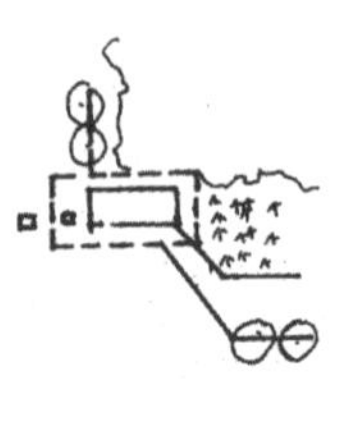

图 7-4　不对称均衡的大门口设计

二、公园的分区规划设计 TWO

所谓分区规划，就是将整个公园分成若干个区，然后对各区进行详细规划。根据分区的标准不同，分区规划可分为两种形式。

（一）景色分区

景色分区是我国古典园林特有的规划方法，现代公园规划时也经常采用。景色分区的特点是从艺术的角度来考虑公园的布局，含蓄优美，韵味无穷，往往将园林中的自然景色、艺术境界与人文景观特色作为划分标准，每一个景区有一个主题。

公园中构成主题的因素通常有山水、建筑、动物、植物、民间传说、文物古迹等。

景色分区的形式多样，每个公园风格各异，景色分区可能有很大的不同。

（1）按景区的感受效果划分，景区可分为开朗的景区、雄伟的景区、幽深的景区和清静的景区等。

（2）按复合式的空间组织划分，景区可分为园中之园、岛中之岛等。

（3）按季相景观划分，景区可分为春景区、夏景区、秋景区和冬景区。

（4）按造园材料划分，景区可分为山景区、水景区、花卉景区和林地景区等。

如杭州西湖花港观鱼公园（见图 7–5），面积约 18 hm^2，共分六个景区，包括鱼池古迹区、大草坪区、红鱼池区、牡丹园区、密林区和新花港区。每一景区都有一个主题。

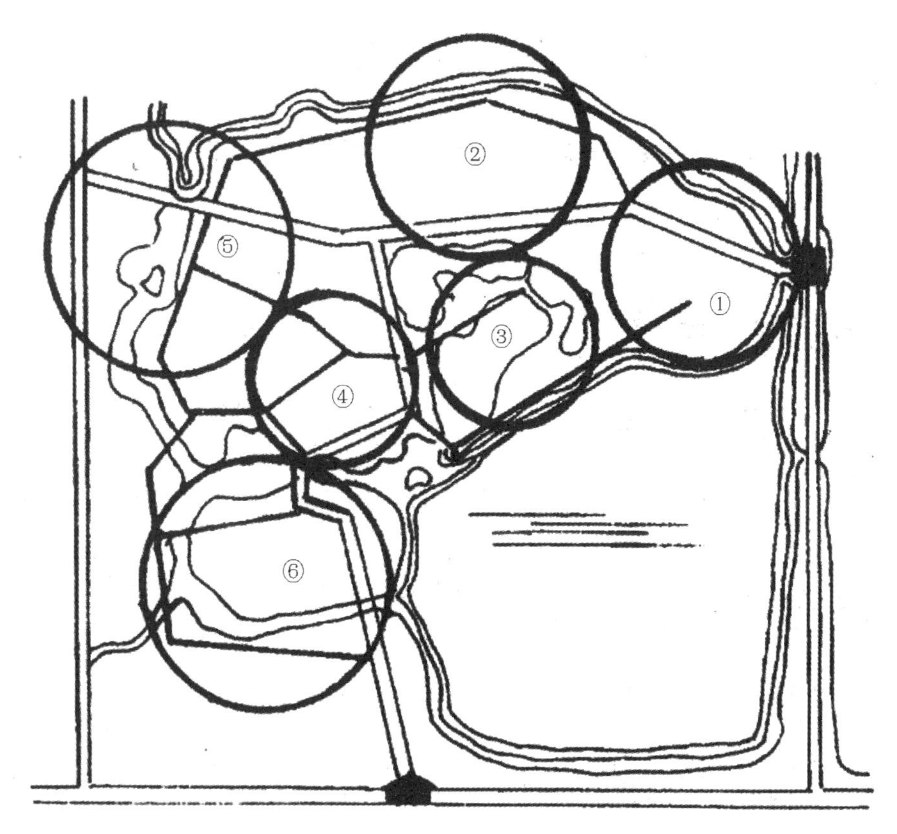

图 7–5 杭州西湖花港观鱼公园景色分区

①鱼池古迹区 ②大草坪区 ③红鱼池区 ④牡丹园区 ⑤密林区 ⑥新花港区

(二)功能分区

功能分区是从实用的角度规划公园的活动内容,结合游人的活动内容及公园的植物景观进行分区规划,一般分为文化娱乐区、观赏游览区、安静休息区、体育活动区、儿童活动区、老人活动区、园务管理区等。功能分区的形式比较固定,每个公园的分区可以大体相同。

1. 文化娱乐区

此区主要通过游玩的方式进行文化教育和娱乐活动,具有活动场所多、活动形式多、人流量大等特点,可设置展览馆、露天剧场、文娱室、阅览室、音乐厅、茶座等园内主要建筑,常位于公园的中部,是全园布置的重点。各建筑、活动设施之间保持一定的距离以避免相互干扰,并利用树木、山石等加以隔离,充分体现公园的特色。该区应尽可能接近公园出入口或与出入口有方便的联系,要求地形较平坦,考虑设置足够的道路广场,以便快速集散人群。

该区的设计技法如下:

(1)常设计大型的建筑、广场、雕塑等;

(2)绿化要求以花坛、花境、草坪为主,以便于游人的集散;

(3)可以适当地点缀种植几种常绿的大乔木,不宜多栽植灌木,树木的枝下净空间应大于2.2 m,以免影响视线和人流的通行;

(4)在大量游人活动较集中的地段,可设置开阔的大草坪;

(5)为和建筑相协调,多采用规则式或混合式的绿化配置形式。

2. 观赏游览区

该区以观赏、游览参观为主,是公园中景色最优美的区域。观赏游览区包括小型动植物园、专类园、盆景园、名胜古迹区、纪念区,等等。观赏游览区行进参观路线的组织规划是十分重要的,道路的曲线(包括平和纵两个方面)、铺装材料、铺装纹样、宽度变化的规划设计都应适应于景观展示、动态观赏的要求。

应选择现状地形、植被等比较优越的地段设计布置园林景观。植物的设计应突出季相变化的特点。技法如下:

(1)把开花植物配置在一起,形成花卉观赏区或专类园;

(2)以水体为主景,配置不同的植物,以形成不同情调的景致;

(3)利用植物组成群落,以体现植物的群体美;

(4)运用借景手法把园外的自然风景引入园内,形成内外一体的壮丽景观。

3. 安静休息区

安静休息区提供安静优美的自然环境,供人在此安静休息、散步、打拳、练气功和欣赏自然风景。该区在公园内占的面积比例较大,是公园的重要部分。安静活动的场所应与喧闹活动的场所隔离,以避免活动时的干扰,离主要出入口可以远些,用地应选择具有一定地形起伏、原有树木茂盛、景色优美的地方。安静休息区可分布于多处,其中的建筑宜散不宜聚。

设计技法有:

(1)多用自然式植物配置方式,并以密林为主,形成优美的林缘线、起伏的林冠线,突出植物的季相变化;

(2)建筑布局宜散不宜聚,宜素雅不宜华丽,可结合自然风景设立亭、台、廊、花架、坐凳等。

4. 体育活动区

体育活动区提供开展体育活动的场所,可根据当地的具体情况决定取舍开展体育活动的场所。比较完整的体育活动区一般设有体育场、体育馆、游泳池,以及各种球类活动、健身运动的场所。该区的功能特征是使用时间比较集中，对其他区域干扰较大。设计时要尽量靠近城市主干道，或者设置专用入口，可因地制宜地设置游泳池、溜冰场、划船码头、球场等。

该区的植物配植技法有：

(1)宜选择生长快，高大挺拔，冠下整齐，不落花落果、散发飞毛的树种；

(2)树种的色调不宜过于复杂，并应避免选用树叶发光发亮的树种，否则会干扰运动员的视线；

(3)球类运动场周围的绿化地，要离运动场5～6 m；

(4)在游泳池附近，绿化可以设置一些花廊、花架，不要种植带刺或夏季落花落果的花木和易染病虫害、分蘖强的树种；

(5)日光浴场周围应铺设柔软而耐踩踏的草坪；

(6)本区最好用常绿的绿篱与其他功能区隔离分开，并以规则式的绿化配置为主。

5. 儿童活动区

儿童活动区即为促进儿童的身心健康而设立的活动区。本区需接近出入口，并与其他用地有分隔。有些儿童有成人陪伴，还要考虑成人的休息和成人照看儿童时的需要。其中设儿童游戏场和儿童游戏设施，要符合儿童的尺度和心理特征，色彩明快、尺度合理。应布置秋千、滑梯、电动设施、涉水池等幼儿游戏设施，以及攀岩、吊索等有惊无险的少年活动设施，还需设置厕所、小卖部等服务设施。

树木种类宜丰富，以生长健壮、冠大荫浓的乔木为主，不宜种植有刺、有毒或有强烈刺激性反应的植物。

出入口可配置一些雕像、花坛、山石或小喷泉等，配以体形优美、奇特、色彩鲜艳的灌木和花卉，活动场地铺设草坪，四周要用密林或树墙与其他区域相隔离。植物配置以自然式绿化配置为主。

6. 老人活动区

此区是供老年人活跃晚年生活，开展政治、文化、体育活动的场所。老人活动区要求有充足的阳光、新鲜的空气、紧凑的布局和丰富的景观。

植物配置应以落叶阔叶林为主，保证夏季凉荫、冬季通透阳光，并应多植姿态优美的开花植物、彩色叶植物，体现鲜明的季相变化。

7. 园务管理区

该区是出于公园经营管理的需要而设置的专用区域，一般设置有办公室、值班室、广播室，以及维修处、工具间、堆场杂院、车库、温室、苗圃、花圃、食堂、宿舍等。园务管理区一般设在既便于公园管理又便于与城市联系的地方，四周要与游人有所隔离，要有专用的出入口。

植物配置多以规则式为主，建筑面向游览区的一面应多植高大乔木，以遮挡游人视线。周围应有绿色树木与各区相分离，绿化因地制宜，并与全园风格相协调。

三、公园的园路布局 THREE

公园园路的规划设计应以总体设计为依据，确定园路宽度、平曲线和竖曲线的线形以及路面结构。

(一)园路类型

(1)主干道：为全园主道，起联系公园各区、主要活动建筑设施、风景点的作用，要处理成园路系统的主环，方便游人集散，成双、通畅，蜿蜒、起伏、曲折并组织景观。路宽宜为 4 ~ 6 m，能保证机动车通行（见图 7-6 和图 7-7）。纵坡宜在 8% 以下，横坡宜为 1% ~ 4%。路面应用耐压力强、易于清扫的材料铺装。

（2）次干道：是公园各区内的主道，起引导游人到各景点、专类园的作用，可自成体系布置成局部环路，沿路景观宜丰富，可多用地形的起伏展开丰富的风景画面。路宽宜为 2 ~ 3 m。铺装形式宜大方而美观。

（3）专用道：多供园务管理用，在园内与游览路分开，应减少交叉，以免干扰游览。

（4）散步道：供游人散步用，宽宜为 1.2 ~ 2 m。铺装形式宜美观自然。

图 7-6　某公园主干道断面图

图 7-7　主干道效果图

（二）园路线形设计

园路线形设计应与地形、水体、植物、建筑、铺装场地及其他设施相结合，形成完整的风景构图，创造连续展示园林景观的空间或欣赏景物的透视线。

（三）园路布局

公园道路的布局要根据公园绿地内容和游人容量大小来定，要求主次分明，因地制宜，和地形密切配合。如：山水公园的园路要环山绕水，但不应与水平行，因为依山面水，活动人次多，设施内容多；平地公园的园路要弯曲柔和，密度可大，但不要形成方格网状；山地路纵坡在 12% 以下，弯曲度大，密度应小，以免游人走回头路。大山的园路可与等高线斜交，蜿蜒起伏；小山的园路可上下回环起伏。

（四）弯道的处理

路的转折应衔接通顺，符合游人的行为规律。园路遇到建筑、山、水、树、陡坡等障碍，必然会产生弯道。弯道有组织景观的作用，弯曲弧度要大，外侧高，内侧低，且外侧应设栏杆，以防发生事故。

（五）园路交叉口处理

两条园路交叉或从一条干道分出两条小路时，会产生交叉口。两条园路相交时，交叉口应作扩大处理，采用正交方式，形成小广场，以方便行车、行人。小路应斜交，但应避免交叉过多，两个交叉口不宜离太近，要主次分明，相交角度不宜太小。在“丁”字交叉口的交点，可点缀风景。上山路与主干道交叉既要自然，藏而不显，又要吸引游人上山。

（六）园路与建筑之间的关系

园路通往大的建筑时，为了避免路上游人干扰建筑内部活动，可在建筑前设集散广场，使园路由广场过渡再和建筑联系；园路通往一般建筑时，可在建筑前适当加宽路面，或者形成分支，以利于游人分流。园路一般不穿过建筑，而从四周绕过。

（七）园路与桥

桥的风格、体量、色彩应与公园总体周围环境相协调。桥的作用是联络交通，创造景观，组织导游，分隔水面，有利于造景、观赏。桥要注明承载和游人流量的最高限额。桥应设在水面较窄处，桥身应与岸垂直。主干道上的桥以平桥为宜，拱度要小，桥头应设广场，以利于游人集散；小路上的桥多用曲桥或拱桥，以创造桥景。

（八）园路绿化

（1）主要干道两旁可列植高大、荫浓的乔木，树下配植较耐阴的草坪植物，园路两旁可以用耐阴的花卉植物布置花境。

（2）次要道路两旁可布置林丛、灌丛、花境加以美化（见图 7-8）。

（3）散步小路两旁的植物景观应最接近自然状态，可布置色彩丰富的乔灌木树丛。

图 7-8　园路绿化

四、公园的地形设计 FOUR

上海辰山植物园矿坑花园——生态修复背景下的公园建设

公园地形的处理以公园绿地的需要为主要依据，充分利用原地形和景观，创造出自然和谐的景观骨架。

（一）平地

平地为公园中平缓用地，适宜开展娱乐活动及休息观景。

平地处理应注意与山坡、水体联系自然，形成"冲积平原"景观，利于游人观景和进行群体娱乐活动。平地应铺设草坪，以防尘、防水土冲刷。林中空地宜处理为闭锁空间，以适宜夏季活动；集散广场、交通广场等为开敞空间，适宜节日活动。

（二）山丘

山丘的主要功能是供游人登高眺望，或阻挡视线，分隔空间，组织交通等。

山丘可分为主景山和配景山两种。

主景山可利用原有山丘改造而成，也可由人工创造，与配景山、平地、水景组合，创造主景。主景山一般高10～30 m，体量大小适中，给游人有活动的余地。山体要自然稳定，坡度超过自然安息角时应采取护坡工程措施。优美的山面应向着游人主要来向，形成视线焦点。山体组合应注意形有起伏，坡有陡缓，峰有主次，山有主从。建筑应设于山地平坦台地之上，以利于游人观景休息。

配景山的大小、高低以遮挡视线为宜。配景山的造型应与环境协调统一，形成带状，蜿蜒起伏，有断有续，其上以植被覆盖，护坡可用挡土墙及小道排水，形成山林气氛。

（三）水体

水体可创造明净、爽朗、秀丽的景观，可养鱼、种植水生植物，大水面还可开展各种水上运动。

首先，要因地制宜地选好位置。"高方欲就亭台，低凹可开池沼"，这是历来造园家常用的手法。其次，要有明确的来源和去脉，因为无源不持久，无脉造水灾。池底应透水，大水体应辽阔、开朗，以利于开展群众活动；可分隔，但不可居中；四周要有山和平地，以形成山水风景（见图7-9）。小水体应迂回曲折，引人入胜，有收有放，层次丰富，增强趣味性。最后，水体与环境配合，创造出山谷、溪流；与建筑结合，创造出园中园、水中水等层次丰富的景观。

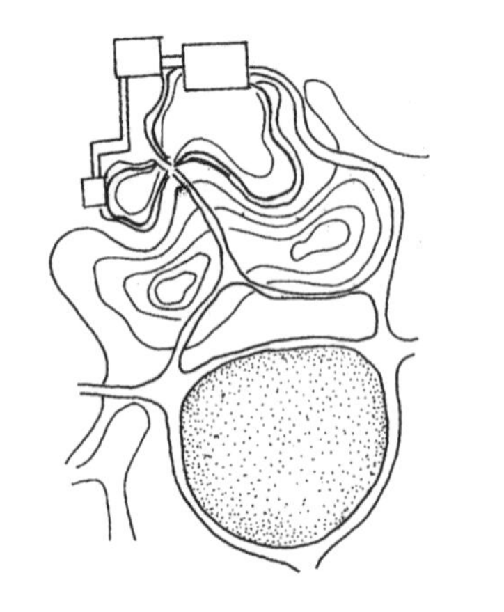

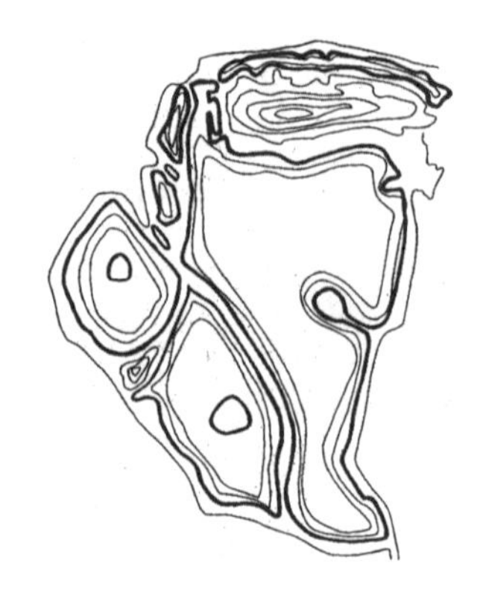

图7-9　公园中山水的布局手法

五、公园中的建筑 FIVE

作为公园绿地的组成要素，建筑包括组景建筑、管理用建筑、服务性建筑等。它们或在公园的布局和组景中起着重要的作用，或为游人的活动提供方便。

(一)组景建筑

公园中的组景建筑包括亭、廊、榭、舫、楼阁、塔、台、花架等。

(1)“巧于因借，精在体宜”，根据具体环境和功能选择建筑的类型和位置。

(2)全园的建筑风格要一致，与自然景色要协调统一。

(3)建筑本身要讲究造型艺术，既要有统一风格，又不能千篇一律。个体之间要有一定的变化对比，要有民族形式、地方风格、时代特色。

(4)多布置于视线开阔的地方，作为艺术构图中心。

(二)管理用建筑

管理用建筑包括变电室、泵房等，位置宜隐蔽，不能影响和破坏景观。

(三)服务性建筑

服务性建筑包括小卖部、餐厅、厕所等，以方便游人为出发点。如：厕所的服务半径不宜超过 250 m，各厕所内的蹲位数应与公园内的游人分布密度相适应；在儿童游戏场附近，应设置方便儿童使用的厕所；公园还应设方便残疾人使用的厕所。

六、公园的种植规划 SIX

公园的种植规划应在公园的总体规划过程中，和功能分区、道路系统、地貌改造及建筑布置等同时进行，确定适宜的种植类型。

公园的种植规划要注意以下四个方面。

(一)符合公园的活动特点

(1)保证公园良好的卫生和绿化环境。公园四周宜以常绿树种为主布置防护林；园内除种植树木外，应尽可能多地铺设草皮和种植地被植物，以免尘土飞扬；绿化应发挥遮阴、创造安静休息环境、提供活动场地等多方面的功能。

(2)根据不同分区的功能要求进行植物配置(如前述)。

(3)植物配置应注意全园的整体效果。全园应有基调树种，做到主体突出、富有特色。各区可根据不同的活动内容安排不同的种植类型，选择相应的植物种类，使全园风格既统一又有变化。

(二)在美观、丰富的前提下，尽可能多地选用乡土树种

乡土树种成活率高，易于管理，既经济又有地方特色。另外，还要充分利用现有树木，特别是古树名木。

（三）利用植物造景，充分体现园林的季相变化和丰富的色彩

园林植物的形态、色彩、风韵随着季节和物候期的转换而不断变化，要利用这一特性配合不同的景区、景点形成不同的美景。如：以丁香、玉兰为春的主题进行植物造景，春天满园飘香，春意盎然；以火炬树、黄栌、银杏为秋的主题造景，秋季层林尽染，韵味无穷。

（四）合理确定种植比例

（1）种植类型比例：一般密林40%，疏林和树丛25%～30%，草地20%～25%，花卉3%～5%。

（2）常绿树与落叶树的比例：

①华北地区　常绿树30%～50%，落叶树50%～70%；

②长江流域　常绿树50%，落叶树50%；

③华南地区　常绿树70%～90%，落叶树10%～30%。

任务实施

一、资料搜集与整理 ONE

（1）《公园设计规范》(CJJ48—1992)。

（2）《唐山市城市总体规划(2005—2020)》。

（3）《园林基本术语标准》(CJJ／T91—2002)。

（4）唐山市主要树种调查资料。

二、基地踏勘与现状分析 TWO

（一）基地踏勘结果

（1）设计基地位于唐山市中心区，总占地面积67265 m^2，东临大城山断崖、西临龙泽路、南临北新道、北临居住小区，周边环境较为开放。

（2）土壤条件良好，但有建筑拆迁后的建筑废墟，局部地块需要换土。

（3）气候条件属季风气候，四季分明。

（4）整体地势较为平坦。

（二）现状分析

唐山博物馆公园地处唐山市区内两个主要山体凤凰山与大城山之间，原有建筑形式单一，外形破旧，但建筑结构完好，因此可考虑对其进行合理利用；公园北侧为居民区，在设计时应考虑到为周边居民提供休闲、活动的场所；公园西、南侧均与街道相邻，设计时还应充分考虑其景观性。综合考虑，本公园在功能上应具备可观、可游、可憩、可赏的设计效果，同时还应充分起到连接凤凰山公园与大城山公园的纽带作用。

三、规划设计构思 THREE

(一)立意

建立一个以博物馆村为核心的城市公园，通过园林艺术创作体现其古朴、沧桑的历史韵味。

(二)构思

(1)以人为本。公园要为人们提供参观、游览、休憩的空间，满足人们对业余文化生活的向往。

(2)自然美。公园的规划要保护自然景观，设计时应尽可能反映其自然特性，各种活动和服务设施应融合在自然环境中。

(3)便利性。规划必须反映管理的要求，以及交通、游览路线的方便。

(4)乡土树种。选用当地的乔木和灌木，特别是用于公园北侧边缘的稠密的栽植地带。

(5)形成环路。大路和小路的规划应呈流畅的曲线形，所有的道路组成循环系统。

全园依靠地势的变化划分不同的区域。

四、公园布局 FOUR

本公园在布局上主要由博物馆区、北侧林地景观区、南侧休闲娱乐区三大部分组成。

博物馆区位于园区东侧、大城山脚下，保留粮库现有建筑，并在其基础上进行改造。

北侧林地景观区与南侧休闲娱乐区由整个园区的主轴线——木板大道进行分隔(见图7-10)。

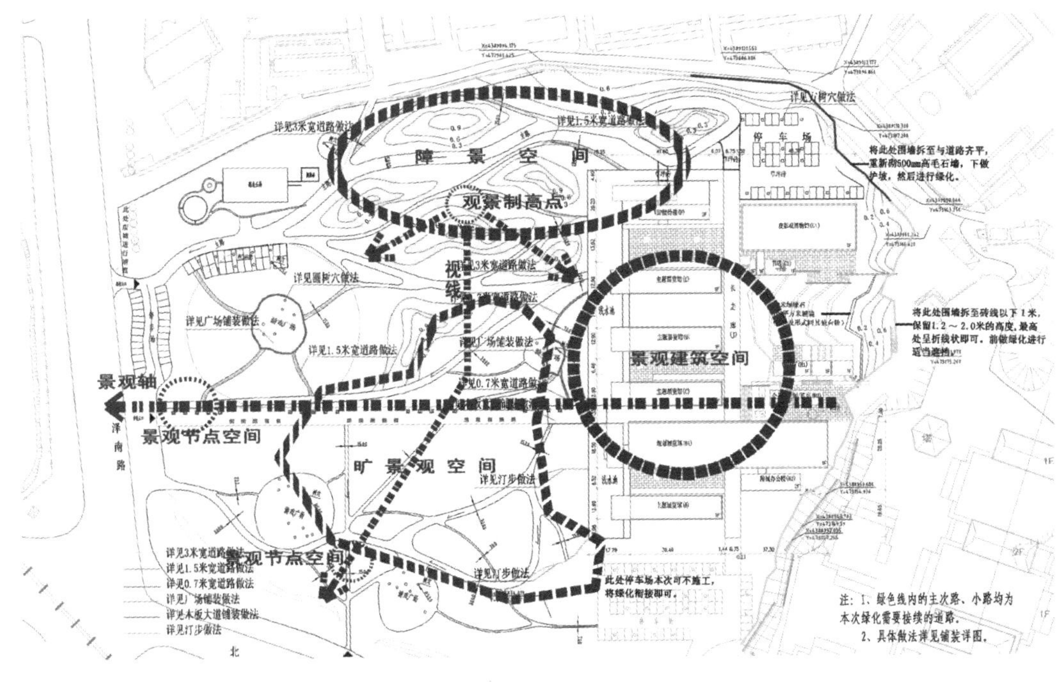

图7-10 轴线与空间布局

北侧林地景观区的主要表现形式为植物种植群和微地形丘陵带。植物种植群除起到分隔空间的作用外，还有隔离噪声、降低粉尘的作用，从而降低路面行车给北侧小区带来的空气及噪声上的污染；微地形丘陵带的竖向处理形式主要是为了缓解园区南北较为悬殊的地势（见图 7-11）。

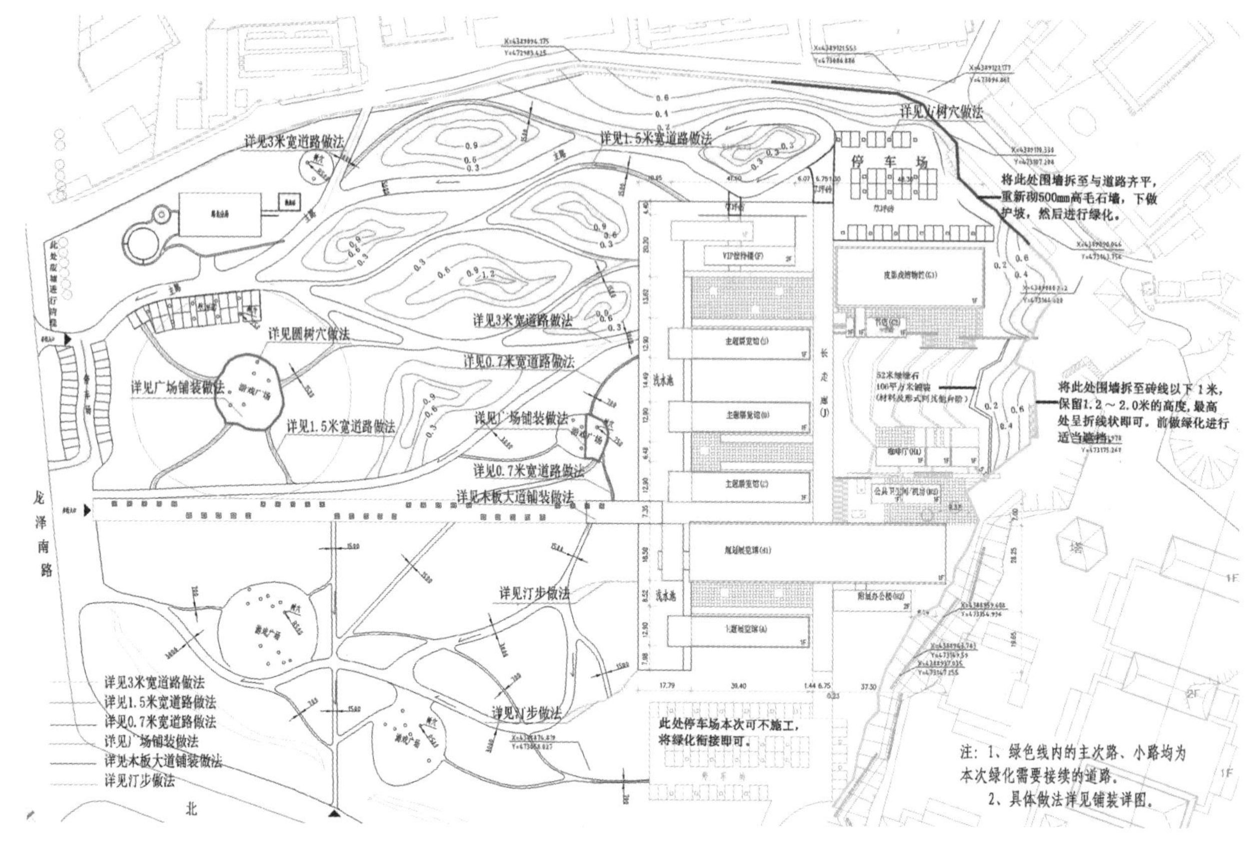

图 7-11　地形与道路布局

五、道路系统规划　FIVE

（1）在园区东西中轴线上设置一条 8 m 宽的木板大道，作为园区主干道。

（2）以木板大道为分界线，在其两侧分别规划一条 3 m 宽的次干道，完善公园的道路系统。

（3）沿池岸西、南、北三侧规划一条宽 1 m 的园路，便于游人沿湖观景停留。

（4）在公园南侧，设置几条纵向游园小径，使游人游赏更加方便、顺畅。

六、植物材料的选择与配置　SIX

（一）植物材料的选择

主要植物材料均选用适宜在唐山市生长的乡土树种。

（二）植物配置的依据

依据植物材料所特有的生物特征，高低错落、季相分明，常绿的与落叶的、不同花期的、观叶的与观果的、高矮不一的、直杆的与曲枝的等，将以上所述不同特征的植物材料有机地配置在一起，从而形成不同的植物群体，产生不同的植物景观（见图 7–12 和表 7–1）。

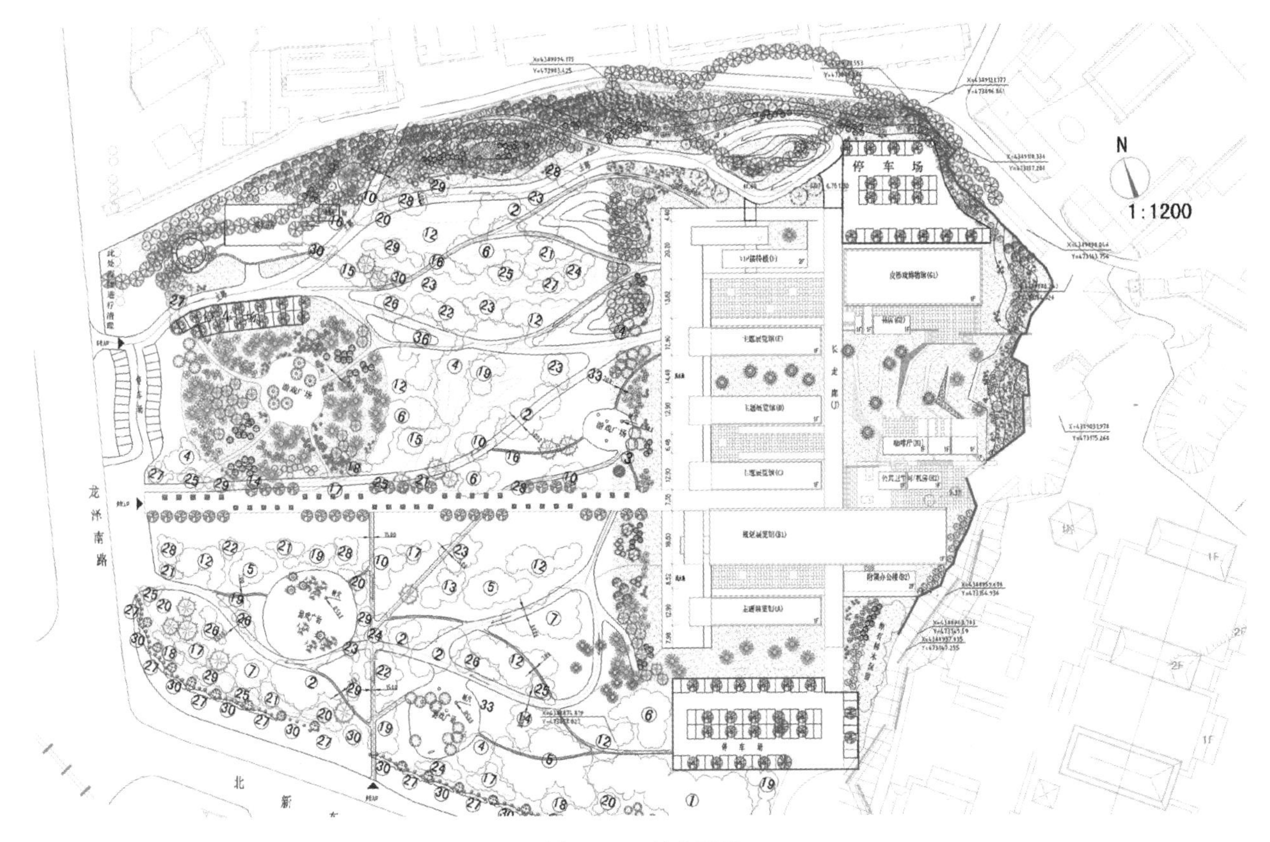

图 7–12　植物配置

表 7–1　绿化植物材料一览表

图例	名称	单位	规格		备注
			胸径 /cm	株高 / m	
	毛白杨	株	8		分枝点高 2 m，土球直径 60 cm，全冠，略修剪
	合欢	株	8		分枝点高 1.8 m，冠幅 2 m，土球直径 60 cm，冠形丰满，保留骨干枝
	银杏	株	8		分枝点高 2 m，冠幅 1.5 m，土球直径 80 cm，全冠，略修剪
	银杏	株	25		分枝点高 3.5 m，冠幅 5.0 m，土球直径 200 cm，全冠，略修剪
	白蜡树	株	10		分枝点高 1.8 m，冠幅 1.5 m，土球直径 80 cm，冠形丰满，略修剪
	白蜡树	株	25		分枝点高 3.5 m，冠幅 5.0 m，土球直径 200 cm，冠形丰满，略修剪
	国槐	株	8		分枝点高 2 m，冠幅 2 m，土球直径 60 cm，冠形丰满，保留骨干枝
	法桐	株	10		分枝点高 2 m，冠幅 2 m，土球直径 60 cm，冠形丰满，保留骨干枝
	法桐	株	25		分枝点高 3.5 m，冠幅 5.0 m，土球直径 200 cm，冠形丰满，略修剪
	栾树	株	8		分枝点高 2 m，冠幅 2 m，土球直径 60 cm，冠形丰满，保留骨干枝

续表

图例	名称	单位	规格		备注
			胸径/cm	株高/m	
	西府海棠	株		3	地径 4 cm，冠幅 0.8 m，土球直径 60 cm，冠形丰满，保留骨干枝
	油松	株	10	4	冠幅 2. 5 cm，土球直径 100 cm，冠形丰满，不偏冠
	雪松	株		8	冠幅 2.5 cm，土球直径 100 cm，冠形丰满，不偏冠
	白皮松	株		6	冠幅 3.5 m，土球直径 180 cm 冠形丰满，不偏冠
	桧柏	株		3	冠径 1 m，土球直径 80 cm，冠形丰满，不偏冠
	暴马丁香	株		2.5	冠径 1.5 m，5 分枝以上，土球直径 40 cm，保留骨干枝
	金银忍冬	株			冠径 1.5 m，5 分枝以上，土球直径 50 cm，保留骨干枝
	珍珠梅	株		1.5	5 分枝以上，冠幅 1 m，土球直径 50 cm，冠形丰满，保留主干枝
	紫薇	株		2.0	冠径 1.2 m，5 分枝以上，土球直径 50 cm，冠形丰满，保留骨干枝
	红叶李	株		2.5	地径 4 cm，冠幅 1 m，土球直径 50 cm，冠形丰满，保留主干枝
	迎春	株			枝长 0.5 m，5 分枝以上，土球直径 30 cm
	红王子锦带	株		1.2	5 分枝以上，冠幅 0.5 m，土球直径 60 cm，冠形丰满
	剑麻	株		0.4	冠幅 0.4 m，土球直径 20 cm，冠形丰满
	大叶黄杨球	株			球径 1.5 m，独球，土球直径 60 cm，冠形丰满，不偏冠
	大叶黄杨球	株			球径 2.0 m，独球，土球直径 100 cm，冠形丰满，不偏冠（木板大道树池）
	大叶黄杨	m^2			高 0.8 m，冠幅 0.4 m，土球直径 30 cm，冠形丰满（沿东侧墙体栽植 1 m 宽）
	丹麦草	m^2			
	金娃娃	m^2			
	鸢尾	m^2			
	宿根福禄考	m^2			

（三）配置思路

(1) 公园北侧边缘，主要密植高大的乔木，起到阻挡及围合的作用。

(2) 公园东侧即博物馆村东侧山坡处，大量选用彩叶树种，丰富景观色彩，吸引游人视线。

(3) 公园北侧地形多变处，是公园北侧密林与中部开敞空间的过渡空间，因此在植物的配置上也应做到疏密有致，高低和谐，植物配置不宜过密，以小乔木及花灌木为主，形成一个植物丰富的过渡空间。

(4) 公园的中心位置是公园的透视三角区，因为存在着与兴国寺的借景关系，因此在植物的配置上应注重疏、透，以达到开敞的艺术效果。

(5)公园南侧临街部位是公园与行人最直接接触的位置,同时也是游人开展娱乐、游戏活动的主要场所。此处的植物配置既要做到"精"——针对外部行人,又要形成一个围合的场所——针对园内游憩者。因此,此处在植物的运用上更加注重配置的合理性,疏密宜得当。

任务二

农业生态观光园规划设计

任务提出

项目选址于河北省唐山市某乡境内,规划区现有蔬菜大棚、果园,拟开发为农业生态观光园,要求做出规划,绘制规划平面图。

任务分析

该项目为农业生态观光园设计,要进行该生态园的设计,需要掌握农业生态观光园设计的基本理论。

相关知识

农业生态观光园,又称农业生态园或生态园,是指利用乡村自然生态资源、田园景观,结合农林牧渔生产、农业经营活动、农业科技示范、农业文化,以增进游人对农业及农村的体验为目的的农业经营场所;是以人造农业景观为看点,结合科普、休闲,营造的集农业生产、科技展示、观光采摘、品尝购物于一体的都市型农业主题园,一般实行企业化运作。农业生态观光园是现代农业发展的一种新思路,属于农业生产的一种体制创新。它既是现代园林发展应用的一种特殊形式,也是观光农业的一种形式,已成为现代农业和旅游业的重要组成部分。它的发展推动着人与自然、都市与农村协调发展的历史进程。农业休闲观光产业是人类社会进步和城市化发展的必然产物,也是社会经济发展和城市居民物质文化生活不断提高的必然需求。

观光农业一般是指非自然的农业旅游景观,有别于以乡村自然生态环境和农业生产、农家生活为背景的乡村旅游农业。其经营主体不是一家一户的农民,可能是企业或政府建设的农业园区。其所处的位置可以在大城市及其近郊的周边地区,它以城市居民及学生短时间参观学习和周末休闲游憩、参与采摘等为主要功能。观光农业可以在现有的农业科技园区和城郊农业的平台上进行规划建设,但是在塑造农业景观的过程中,需要导入许多新的农业设施、配套新技术以及贯彻园林设计理念。

观光农业项目的建设,主要在于改善农业生产的基础条件,优化农业的景观环境,拓展农业的基础功能,提高农业的科技水平、文化品位、艺术品位,吸引城镇居民前来休闲观光,使他们能近距离接触农业,感受农业的绿色之美,领略农业的收获乐趣,欣赏农作物丰富多彩的景观,探索农业科技的奥秘。观光农业是随着社会需求进步和物质文明发展而形成的一种高品位、多技术、多功能的休闲旅游农业模式。

一、规划原则和指导思想 ONE

1. 因地制宜，综合规划设计

农业生态观光园规划应充分考虑原有农业生产的资源基础，因地制宜，搞好基础设施建设，如交通、水电、食宿及娱乐场和度假村的进一步建设等。农业生态观光园规划必须结合其所处地区的文化与人文景观，开发出具有当地农业和文化特色的农副产品和旅游精品，服务社会。

2. 培植精品，营造主题形象

农业生态观光园规划应以生态农业模式布局园区整体的农业生产，培植具有生命力的生态旅游型观光农业精品。另外，要发挥农业生态观光园已有的生产优势，采用有机农业栽培和种植模式进行无公害蔬菜的生产，体现农业高科技的应用前景，形成产品特色，营造“绿色、安全、生态”的主题形象。

3. 兼顾效益，实现可持续发展

农业生态观光园的规划设计以生态学理论作为指导思想，采用生态学原理、环境技术、生物技术和现代管理机制，使整个园区形成一个良性循环的农业生态系统。经过科学规划的农业生态观光园主要以生态农业的设计实现其生态效益，以现代有机农业栽培模式与高科技生产技术的应用实现其经济效益，以园区的规划设计实现其社会效益。经济效益、生态效益、社会效益三者相统一，建立可持续发展的农业生态观光园。

二、农业生态观光园的分区规划 TWO

现代农业生态观光园的分区大体应包括生态农业示范区、观光农业旅游区、有机农业区、科普教育区、农业科技示范区等。

（一）生态农业示范区

生态农业示范区是农业生态观光园设计的核心部分，是农业生态观光园最主要的效益来源和示范区域，是农业生态观光园生存和发展的基础。生态农业示范区的规划设计应以生态学原理为指导，遵循生态系统中物质循环和能量流动规律，园区设计所规划的生态农业中既要有生产者、消费者，也要有分解者。另外，为了提高农业生态观光园的经济效益，农业生态观光园中蔬菜栽培区采用大规模产业化的生产模式，不仅有生产效益高、产业带动性强和集中性统一的优点，还能对其他农业产业化企业起到示范性和参考性的作用。农业生态观光园设计采用多种生态农业模式进行布局，目的是通过生态学原理，在全园建立起一个能合理利用自然资源、保持生态稳定和持续高效的农业生态系统，提高农业生产力，获得更多的粮食和其他农副产品，实现生态农业的可持续发展，并对边缘地区的农业结构调整和产业化发展进行示范，体现生态旅游特色。

（二）观光农业旅游区

伴随着人类生产、生活方式的改变及乡村城市化和城乡一体化的深入，农业已从传统的生产形式逐步转向景观、生态、健康、医疗、教育、观光、休闲、度假等方向，所以生态热、回归热、休闲热已成为市民的追求与渴望。农业生态观光园的设计着重把农业、生态和旅游业结合起来，利用田园景观、农业生产活动、农村生态环境和生态农业经营模式，吸引游人前来观赏、品尝、习作、体验农事、健身、科学考察、度假、购物等，突破固定的客源渠道，以贴近自然的特色旅游项目吸引周边城市游客在周末及节假日作短期停留，以最大限度地利用资源，增加旅游收益。

农业生态观光园规划以充分开发具有观光、旅游价值的农业资源和农业产品为前提，以绿色、健康、休闲为主题，在园内建设花艺馆、野火乐园、绿色餐厅、绿色礼品店、农家乐活动园、渔乐区、农业作坊、露天茶座、生态公园、天然鸟林等休闲娱乐场所，让游客在优美的生态环境中尽情享受田园风光。农业生态观光园规划将紧紧围绕农业生产，充分利用田园景观、当地的民族风情和乡土文化，在体现自然生态美的基础上，运用美学和园艺核心技术，开发具有特色的农副产品及旅游产品，以供游人进行观光、游览、品尝、购物、参与农作、休闲、度假等多项活动，形成具有特色的观光农业旅游区。

（三）有机农业区

在绿色消费已成为世界总体消费的大趋势下，农业生态观光园的规划应进一步加强有机绿色农产品生产区的规划，以有机栽培模式、洁净生产方式生产有机农产品，并注意将有机农产品向有机食品转化，形成品牌。

（四）科普教育区和农业科技示范区

观光农业和农业科普的发展是相统一的，旅游科普是观光农业和农业科普统一的产物。旅游科普是以现代企业经营机制开发、利用农业资源的新兴科普类型。它的引入有助于解决目前困扰我国现代观光农业和科普事业发展的诸多瓶颈问题，缓解我国农业科普客体过多的沉重压力，为我国农业和科普事业的发展营造良好的环境。规划旅游科普时应遵循知识性原则、科技性原则、趣味性原则，例如可以通过在农业生态观光园中设立农业科普馆和现代农业科技博览区等科普教育中心，向游人介绍农业历史、农业发展现状，普及农业知识和加强环保教育。还可在现代农业科技博览区设立现代农业科技研究中心，采用生物工程方法培植各种农作物，形成特色农业。这样，农业生态观光园一方面可以为当地及周边地区的科普教育提供基地，为大中专学生和中小学生的科普教育提供场所，另一方面可以为各种展览和大型农业技术交流、学术会议和农技培训提供场所。

在园区内建设农业博物馆、展示厅等，对广大游客和中小学生开展环保教育和科普教育。同时，为满足当前中国农业发展及农业结构调整的需要，把园区规划成农业技术交流中心和培训基地以及大中专院校学生实习基地，实现农业生态观光园的旅游科普功能，进一步营造旅游产品的精品形象。

三、园路规划设计　THREE

依照园林规划设计思路，从园林的使用功能出发，根据农业生态观光园地形、地貌、功能区域和风景点的分布，并结合园务管理活动需要，综合考虑，统一规划。园路布局既不能影响园内农业生态系统的运作环境，也不能影响园内景区风景的和谐和美观。园路主要采用自然式布局，使农业生态观光园内景观自然而不显庄重，突出农业生态观光园农业与自然相结合的特点。园林主干道宽约 5 m，用作电车通道，并用于游人集散；次干道连接到各建筑区域和景点；专用道供园务管理使用；游步道和山地单车道主要围绕生态公园而建，宽 1.2 ~ 2 m。

四、给水排灌工程规划　FOUR

农业生态观光园以生产有机农产品为主，园内农业生产需要有完善的灌溉系统，同时考虑到环保及游人、园区工作人员的饮用需要水，要进行给水排水系统的规划。规划中主要利用地势起伏的自然坡度和暗沟，将雨水排入附近的水体；一切人工给水排水系统，均以埋设暗管为宜，避免破坏生态环境和园林景观；农产品加工厂的污水和生活污水的排放管道应接入城市活水系统，不得直接排入园内地表或池塘中，以避免污染环境。

五、园区绿化设计 FIVE

农业生态观光园内的绿化，宜从不影响园内生态农业运作和园内区域功能发挥角度来考虑，结合植物造景、游人活动、全园景观布局等要求进行合理规划。全园内建筑周围的平地及山坡（农业种植区域除外）的绿化，均采用多年生花卉和草坪；主要干道和生态公园等辅助性场所（餐厅、科普馆等）周围的绿化，则以观花、观叶树为主，全园内常绿树占总绿化树木的 70%～80%，落叶树占总绿化树木的 20%～30%，保证园内四季常青。总之，全园内的植物布局既要达到各景区农业作物与绿化植物的协调统一，又要避免产生消极影响（如绿化植物与农作物争夺外界自然条件等）。

任务实施

一、资料搜集与整理 ONE

（1）《中华人民共和国环境保护法》。

（2）《中华人民共和国土地管理法》。

（3）《旅游规划通则》（GB/T 18971—2003）。

（4）《游乐园（场）服务质量》（GB/T 16767—2010）。

（5）《唐山市旅游产业发展总体规划 2005—2020》。

二、项目分析 TWO

1. 地理位置

农业生态观光园位于唐山市路南区某乡，东临 205 国道，北侧为唐山市环城水系的主干水流。农业生态观光园总面积约 7×10^4 m²，距唐山南湖核心景观区仅 2.0 km，地理位置得天独厚。

2. 自然概况

该园区地势较为平坦，土壤地力适中，适宜种植植物。唐山市为季风区暖温带半湿润气候，大陆性季风气候显著，四季分明。冬季寒冷干燥，春季干燥多风，夏季炎热多雨，秋季晴朗、冷暖适中。全年最多风向为南到西南风，其次是北到西北风，春季全年平均风速大于其他季节，春季和夏季汛期多大风。

3. 发展分析

随着经济的快速发展，居民收入水平显著提高，闲暇时间明显增多。尤其是城市居民生活消费不再仅仅满足于衣食住行，而转向多样化、高层次的文化娱乐，回归大自然、向往田园之乐已成为久居都市的人们的强烈愿望。

因此，开发农业生态观光园具有广阔的客源市场。

基础客源市场：唐山市域为基础客源市场。

长远客源市场：北京、天津、秦皇岛、承德等地为长远客源市场。

机会客源市场：省内各市乃至全国各地为机会客源市场。

客源群体主要针对两个方面：第一，本园区与南湖景区形成旅游链条后，可通过一日游的旅游形式吸纳唐山周边城市的公众性消费；第二，重点吸纳唐山市域机关团体、学校的团队为主要客源，以提供新概念的潜能训练营场地和高质量的会议环境为主要功能，开拓会议接待市场。与会人员可参与多种娱乐项目，张弛有度，动静结合，趣味横生。

三、分区规划　THREE

景观规划布局的总体构思为：整体布局以展现清新自然的田园风光为出发点，植物的配置除主题景区之外，以遮阴效果好、观赏价值高的高大乔木为主，同时配以花灌木、宿根花卉、草本花卉，突出植物春华秋实的季相变化和层次感，塑造活泼热烈的动感氛围；挖掘历史人文资源，营造农业文化氛围，文化与高端农业产品相配合，展现深厚的农业文化魅力；通过景观小品的设计，突出各景区的主题，增加游览的趣味；创造流动水景，寓意水是农业兴旺之根本，也预示园区欣欣向荣、财源广进。

本园区的分区以张弛有度、动静结合的游赏项目穿插配置，共分为八个功能区域（见图 7-13）。

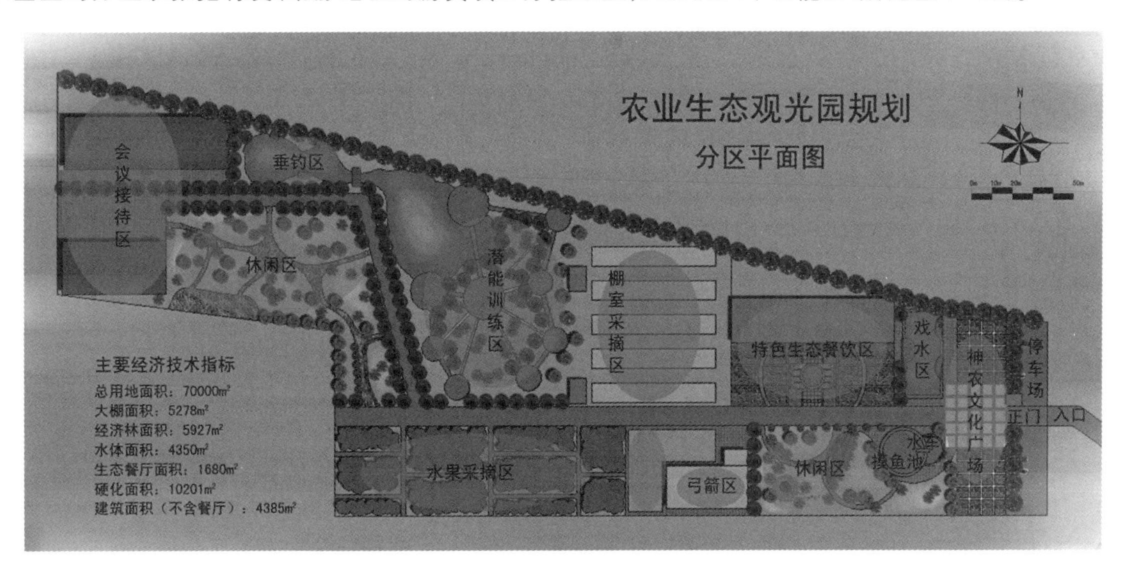

图 7-13　农业生态观光园分区规划平面图

（一）神农文化园景区

神农氏是农业的创始人，是传说中的农业和医药的发明者。他遍尝百草，找到了五谷和三百六十五种药材，教会人们医治疾病。文化园风景序列以此为依据展开，以神农氏尝百草为背景，以珍稀名贵中草药的种植为内容，打造具有浓厚文化气息的草药园。

该园设置为园区的第一个景区，寓意农业的起源。以神农文化广场、浮雕文化墙、动态水体、水车等营造浓厚的农业文化氛围。神农文化广场的铺装图案为正方形方格状，象征“田”。神农文化广场两侧为草药园，也以“田”

字组成道路网络,珍稀名贵中草药在田字形区块中顺次种植。此区的文化、科普、观赏功能齐备,让久居都市的人们感受别样的文化魅力。

(二)水景活动区

水景活动区位于神农文化广场西侧,分为北侧戏水小广场和南侧摸鱼池两部分。主路北侧以动态水景为主做成戏水小广场,戏水小广场以新型耐压玻璃为材质,体现强烈的现代气息。玻璃下可布置卵石、仿真游鱼、水草,并设计小型喷泉。结合喷水小景观,戏水小广场主要用于观赏、戏水,游人玩耍其中,享受如梦如幻的亲水乐趣。主路南侧由深水池和浅水池两部分组成,深水池在东侧,浅水池在西侧,两水池结合处设置一水车。水车既是水景的一部分,又象征农业兴旺,由外向内转动的水车更象征企业的事业如水长流,财源广进。浅水区水深 30 cm,放养小鱼,游人可享受摸鱼的乐趣。

(三)陶瓷影像艺术馆

为体现唐山特色,展现唐山作为北方瓷都的陶瓷文化,建陶瓷影像艺术馆。馆内展出各种档次的陶瓷制品,同时引进陶瓷成像技术,将摄影技术与陶瓷有机结合,把游人游玩娱乐时的即时照片印制于艺术瓷盘、瓷杯、瓷碗等陶瓷制品上,陶瓷照片永不褪色,从而使游玩时的快乐成为人们永久的记忆。此项内容可以作为游客消费达到一定数额后的奖励,根据游客消费数额的不同,奖励不同档次、不同数量的陶瓷影像艺术品,以此促进采摘活动的开展,增加园区旅游收入。

(四)弓箭区

配置弓箭区的目的是使游客体验古老的狩猎运动。为了保证安全,弓箭区以高墙相围,以铁管和铁丝做骨架,以草把填充做成草墙。弓箭有不同型号,供不同年龄段、不同体质的人选用。

(五)特色生态餐饮区

建设生态餐厅一座。生态餐厅的柱子装饰成大树外形,绿色植物随处可见,地面以自然式水流贯穿其中,鱼儿在水中畅游,餐桌临水而设。设大小包间 25 个,可容纳 300 人同时就餐。雅间以花卉文化塑造意境,花墙内外配以相应植物,如“梅语诗韵”“暗香疏影”,配以梅桩盆景;“兰香小筑”“闻香品兰”,配以盆栽兰花……置身于花草、流水、果蔬、园林植物环绕的环境中,自然令人胃口大开。

(六)采摘区

露天采摘区主要引进、种植品种多样的果树,拟聘请农业技术人员通过精选品种、科学种植,培育大枣、苹果、安梨、大樱桃、草莓、葡萄等应季水果,从四月份一直到十月份都能有可摘果品。棚室采摘区内种植蔬菜和名贵礼品花卉,其中名贵礼品花卉摆放于高低错落的几架上,游客可以单纯参观,也可以选择心仪的盆花美化居室、馈赠亲友。蔬菜温室大棚能保证在冬季也能体验采摘的乐趣。游客可以携家人,邀上亲朋好友,提上果(菜)篮,走进园区内,尽情感受收获的喜悦,让人们回归大自然,充分体验田园生活。远道而来的客人,可亲自采摘应季果菜,参加潜能训练的学员在训练之余也可以体验采摘的乐趣。

(七)潜能训练区

潜能训练区以各种训练设施为主,兼具团队拓展培训和个人潜能训练的功能。其中,团队拓展培训作为一种新生的体验式管理培训理念,打破了我国传统培训市场的格局,使灌输式、课堂式和文件式培训渐渐退出市场。它以有助于培养团队精神，顽强的意志，坚强的信念，战胜困难、战胜自我的勇气吸引着所有积极向上的团队。机关团体、学校、企业纷纷加入其中。“团队拓展培训”这个名词像一股潜流从各种性质的团队中穿过，引领他们重新塑造新的团队形象。潜能训练区建设拓展项目有高空断桥、高空抓杠、集体木鞋、孤岛求生、天梯、合力过桥、信任背摔、穿越电网、逃生墙等。

(八)休闲区

休闲区分布于三个地块，环境规划通过种植黄栌、五角槭、红枫、火炬树、杏、梨、桃等季节观叶植物和观花植物，创造更加多彩的林地景观，同时通过建造亭廊、景墙、花台，设置景石、小品，丰富人文景观，提升环境档次，创造“格调高雅，景色优美，寓意深长”的意境。

同时，该区还设置轻松的娱乐项目请游人参与。与竞技性的拓展训练项目相比，该区的气氛是轻松的，其中既有满足好动人群需要的活动项目，也有满足喜静人群的安静休息的项目。

休闲区除供进园游客使用以外，还可结合餐饮住宿等齐全的设施，接待婚礼，开展草坪婚礼、复古花轿婚礼、自行车婚礼等，聘请专业的设计师策划独特的浪漫婚礼。

任务三

小游园设计

任务提出

本绿地位于唐山市中心区建华道与华岩路交叉口北侧，占地面积 1468 m^2。其东、西两侧分别与建华道和华岩路相邻，北侧为体育场西楼小区。拟设计成小游园，请提出设计方案。

任务分析

该设计基地位于唐山市中心区主要道路交汇处，北侧与居民小区相邻，因此在设计时应侧重以下几个方面的因素。

(1)景观性：该绿地是唐山市整体道路景观的组成部分之一，具有一定的观赏性。

(2)标识性：该景观节点位于道路交叉口处，其景观特征的确立对辨别方位有一定的参照性。

(3)实用性：该绿地北侧为住宅小区，因此在设计时一定要把人的参与性与绿地景观的设计结合到一起，符合以人为本的设计宗旨。

相关知识

城市小游园也称游憩小绿地，是供人们休息、交流、锻炼、夏日纳凉及进行一些小型文化娱乐活动的场所，是城市公共绿地的重要组成部分。

一、小游园布局形式 ONE

1. 规则式

规则式布局又可分为规则对称式和规则不对称式。规则对称式布局有明显的中轴线，有规律的几何图形。一般在可能的条件下绿带占道路总宽度的 20% 为宜，根据不同地区的要求有所差异。规则不对称式布局无中轴线，但要取得均衡的效果。

2. 自然式

自然式绿地无明显的轴线，道路为曲线，植物以自然式种植为主，易于结合地形，创造自然环境，点缀园林小品，营造活泼的气氛。

3. 混合式

混合式布局是自然式布局和规则式布局的综合。混合式小游园既具有自然式布局的灵活性，又具有规则式布局的整齐性，宜与周围建筑、广场协调一致。混合式布局适用于空地面积较大的地块，能将地块组织成几个空间，但联系过渡要自然，总体格局应协调，不可杂乱。

二、小游园规划设计要点 TWO

1. 特点鲜明突出，布局简洁明快

小游园的平面布局不宜复杂，应当使用简洁的几何图形。从美学理论角度看，明确的几何图形要素之间具有严格的制约关系，最能使人产生美感，同时对整体效果、远距离及运动过程中的观赏效果的形成也十分有利，使景观具有较强的时代感。

2. 因地制宜，力求变化

如果小游园规划地段面积较小，地形变化不大，周围是规则式建筑，则小游园内部道路系统以规则式为佳；若地段面积稍大，又有地形起伏，则可以采用自然式布置。城市中的小游园贵在自然，最好能使人从嘈杂的城市环境中脱离出来；同时，园景宜充满生活气息，有利于逗留休息。另外，要巧妙运用艺术手段，将人带入设定的情境中，做到自然性、生活性和艺术性相结合。

3. 小中见大，充分发挥绿地的作用

（1）布局要紧凑：尽量提高土地的利用率，将园林中的死角转化为活角等。

（2）空间层次要丰富：利用地形道路、植物小品分隔空间，此外也可利用各种形式的隔断花墙构成园中园。

（3）建筑小品以小巧取胜：道路、铺地、坐凳、栏杆的数量与体量要控制在满足游人活动的基本尺度要求之内，使游人产生亲切感，同时扩大空间感。

4. 植物配置与环境相结合，体现地方风格

严格选择主调树种，考虑主调树种时，除注意其色彩和形态外，还要注意其风韵，其姿态应与周围的环境气氛相协调。另外，还要注意时相、季相、景相的统一。为了在较小的绿地空间取得较大的活动面积，而又不减少绿景，植物种植可以以乔木为主、灌木为辅，乔木以孤植为主，在边缘适当辅以树丛、树群、花坛、草坪，适当增加宿根花

卉的种类。此外,也可适当增加垂直绿化的应用。

5. 组织交通,吸引游人

在设计道路时,采用角穿的方式使游人从绿地的一侧通过,保证游人活动的完整性。

6. 硬质景观与软质景观兼顾

硬质景观与软质景观要按互补的原则进行处理,如:硬质景观突出点题入境、象征与装饰等表意作用;软质景观则突出植物固有的观赏特征,如季相变化、色彩变化等。

7. 动静分区

为满足不同人群活动的要求,设计小游园时要考虑到动静分区,并要注意活动区的公共性和私密性。在空间处理上要注意动观与静观、群游与独处兼顾,使游人找到自己所需要的空间类型。

街道小游园是在城市干道旁供居民短时间休息用的小块绿地,又称街道休息绿地、街道花园。街道小游园内部可设小路和小场地,供人们进入休息。有条件的,设一些建筑小品,如亭廊、花架、园灯、小池、喷泉、假山、坐椅、宣传廊等,丰富景观内容,满足群众需要。

三、小游园构成要素设计 THREE

(一)园路的设计

1. 园路的交通性与游览性

不同于一般纯交通性道路,园路的交通功能从属于游览功能,园路对交通的要求一般不以捷径为准则,一般主路的交通性比次路和小径的交通性强。

2. 园路的主次性与引导性

园路系统必须主次分明,引导性强,不致使游人感到辨别困难,甚至迷失方向。园路的引导性来源于自然或人工的安排或某种形式的暗示,如缓冲物、屏障及空间形状的变化等。

园内的主路不仅要在宽度和路面铺装上有别于次路,而且要在景观的组织上给人们留下深刻的印象,使游人在行进中能从不同地点、不同方向欣赏到造型别致的建筑、水花四溅的喷泉、五彩缤纷的花坛、茂密苍郁的树木。地形地貌往往决定了园路系统的形式。狭长的绿化用地,主要活动设施和景点呈带状分布,和它们相连的主要园路必呈带状。有山有水的绿地,主要活动设施往往沿湖和环山布置,主路则多为环状。从游览的角度而言,路网的安排应尽可能呈环状,以避免出现“死胡同”或走回头路。方格状路网会使园路过分长直、景观单调,设计中应予以避免。

3. 园路的线形

园路担负着连接各个景点的任务,连接方式应是能调动人的视觉情绪波动的一条优美的曲线。一般园路线形多自由流畅,迂回曲折,这一方面是地形的要求,另一方面是功能和艺术的要求。自由的线形,使园路在平面上有曲折,在竖向上有起伏,游人的视线随路蜿蜒起伏,或左或右,或俯或仰,使游人饱览不断变化的景观。曲折的园路亦可扩大景象空间,使空间层次丰富,形成时开时闭、或敞或聚、辗转多变、含蓄多情的景观空间。当然,设计中也必须防止矫揉造作,“三步一弯,五步一转”会使人感到杂乱、琐碎,迷失方向。

（二）园林建筑及园林建筑小品的设计

园林建筑具有使用和造景的双重功能，在空间构图上占据举足轻重的地位。园林建筑在游园内所占比重，应根据面积大小和功能需要来决定。受面积限制，一般多采用小品。园林建筑小品功能简明、造型别致、体量小巧，是构成游园空间活跃的要素，起到丰富空间和点缀、强化景观的作用。常见的小品有园桌、园凳、栏杆、花架、园灯、园门、窗、景墙等。建筑小品既可独立成景，也可成组设置。如形式多样、构造简单的花架，既能自成一景，也能与花坛、园灯组合，形成活泼的景观。园林小品要有地方特色和民族特色，重点是突出其点缀功能，同时也要注重与环境紧密结合。

（三）水体的设计

水体的各种造型，能形成不同的景观效果。小游园内的水体分为动态水体和静态水体。动态水体主要有喷水、涌水、瀑布等，可增添空间的活跃气氛。静态水体以不同深浅的水池形成平静的水面，增添空间的宁静气氛。与植物、园林小品一样，水体在改善环境小气候、丰富景观、增加视觉层次等方面都有其特有的作用。

任务实施

一、现场踏查 ONE

通过对基地现场进行踏查，进一步了解基地的气候、土壤、地势、建筑等环境特征，从而更好、更科学地实现绿地设计所要达到的目的。

该基地的现状特征为：

（1）基地西高东低，在地势上有一定落差；

（2）整个绿地表面被建筑垃圾覆盖，土壤条件恶劣，需要更换种植土。

二、设计宗旨 TWO

（1）整体布局简洁、明快。

（2）功能完善，主题鲜明。

三、设计思路 THREE

1. 布局

本绿地在布局上主要由三部分组成，分别为雕塑广场区、树池休闲区和游憩活动区，如图 7-14 所示。

雕塑广场区位于绿地临街处，占地面积约 325 m^2。中心位置设一圆形蓝色铺装区，铺装区内设计一座题名为“花开盛世”的雕塑。此雕塑形如莲花，莲花为佛教圣花，安放于此，象征吉祥，同时也预示着在全市人民的齐心建设下，唐山的发展将蒸蒸日上、日益辉煌。

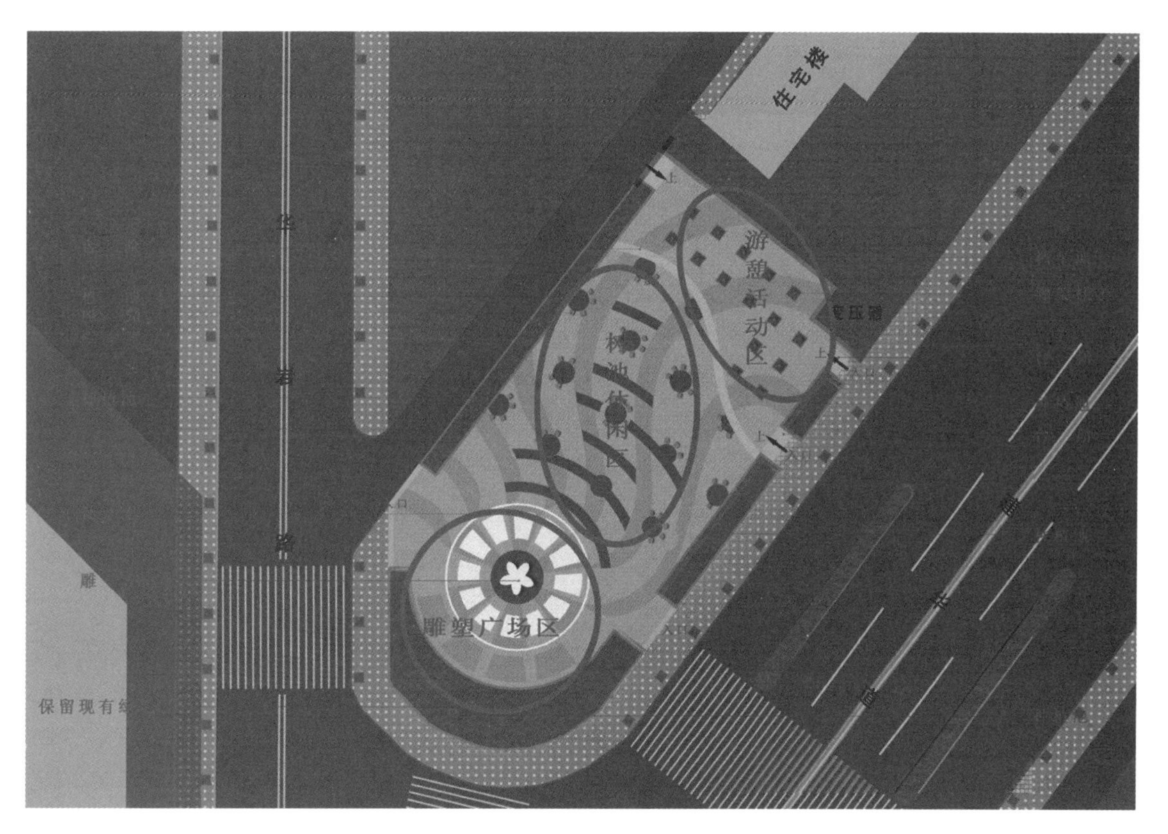

图 7–14　小游园布局与分区

树池休闲区位于绿地的中部，占地面积约 490 m^2，区内设有 7 个半径为 1.0 m 的大型树池，并选用冠幅较大、郁闭度较好的法国梧桐作为树种，树池周围安放若干小型坐凳，以便于市民休息。另外，在此区内还设有几处弧形绿化块，可栽植修剪规则的大叶黄杨篱，增强空间的变化性，丰富区域景观。

游憩活动区与体育场西楼小区相邻，占地面积约 250 m^2，在标高上比前两个功能区高 0.3 m，内设廊架等游乐、活动设施，廊架下设有种植池，可栽植凌霄、南蛇藤等攀缘植物；其北侧边缘设一挡土墙，既可分隔空间，又可作为长条形坐凳，供附近居民休息、停留。

2. 铺装与建筑小品

图 7–15 为小游园硬质景观设计平面图。

本小游园在铺地设计上主要选用橘红色陶土砖、橘黄色陶土砖、白色花岗岩、灰色花岗岩、蓝色大理石、卵石等铺地材料。组成的图形俯瞰如一只火凤凰，栖于梧桐树下，寓意着唐山人民不畏艰难、义无反顾、不断追求、提升自我的执着精神。主题雕塑可采用紫铜作为造型材料，也可采用不锈钢材料。廊架的柱子采用白色花岗岩柱，其上镂刻主题鲜明的浮雕；顶部采用不锈钢管焊接成架顶。种植池及挡土墙采用暗红色釉面砖作为装饰材料。

3. 植物配置

图 7–16 为小游园植物配置平面图。

对临街处的现有绿化进行适当的保留并重新修整，两侧种植池内的植物在选择上以低矮或耐修剪的花灌木及草本花卉为主，避免遮挡视线。与体育场西楼小区住宅楼相邻的绿地选用乔、灌、草混栽的搭配形式，以分隔空间，阻挡视线，增强遮阴效果。

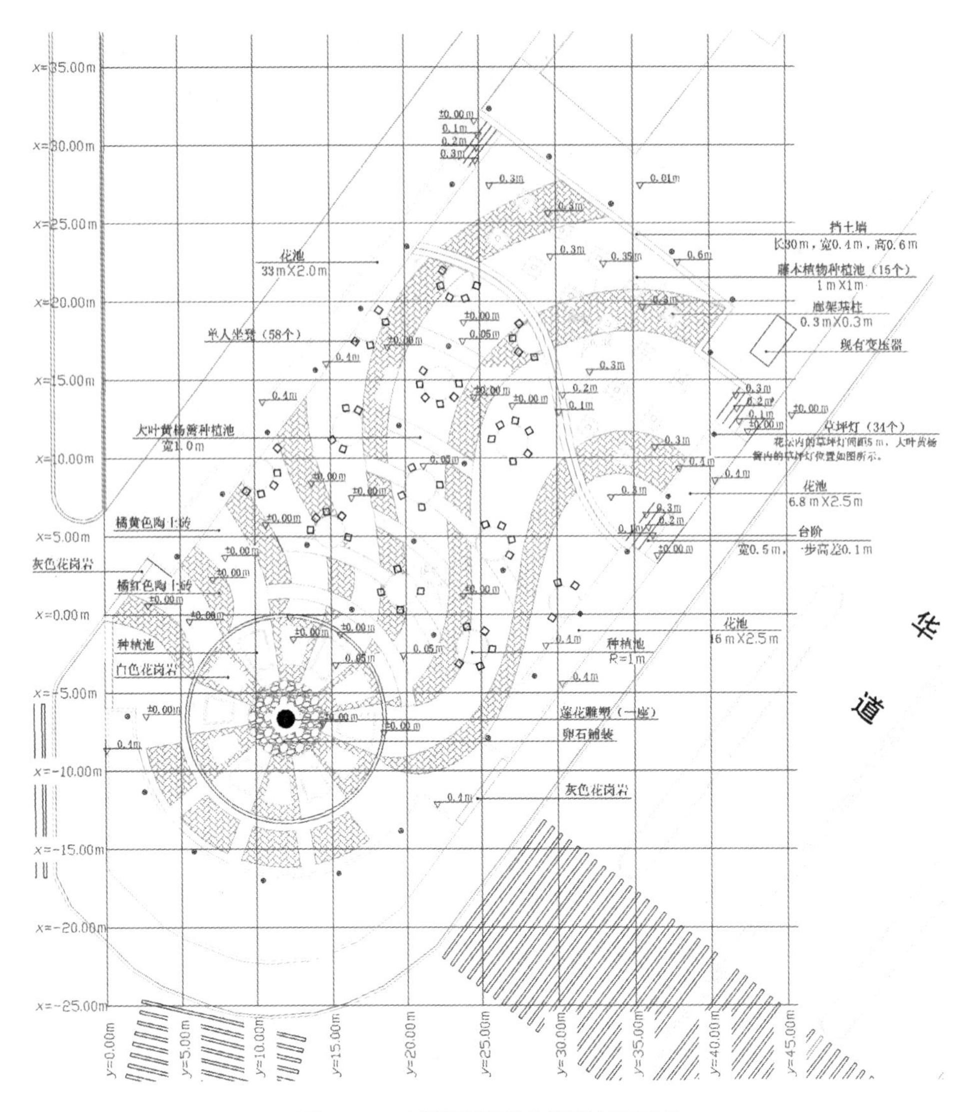

图 7-15　小游园硬质景观设计平面图

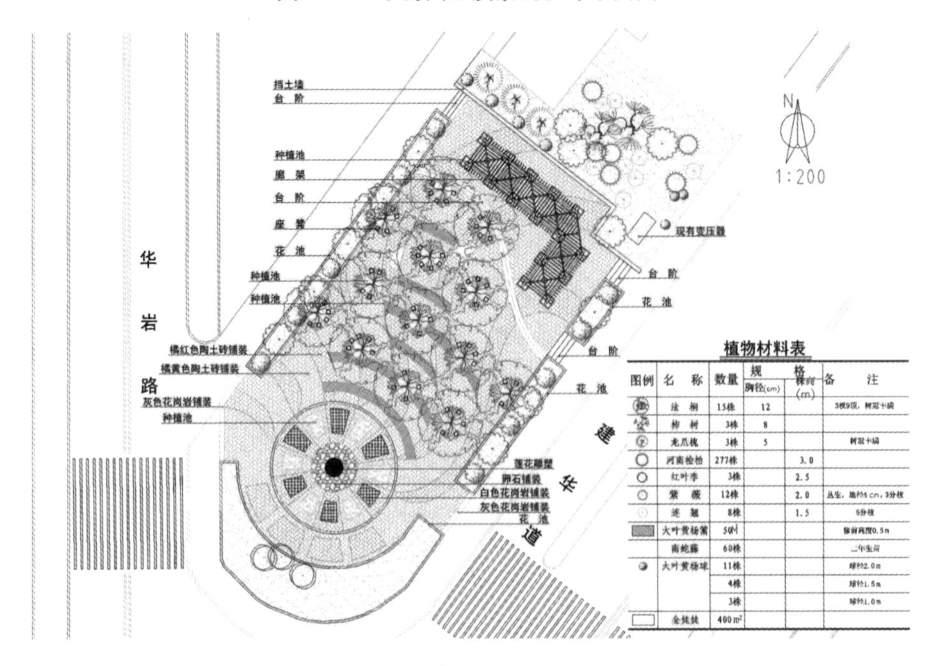

植物材料表

图例	名称	数量	规格		备注
			胸径(cm)	株高(m)	
	法桐	15株	12		3杈9顶，树冠丰满
	柿树	3株	8		
	龙爪槐	3株	5		树冠丰满
	河南桧柏	277株		3.0	
	红叶李	3株		2.5	
	紫薇	12株		2.0	丛生，地径4cm，3分枝
	连翘	8株		1.5	5分枝
	大叶黄杨篱	50㎡			修剪高度0.5m
	南蛇藤	60株			二年生苗
	大叶黄杨球	11株			球径2.0m
		4株			球径1.5m
		3株			球径1.0m
	金娃娃	400m²			

图 7-16　小游园植物配置平面图

任务四

城市小型公园设计实训

任务提出

以学校所在城市某小型公园设计任务为实训课题，以小组为单位，完成现场踏勘、方案构思、方案设计、方案汇报的全过程。

成果要求

1. 绘制 CAD 总平面图一张。
2. 绘制植物种植平面图、竖向设计图等施工图，交 CAD 图。
3. 绘制主要节点效果图，手绘、电脑绘制均可。
4. 编制苗木统计表，作出投资估算。

考核标准

本次考核以小组为单位进行，表 7-2 为考核表。

表 7-2 考核表

考核项目		分值	考核标准	得分
现场踏勘		20	现场调查内容科学合理，分工合作，工作效率高	
设计作品	图面表现能力	20	按要求完成设计图纸，图面整洁美观、布局合理，图例、比例、指北针、文字标注等要素齐全	
	功能性	10	能合理选择种植方式和植物种类，合理配置园林建筑、小品，满足公园地使用人群的不同需要，景观稳定，投资估算合理	
	特色	10	能提炼内涵或营造意境	
方案汇报		20	PPT 制作精美，汇报条理清楚、富感染力，能突出表达作品特点	
思政内容		20	团队合作性强，分工合理，能在规定时间内完成设计任务；方案中能体现融入人类命运共同体的历史担当意识和优秀文化传承意识，能自觉应用生态理念；工作中有较强的效率意识	

知识链接

专类公园的规划设计

（周初梅《园林规划设计》，2015，有删改）

1. 儿童公园

儿童公园是儿童户外活动的集中场所，可为儿童创造丰富多彩的、以户外活动为主的良好环境，让儿童在活动中接触大自然、熟悉大自然、热爱科学、锻炼身体与增长知识。儿童公园一般分为综合性儿童公园、特色性儿童公园和小型儿童乐园等。如大连儿童公园（见图 7–17）为综合性儿童公园，哈尔滨儿童公园属于特色性儿童公园，小型儿童乐园则经常附设于普通综合性公园中。

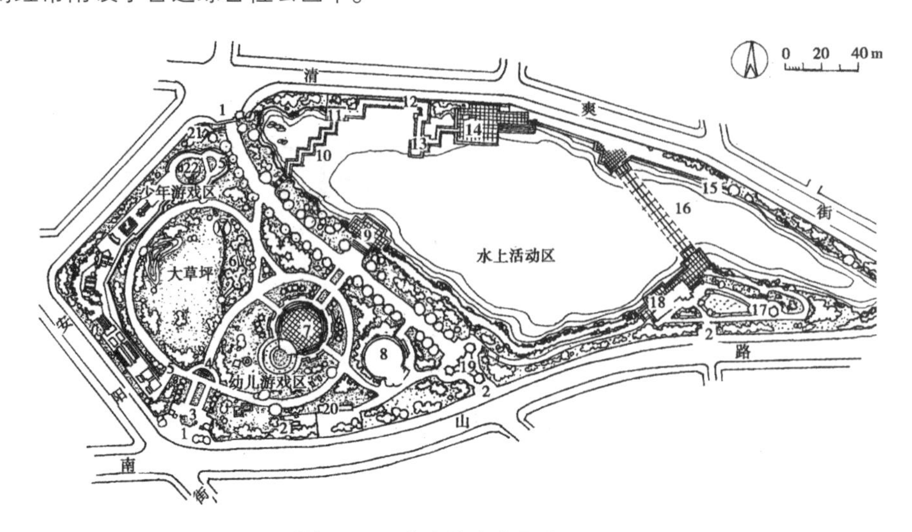

图 7–17　大连儿童公园总平面图

1. 主要入口　2. 次要入口　3. 雕塑　4. 五爱碑　5. 勇敢之路　6. 组亭
7. 露天讲坛　8. 电动飞机场　9. 眺望台　10. 曲桥 11. 水榭　12. 长廊　13. 双方亭　14. 码头
15. 四方亭　16. 铁索桥　17. 六角亭　18. 科技宫　19. 小卖部　20. 办公室　21. 厕所　22. 水井

1）儿童公园的功能分区及主要设施

儿童公园的功能分区及主要设施如表 7–3 所示。

表 7–3　儿童公园的功能分区及主要设施

功能分区	主要设施
幼儿区	滑梯、斜坡、沙坑、阶梯、游戏矮墙、涉水池、摇椅、跷跷板、电瓶车、桌椅、游戏室
学龄儿童区	滑梯、秋千、攀岩、迷宫、涉水池、戏水池、自由游戏广场
体育活动区	溜冰场、球类场地、碰碰车、单杠、双杠、跳跃触板、吊环
娱乐科技活动区	攀爬架、平衡设施、水上滑索、水车、杠杆游戏设施、放映室、幻想世界
办公管理区	

2）儿童公园的规划设计要点

儿童公园的规划设计要点如表 7–4 所示。

表 7–4　儿童公园的规划设计要点

项目	规划设计要点
规划布置	(1) 面积不宜过大。 (2) 可按幼儿区 1/5、少年儿童区 3/5、其他 1/5 的比例进行用地划分。 (3) 绿化用地面积应占 50% 左右，绿化覆盖率宜占全园的 70% 以上。 (4) 道路网宜简单明确，便于辨别方向。 (5) 幼儿活动区宜靠近大门出入口。 (6) 建筑小品、游戏器械应形象生动、组合合理。 (7) 要重视水景的应用，以满足儿童的喜水心理。 (8) 各活动场地中应设置坐椅和休息亭廊，供看护儿童的成年人使用

续表

项目	规划设计要点
绿化配置	(1)忌用有毒、有刺、有过多飞絮、易招致病虫害和散发难闻气味的植物种类,如凌霄、夹竹桃、漆树、枸骨、刺槐、黄刺玫、蔷薇、悬铃木等。 (2)应选用叶、花、果形状奇特,色彩鲜艳,能引起儿童兴趣的树木,如马褂木、白玉兰、紫薇等。 (3)乔木以冠大荫浓的落叶树种为宜,分枝点不宜低于 1.8 m,灌木宜选用发枝力强、直立生长的中、高型树种。 (4)植物配置要以绿色为基调,以创造既有变化又完整统一的绿色环境
道路与场地	(1)道路宜呈环状并简单明确,便于辨认方向。 (2)应根据公园的大小设一个主要出入口、1～2 个次要出入口,特征要鲜明。 (3)主要道路宜能通行汽车和童车,不宜设置台阶。 (4)道路应选用平整并有一定摩擦力的铺装材料
建筑和小品	(1)造型应形象生动。 (2)色彩应鲜明丰富。 (3)比例尺度要适宜
水池和沙坑	(1)水是儿童公园中重要的游戏资源,利用水可开发出各种为孩子所喜欢的活动内容,但要保证游戏的安全。如涉水池,水深宜在 20 cm 以内,北方的冬季还可利用浅水作滑冰场地。 (2)玩沙能激发儿童的想象力和创造力。孩子对沙子有着独特的兴趣,喜欢用湿沙堆城堡、建隧道、设陷阱等。沙坑附近应设计水源,并在沙坑中配置雕塑、安排滑梯和攀登架等运动设施

2. 老年公园

老年公园可适应老年人的生理特征和心理要求,满足老年人娱乐、休闲、户外交往的要求,丰富他们的晚年生活。老年人对环境的感知和体验有其独到之处,对娱乐内容的要求也不同于其他群体,公园的设计必须在了解老年人的心理特征和娱乐偏好的基础上进行。

1)老年公园的功能分区

根据老年人的户外活动特点,老年公园的功能分区与其他综合性公园有相似之处,又略有区别。老年公园可分为活动健身区、安静休息区、文娱活动区、遛鸟区(见表 7-5)等。

表 7-5　老年公园的功能分区

功能分区	必要性分析	设施或内容
活动健身区	体能的下降和疾病的困扰使老年人更加珍视健康和注重锻炼,体育锻炼已成为许多老年人每天的必修课,因此活动健身区是必不可少的	可安排适应老年人活动特征的门球、钓鱼、太极拳等场地,设置进行轻柔运动的健身设施,局部铺设足底按摩的卵石路面,周边设舒适的坐椅、凉亭等
安静休息区	为老年人聊天提供清新自然、安静宜人的环境	安排幽静的密林,林中空地设桌椅、亭廊
文娱活动区	老年人常因有共同的文娱爱好而自发地组织在一起,如唱京剧、合唱、跳交谊舞等	园林建筑可分组而设,以避免不同文娱爱好群体之间的相互干扰
遛鸟区	爱鸟养鸟的老年人所占比例较大,他们往往喜欢清晨遛鸟并相互交流养鸟心得	安排悬挂鸟笼的位置,周围安排休息坐凳

2)老年公园的规划设计要点

老年公园的规划设计要点如表 7-6 所示。

表 7-6　老年公园的规划设计要点

项目	规划设计要点
活动设施	应根据老年人的娱乐特点,结合地形、建筑、园林植物等综合考虑。 (1)以主动性的文体活动为主,充分调动老年人身心的内在积极因素。 (2)内向活动内容(如茶室)和外向活动内容(如演讲厅)使不同性格的老年人各得其所。 (3)集体活动与单独活动相结合,主动休息与被动休息相结合,室内活动与室外活动相结合,学习活动与娱乐活动相结合
建筑小品	(1)以老年人为中心,综合考虑建筑的功能要求和造景要求,力求实用、美观并方便使用。 (2)考虑老年人的活动特点,注重建筑小品的舒适性和安全性,如坐椅多设扶手椅,并以木制和藤制为佳
道路与场地	道路宜平坦而防滑,在水池旁或高处的路旁应设置保护栏杆,道路转弯处、交叉口及主要景点应设路标
园林植物	(1)以落叶阔叶林为主,夏季能遮阴,冬季又能让阳光透过。 (2)配置色彩绚丽、花朵芬芳的植物,以利于老年人消除疲劳,愉悦身心。 (3)注重保健植物的应用,包括芳香植物(如桂花、丁香、蜡梅、香樟、茉莉、玫瑰等)、杀菌植物(如侧柏、圆柏、沙地柏、杨树、樟树、银杏等)

3. 体育公园

1)体育公园的任务

体育公园是专供市民开展群众性体育活动的公园。大型体育公园(如北京国家奥林匹克体育中心,如图 7-18 所示)体育设施完善,可承办运动会,也可开展其他活动。

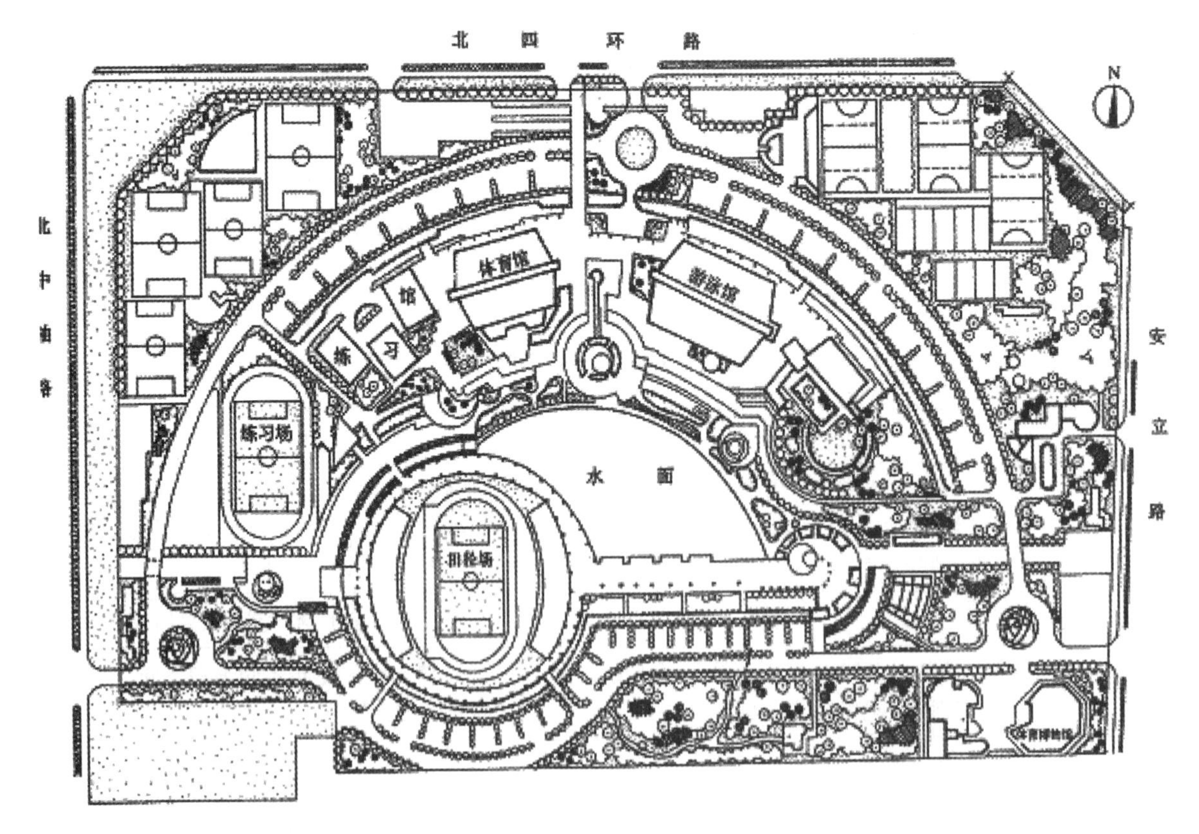

图 7-18　北京国家奥林匹克体育中心(金柏苓、张爱华《园林景观详细设计图集　1》)

体育公园的绿化设计思想为"绿茵包围的花园式运动场",以自然式种植为主,在整体统一的风格基础上局部又各有特色，重点突出，形式上开朗、活泼、艳丽、简洁。

2）体育公园的规划设计原则

（1）保证有符合技术标准的各类体育运动场地和较齐全的体育设施。

（2）以体育活动场所和设施为中心，保证绿地与体育场地平衡发展。

（3）分区合理，使不同年龄、不同爱好的人能各得其所。

（4）应以污染少、观赏价值高的植物种类为主进行绿化。

3）体育公园的功能分区

体育公园一般分为室内场馆区、室外体育活动区、儿童活动区、园林区（见表7-7）等。

表7-7 体育公园的功能分区

分区	设施	设计要点	面积占比/（%）
室内场馆区	各种运动设施、管理室、更衣室等	建筑如体育馆、室内游泳馆、附属建筑集中于此区。在建筑前或大门附近应安排停车场，适当点缀花坛、喷泉等，以调节小气候	5 ~ 10
室外体育活动区	田径场、球场、游泳池等	安排规范的室外活动场地，并于四周设看台	50 ~ 60
儿童活动区	各种游乐器具	应位于出入口附近或较醒目的地方。体育设施应能满足不同年龄阶段儿童活动的需要，以活泼的造型、欢快的色彩为主	15 ~ 20
园林区	水池、植物、坐椅等	在不影响体育活动的前提下，应尽可能增加绿地面积，以达到改善小气候条件、创造优美环境的目的。绿地中可安排一些小型体育锻炼设施	10 ~ 30

4）体育公园的绿化

（1）出入口绿化。

出入口附近绿化应简洁明快，可设置一些花坛和平坦的草坪。停车场可用草坪砖铺设，花坛花卉应以具有强烈运动感的色彩为主，营造欢快、活泼的气氛。

（2）室内场馆周围绿化。

场馆出入口要留出集散场地；场馆周围应种植乔灌木树种，以衬托建筑本身的雄伟。

（3）室外体育活动区绿化。

体育场周围宜栽植分枝点较高的乔木树种，不宜选用带刺的和易引起过敏的植物。场地内可布置耐踩踏的草坪。

（4）园林区绿化。

园林区是绿化设计的重点，要求在功能上既有助于满足一些体育锻炼的特殊需要，又能对整个公园的环境起到美化和改善小气候的作用。应选择具有良好观赏价值和较强适应性的树种。

（5）儿童活动区绿化。

儿童活动区的绿化以开花艳丽的灌木和落叶乔木为主，但不能选用有毒、有刺、有异味和易引起过敏的植物种类。

4. 植物园

植物园是进行植物科学研究和引种驯化，并供观赏、游憩及开展科普活动的绿地。它的主要任务包括科学研究、观光游览、科学普及及科学生产等。

1）植物园的类型

植物园的分类如表 7-8 所示。

表 7-8　植物园的分类

分类	特征	举例
综合性植物园	兼备科研、游览、科普及生产多种职能的，规模较大的植物园。一般规模较大，占地面积在 100 hm^2 左右	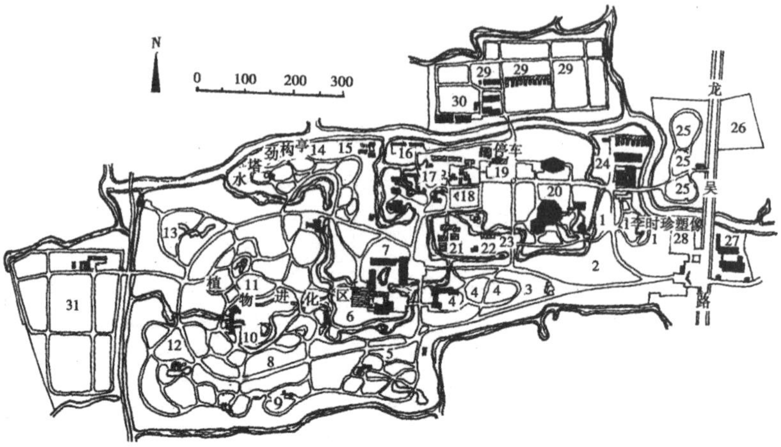 上海植物园（胡长龙《园林规划设计》） 1. 药园　2. 竹林　3. 大假山　4. 环境保护区　5. 竹园　6. 科普厅　7. 植物楼　8. 蔷薇园　9. 桂花园　10. 水生池　11. 牡丹园　12. 槭树园　13. 杜鹃园　14. 松柏园　15. 抽水站　16. 盆景生产区　17. 盆景园　18. 人工生态区　19. 接待楼　20. 展览温室　21. 兰花室　22. 杜鹃　23. 山茶　24. 引种温室　25. 果树试验区　26. 植物检疫站　27. 生活区　28. 停车场　29. 草本引种试验区　30. 科研区　31. 树木引种区
专业性植物园	根据一定的学科、专业内容布置的植物标本园、树木园、花卉园、药圃等	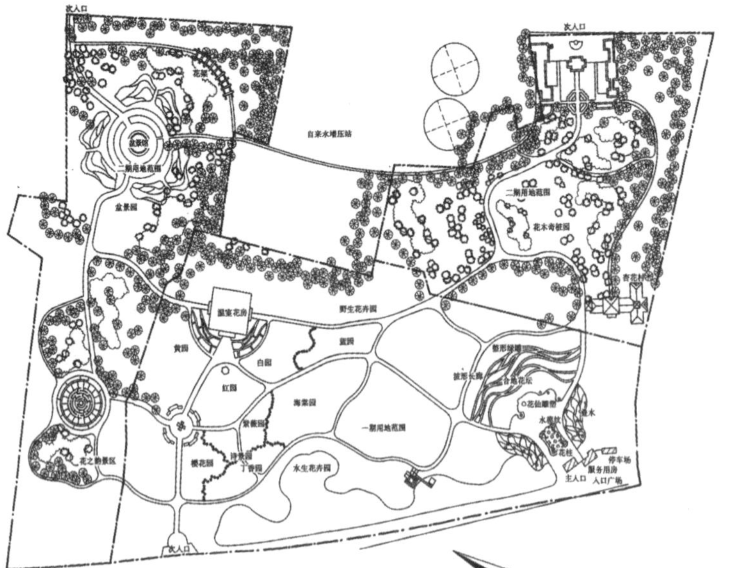 南京市花卉公园（陈雷、李浩年《园林景观设计详细图集　2》） 以花卉为主题、以植物造景为主体，形成大面积连续的花卉景观和良好的植物群落

2）植物园规划的主要内容

植物园规划的主要内容如表 7-9 所示。

表 7-9 植物园规划的主要内容

规划内容	规划设计要点
园址选择	(1)地形条件。植物园应以平坦、向阳的场地为主,以满足植物园在引种驯化的过程中栽植植物的需要。在此基础上,植物园还应该具有复杂的地形、地貌,以满足植物对不同生态环境的要求,并形成不同小气候。要有高山、平地、丘陵、沟谷及不同坡度、坡向等地形、地貌的组合。不同的海拔高度,可为引种创造有利条件,如在长江以南低海拔地区,由于夏季炎热,引种东北的落叶松等树种不易成功,但在庐山植物园海拔高度 1100 m 以上就能引种成功而且生长良好。 (2)土壤条件。土壤选择的基本条件是:能适合大多数植物的生长,要求土层深厚、土壤疏松肥沃、腐殖质含量高、地下害虫少、旱涝容易控制。在此基础上,还要有不同的土壤条件、不同的土壤结构和不同的酸碱度。因为一个园内土壤有不同的组成、不同的酸度、不同的深度、不同的土壤腐殖质含量和含水量,才能给引种驯化工作创造良好的条件。如:杜鹃、山茶、毛竹、马尾松、栀子、红松等为酸性土植物;柽柳、沙棘等为碱性土植物;大多数花草树木是中性土植物。 (3)水利条件。植物园要有充足的水源。一方面,水体可以丰富园内的景观,提供灌溉水源;另一方面,具有高低不同的地下水位,能满足引种驯化栽培的需要。植物园内的水体,最好具有泉水、溪流、瀑布、河流、湖沼等多种形式,并有动水区、静水区及深水区、浅水区之分。 (4)植被条件。选定的植物园用地内原有植被要丰富。植被丰富说明综合自然条件好,选作植物园用地是合适的。 (5)其他条件。植物园一般位于城市的近郊区,具有方便的交通条件,具有与城市一样的供电系统和排水系统。植物园应位于城市活水的上流和城市主要风向的上风方向,要远离厂矿区、污染的水体和大气
植物园的分区	1)展览区 展览区的主要任务是以科学普及教育为主,同时也为科学研究创造有利条件。展览区有以下几种布置方式。 (1)按进化系统布置展览区。按植物的进化系统和植物科、属分类结合起来布置,反映植物由低级到高级进化的过程,如上海植物园。 (2)按植物的生活型布置展览区。例如乔木区、灌木区、藤本植物区、多年生草本植物区、球根植物区、一年生草本植物区等。 (3)按植物对环境因子的要求布置展览区。例如旱生生物群落、中生生物群落、湿生生物群落、盐生生物群落、岩石植物群落、沙漠植物群落等。 (4)按植被类型布置展览区。我国的主要植被类型有热带雨林、亚热带雨林、亚热带常绿阔叶林、暖温带落叶阔叶林、温带针阔叶混交林、寒温带针叶林、亚高山针叶林、草原草甸灌丛带、干草原带、荒漠带等。 (5)按地理分布和植物区系原则来布置展览区。以植物原产地的地理分布或以植物的区系分布原则进行布置。如以亚洲、欧洲、大洋洲、非洲、美洲的代表性植物分区布置,同一洲中又按国别而分别栽培。 (6)按植物的经济用途来布置展览区。例如按纤维类、淀粉和糖类、油脂类、鞣料类、芳香类、橡胶类、药用类等布置。 (7)按植物的景观特征布置展览区。把有一定特色的园林植物组成专类园,如牡丹、芍药、梅花、杜鹃、山茶、月季、兰花等专类园;或以芳香为主题的芳香园等专题园;以园林手法为主的展览区,如盆景桩景展区、花境花坛展区等。 2)科研区 科研区包括试验地、苗圃、引种驯化区、生产示范区、检疫地等。这部分是专供科学研究以及生产的用地,是植物园中不向游客开放的区域。科研区一般要有一定的防范措施,做好保密工作和保护措施,与展览区要有一定的隔离。 3)生活区 为保证植物的优质环境,植物园与城市市区一般有一定距离,如果大部分职工在植物园内居住,在规划时,应考虑设置宿舍、浴室、锅炉房、餐厅、综合性商店、托儿所、幼儿园、车库等设施,其布局规划与城市中一般生活区相似,但应处理好与植物园其他区的关系,防止破坏植物园内的景观

续表

规划内容	规划设计要点
道路系统	(1)道路系统。道路布局最好与分区系统取得一致，如以植物园中的主干道作为大区的分界线，以支路和小路作为小区界线。 (2)道路布局。道路大多采用自然式布局。 (3)道路宽度。道路一般分三级，即主路、次路、小路。主路一般宽 4 ~ 7 m，为主要展览区之间的分界线和联系纽带。次路 3 ~ 4 m 宽，主要用于游人进入各主要展览区和主要建筑物，是各展览区内的主要通路，一般不通行大型汽车。次路是各区或专类园的界线，并将各区或各类园联系起来。小路 1 ~ 2 m 宽，是深入各展览区的游览路线，一般以步行为主，为方便游人近距离观赏植物及管理人员日常养护而建，有时也起到景区分界线的作用。 (4)路面铺装。支路和小路可进行装饰性铺装，铺装材料和铺砌方式多种多样，以增添园景的艺术性。路面铺装以外的部分可以留出较宽的路肩，铺设草皮或作花坛、花境，配以花灌木和乔木作背景树，使沿路景观丰富多彩
建筑设施	(1)展览性建筑（如展览温室）可布置于出入口附近、主干道轴线上。 (2)科研用房（如繁殖温室）应靠近苗圃、试验地。 (3)服务性建筑（如小卖部）应方便使用
种植设计	(1)要对科普、科研具有重要价值。 (2)种植在城市绿化、美化功能等方面有特殊意义的植物种类。根据经济价值和对环境保护的作用、园林绿化的效果、栽培的前途等综合因素来选择重点种和一般种。对于重点种，可以突出栽植或成片栽植，形成一定的栽培数量。 (3)在植物园的植物种植株数上，因受面积和种植种类多样性等因素的限制，每一植物种植的株数，也应有一定的规定，初次引种试验栽培的或有前途、有经济价值的植物，或列为重点研究的树种，每种为 20 ~ 30 株；一般树种，乔木 5 ~ 10 株，灌木 10 ~ 15 株

5. 动物园

动物园是在人工饲养条件下，移地保护野生动物，供观赏、普及科学知识、进行科学研究和动物繁育，并具有良好设施的绿地。

动物园规划设计的主要内容如表 7–10 所示。

表 7–10　动物园规划的主要内容

规划内容	规划设计要点
园址的选择	(1)环境方面。为满足来自不同生态环境的动物的需要，动物园应尽量布置在地形地貌较为丰富、具有不同小气候的地方。 (2)卫生方面。为了避免动物的疾病、吼声、恶臭影响人类，动物园宜建在近、远郊区，原则上建在城市的下游、下风地带，要远离城市居住区，同时要远离工业区，防止工业生产的废气、废水等有害物质影响动物的健康。 (3)交通方面。动物园要有方便的交通联系，以利运输和交流。 (4)工程方面。选址要有配套较完善的市政条件（水、电、煤气、热力等），保证动物园管理、科研、游览、生活的正常运行

续表

规划内容	规划设计要点
总体规划要点	(1)动物园应有明确的功能分区,相互间应有方便的联系,以便于游人参观。 (2)动物园的导游线是建议性的,设置时应以景物引导,符合人行习惯(一般逆时针靠右走)。同时,要使主要动物笼舍和出入口广场、导游线有良好的联系,以保证全面参观和重点参观的游客能方便地到达和游览。 (3)动物笼舍的安排应集中与分散相结合,建筑形式的设计应因地制宜与地形相结合,创造统一协调的建筑风格。 (4)动物园的兽舍必须牢固,动物园四周应有坚固的围墙、隔离沟和林墙,以防动物逃出园外,伤害人畜
分区规划	1)科普馆 科普馆是全园科普、科研活动的中心,馆内可设标本室、解剖室、化验室、研究室、宣传室、阅览室、录像放映厅等。科普馆一般布置在出入口较宽阔地段,交通方便。 2)动物展区 该区由各种动物笼舍组成,是动物园用地面积最大的区域。 (1)按动物的进化顺序安排,即由低等动物到高等动物:无脊椎动物—鱼类—两栖类—爬行类—鸟类—哺乳类。在这一顺序下,结合动物的生态习性和地理分布、游人爱好、动物珍稀程度、建筑艺术等,作局部调整。不同展区应以绿化隔离。 (2)按动物的地理分布安排,即按动物生活的地区,如欧洲、亚洲、非洲、美洲、大洋洲等,这种布置方法有利于创造出不同景区的特色,给游人以明确的动物分布概念。 (3)按动物生态安排,即按动物生态环境,如分水生、高山、疏林、草原、沙漠、冰山等,这种布置对动物生长有利,园林景观也生动自然。 (4)按游人爱好、动物珍贵程度、地区特产动物安排,如成都动物园将珍稀动物熊猫的展馆安排在入口附近的主要位置。一般游人喜爱的猴、猩猩、狮、虎等也多布置在主要位置上。 3)服务休息区 服务休息区包括科普宣传廊、小卖部、茶室、餐厅、摄影部等,要求使用方便。 4)办公管理区 办公管理区包括饲料站、兽疗所、检疫站、行政办公室等,一般设在园内隐蔽偏僻处,与动物展区、科普馆等既要以绿化隔离,又要有方便的联系。此区设专用出入口,以便运输与对外联系,有的将兽医站、检疫站设在园外
道路与建筑规划	动物园的道路一般有主要导游路(主要园路)、次要导游路(次要园路)、便道(小径)、专用道路(供园务管理用)四种。主要园路或专用道路要能通行消防车,便于运送动物、饲料和尸体等,路面必须便于清扫。 由于动物园的导游线带有建议性,因而,动物园的主干道和支路可有多种布局形式,规划时可根据不同的分区和笼舍布局采用合适的形式。 (1)串联式:建筑出入口与道路连接,适用于小型动物园。 (2)并联式:建筑在道路的两侧,需以次级道路相联系,便于车行、步行分工和选择参观,适用于大中型动物园。 (3)放射式:从入口可直接到达园内各区主要笼舍,适用于目的性强、游览时间短暂的对象,如国内外宾客、科研人员等的参观。 (4)混合式:是以上几种方式根据实际情况的结合,是通常采用的一种方式。它既便于很快地到达主要动物笼舍,又具有完整的布局联系

续表

规划内容	规划设计要点
动物园绿地规划	1)绿化布局 (1)“园中园”方式:将动物园同组或同区动物地段视为具有相同内容的“小园”,在各“小园”之间以过渡性的绿带、树群、水面、山丘等加以隔离。 (2)“专类园”方式:如展览大熊猫的地段可栽植多品种竹丛,既反映熊猫的生活环境,又可观赏休息;大象、长颈鹿产于热带,可构成棕榈园、芭蕉园、椰林的景色。 (3)“四季园”方式:将植物依生长季节区分为春、夏、秋、冬四类,并视动物原产地的气候类型相应配置,结合丰富的地形设计,体现该种动物赖以生存的气候环境。 2)树种选择 (1)从组景要求考虑,进入动物园的游人除观赏动物外,还可通过周围的植物配置了解、熟悉与动物生长发育有关的环境,同时产生各种美好的联想。如:杭州动物园,在猴山周围种植桃、李、杨梅、金橘、柚等,以营造花果山气氛;在鸣禽馆栽桂花、茶花、碧桃、紫藤等,笼内配花木,可勾画出鸟语花香的画面。 (2)从动物的生态环境需要考虑,结合动物的生态习性和生活环境,创造自然的生态模式。 (3)从满足遮阴、游憩等要求考虑,如:种植冠大荫浓的乔木,满足人和动物遮阴的要求;在服务休息区内可采用疏林草地、花坛等绿化手法进行处理,以便为游人提供良好的游憩环境。 (4)从结合生产考虑,在笼舍旁、路边隙地可种植女贞、水蜡树、四季竹、红叶李,为熊猫、部分猴类和其他动物提供饲料。此外,榆、柳、桑、荷叶、聚合草等都可作饲料用

项目八
屋顶花园规划设计

YUANLIN
GUIHUA
SHEJI

导　语

屋顶花园是随着城市密度的增大和建筑的多层化而出现的，是城市绿化向立体空间发展、扩大城市多维自然因素的一种绿化美化形式。屋顶花园不仅能为市民创造更具新意的活动空间，还能增加城市绿化覆盖率，保护和改善城市环境，健全城市生态系统，促进城市经济、社会、环境可持续发展。同时，屋顶花园还能陶冶人们的情操，树立良好的城市形象。图 8-1 所示为屋顶花园实景。

图 8-1　屋顶花园实景

技能目标

1. 能够熟读屋顶花园平面图。
2. 能够对屋顶花园进行规划设计。

知识目标

1. 了解屋顶花园的作用。
2. 掌握屋顶花园设计的原则与方法。
3. 掌握屋顶花园的荷载。
4. 掌握屋顶花园的种植设计。

思政目标

1. 培养探索创新精神。
2. 培养求真务实、精益求精的职业操守。
3. 培养吃苦耐劳的能力。
4. 培养效率意识。

任务一 居住区屋顶花园设计

任务提出

以北京望京新城 A4 区屋顶花园设计为例，通过对此案例的分析和练习来学习和掌握居住区屋顶花园的设计方法。

任务分析

该工程是在居住区屋顶上进行绿化设计的项目，所以在工程设计过程中既要考虑屋顶及绿化元素的荷载、屋顶植物的选择问题，还要考虑居住区绿化设计的因素。要完成该项任务，必须认真阅读平面图，熟悉平面图设计内容，这样才能更好地掌握屋顶花园的设计原则及方法。

相关知识

一、居住区屋顶花园的概念与构成要素 ONE

(一)居住区屋顶花园的概念

居住区屋顶花园是指在居住区建筑物和构筑物的顶部、桥梁、天台、露台或大型人工假山山体等之上进行绿化装饰及造园所形成的绿地。居住区屋顶花园建设的重点是：根据居住区屋顶的结构特点及屋顶上的生境条件，选择生态习性与之相适应的植物（如瓜果、蔬菜、树木、花卉及草坪等），通过一定的技术艺法，创造丰富的景观。

(二)居住区屋顶花园的构成要素

居住区屋顶花园的构成要素可分为植物、基质、假山和置石、水体、园路、雕塑和其他建筑小品等。

1. 植物

居住区屋顶花园选用植株比较低矮、根系较浅的植物。高大的乔木根系深、树冠大，在屋顶上风力大、土层薄的环境中容易被风吹倒。若加厚土层，会增加重量。而且，乔木发达的根系往往还会深扎防水层而造成渗漏。因此，屋顶花园一般应选用植株比较低矮、根系较浅的植物。

2. 基质

屋顶绿化所用的基质与其他绿化所用的基质有很大的区别，要求肥效充足而又轻质。为了充分减轻荷载，土层厚度应控制在最低限度。一般栽植草坪草等地被植物的泥土厚度宜为 10～15 cm；栽植低矮的草花，泥土厚度宜为 20～30 cm；栽植灌木，泥土厚度宜为 40～50 cm；栽植小乔木，泥土厚度宜为 60～75 cm。草坪与乔灌木之间以斜坡过渡。

3. 假山和置石

屋顶花园的置石与露地造园的假山工程相比，仅作独立性或附属性的造景布置，只能观不能游。由于屋顶上空间有限，又受到结构承重能力的限制，因而不宜在屋顶上兴建大型可观、可游的以土石为主要材料的假山工程。

屋顶花园上适宜设置以观赏为主、体量较小而分散的精美置石。可采用特置、对置和群置等布置手法，结合屋顶花园的用途和环境特点，运用山石小品点缀园林空间及陪衬建筑、植物和道路。独立式精美置石一般占地面积小，由于它为集中荷载，其位置应与屋顶结构的梁柱结合。

如果需要在屋顶上建造较大型的假山、置石，为了减轻荷载，最好采用塑石做法。塑石可用钢丝网水泥砂浆塑成或用玻璃钢成型。

4. 水体

各种水体工程是屋顶花园的重要组成部分，形体各异的水池、跌水、喷泉，以及观赏鱼池和水生种植池等，为屋顶有限空间提供了精彩的景观。

5. 园路

屋顶花园除植物种植和水体外，工程量较大的是道路和场地铺装。园路铺装是做在屋顶楼板、隔热保温层和防水层之上的面层。面层下的结构和构造做法一般由建筑物的设计确定。对于屋顶花园的园路，应在不破坏原屋顶防水、排水体系的前提下，结合屋顶花园的特殊要求进行铺装面层的设计和施工。

6. 雕塑

屋顶花园中设置少量人物、动物、植物、山石及抽象几何形象的雕塑，可以陶冶人们的情操，美化人们的心灵。为充实屋顶花园的造园意境，选用题材应不拘一格，形体可大可小，刻画的形象可自然、可抽象，表达的主题可严肃、可浪漫。

根据屋顶的空间环境和景物的性质，还可利用雕塑作为造园标志。设在屋顶上的雕塑应注意特定的观赏角度和方位，绝不可孤立地研究雕塑本身，应从它处于屋顶花园的平面位置、体量大小、色彩、质感及背景等多方面进行考虑，甚至还要考虑它的方位朝向、日照、光线起落、光影变化和夜间人工光线的照射角度等方面。

7. 其他建筑小品

亭廊等园林建筑小品主要用于点景、休息、遮阴，或者供攀缘植物攀爬，美化和丰富屋顶花园的景观。

二、居住区屋顶花园的特点 TWO

1. 居住区屋顶花园是统一规划与建造的

住宅建筑上不同形式的屋顶花园都是在居住区开发时经过统一规划和设计，并同住宅建筑同步建造的，其目的就是为住户提供花园。

2. 居住区屋顶花园空间大小有限，且形状多为规则的几何形状

作为户型构造的一部分，居住区屋顶花园的空间相对于公共建筑的屋顶花园来说是较小的，多数在 100 m^2 左右。虽然空间有限，但若能合理进行设计，营造一个精致、美观，体现个性与审美情趣的花园还是有可能的。

另外，由于建筑结构的缘故，营造屋顶花园的场所的平面均为规则的几何形状，并且立面变化也不丰富。这里可以将各种形式的居住区屋顶花园空间分为三种基本形态的空间：狭长形空间、方形空间、成角形空间（在空间构成上具有转角，如 L 形、U 形的空间都属于此类）。对于其余一些形状的空间，可以看作是以上三种基本形态空间的组合。

3. 居住区屋顶花园既同室内空间相联系，又同外界环境相联系

居住区屋顶花园一般同某个室内功能空间相连，成为室内空间向外界环境的过渡。各种形式的屋顶花园一般同客厅、书房、餐厅或卧室等室内空间保持紧密联系。例如，在可达性上，屋顶花园同这些空间是直接连通的，所以户主可以便捷地在屋顶花园和这些空间之间来往。另外，在视觉上也保持通透，各花园和室内空间之间要么直接连通，没有任何阻隔，要么通过宽大的玻璃窗门进行隔断，但玻璃的透明性使得花园和室内空间保持视觉上的通透与联系，从而使得人们在室内空间中休息时也能欣赏到花园中的美景。

另外，花园空间又是同外界环境相通的。各居住区屋顶花园总有一些围合面是向外界环境开放的，例如作为边界的栏杆或护栏，其没有形成完全的封闭，在这些地方，屋顶花园可以接触空气、日光、风雨等自然因素，人们的视线可以越过这些面，观赏外界自然景观。同时，来自外界环境中的人们通过视线也能直接感知、了解屋顶花园这部分空间的形态与外观，所以屋顶花园也是同外界环境相联系的，花园空间形成了同外界环境的相互流入或流出。

4. 居住区屋顶花园是住宅上的人工自然环境

居住区屋顶花园正是用来为人们进行花园营造的，随着城市建筑的逐渐增多，人们离自然越来越远，享受绿色、回归自然已经成为人们的普遍愿望。因此，愿意营造屋顶花园的住户一定会充分利用这块空间，通过植物与景观小品的设置，形成自然景致，体现自己的个性与审美情趣，并美化自己的居住环境。如图 8-2 所示，屋顶花园一角通过水钵、植物、石头的组合，寓意了自然山水之景，体现了自然的情趣。

图 8-2　屋顶花园一角的景致

5. 居住区屋顶花园的设计需要满足特殊的造园条件

由居住区屋顶花园的定义可知，居住区屋顶花园是上升到空中的庭园，因此其要经受的风力、日照、湿度等自然方面的条件同地面庭园是不同的。同时，居于一定高度后需要解决承重、防水、排水等技术层面的问题，这些都

是设计屋顶花园时必须注意的问题，对屋顶花园的设计会产生一定的影响。

三、居住区屋顶花园的功能 THREE

1. 美化与改善居住区环境

居住区屋顶花园可以看作是上升到空中的庭园，从而成为居住区环境中的一个重要组成部分。它为居住于高层的住户提供了接近自然的平台，起到美化居住环境的作用。

首先，居住区屋顶花园与园林一样，给予居民绿色情趣的享受。它对人们的心理作用比其他物质享受更为深远。绿色植物能调节人的神经系统，使人们紧张疲劳的神经得到放松。屋顶花园可以使生活或工作在高层建筑的人们欣赏到更多的绿色景观。同时，对于居住在高层的住户来说，屋顶花园是一块难得的接近自然之地，在这里可以感受到自然界的气息，平静心情。

其次，居住区屋顶花园的景观艺术设计要通过植物种植和造园要素的引入，通过艺术化的设计手法来再现自然景观，满足人们对自然的渴望，体现户主的个性和审美情趣，提高住户的生活品质，美化居住区的环境。

2. 绿化与美化住宅建筑立面

居住区屋顶花园可以看作是住宅建筑上的再生空间绿化。在栏杆、围栏等较低围合面的周围进行统一的植物种植，可以实现对建筑立面的美化和绿化。

首先，随着居住区住宅建筑高度的不断增高和密度的不断增大，人们的视线被建筑所挡，进入人们眼帘的是生硬的建筑墙面和单调的建筑色彩，景观性很差。现在玻璃材料也被大量地运用于住宅建筑上，在强烈太阳光下会产生刺目的眩光，建造屋顶花园后可以丰富住宅建筑的立面，同时花园中的植物可以对玻璃产生一定的遮挡作用，从而起到美化环境、减少眩光的目的。

其次，积极开辟建筑上的再生空间进行绿化已成为未来绿化的发展趋势，对住宅建筑上的屋顶、阳台、露台等空间积极实施绿化，也是进行再生空间绿化的重要组成部分，可以极大地增加绿量，形成生态效应。这对改善居住区的居住环境、提高环境质量有着十分重要的作用。

四、居住区屋顶花园设计的原则 FOUR

1. 以实用为目的

在生活节奏加快的现代社会，人们需要将更多的时间投入工作与学习中，所以用于屋顶花园的管理与维护的时间与精力是有限的，这对屋顶花园作用的正常发挥产生了不利影响。在对居住区屋顶花园进行景观艺术设计时，应该以实用为目的，充分协调好花园建造、花园维护和管理与住户生活节奏间的关系，合理地进行植物配置和其他必要设施的选择，从而形成一个易打理又具有实用性的花园。

2. 以精美为特色

居住区屋顶花园建造正是要将自然美引入居住环境中，从而满足住户的心理需求与审美需要。屋顶花园的美感是通过运用艺术化的设计手法，对植物、景观小品及相应的必要设施等造园要素进行合理的空间布局而呈现出来的。屋顶花园空间一般较小，所以可容纳的造园要素是有限的，利用有限空间创造出优美景观，是屋顶花园与一般园林绿地的不同之处，在设计屋顶花园时应该遵循“小而精”的原则，各造园要素的选择应该以“精美”为主。

从改善和美化居住区空间的角度来说，各小品的尺度和位置要认真推敲，注意使自身的体量与空间的尺度相协调，同时也要符合人的行为模式与人体尺度。植物美是构建自然美的一个重要方面，在选择植物时要注意形态、色彩和季相等方面的景观特征，力求在达到绿化效益的前提下，能形成丰富的植物景观。

3. 以安全为保障

居住区屋顶花园将地面绿地搬到空中，并且距离地面具有一定高度，因此必须注意安全。这种“安全”来自两个方面：一是建筑本身的安全；二是住户使用花园时的人身安全。

首先是建筑本身的安全。屋顶花园需要考虑的建筑的安全问题是承重与防水。在进行屋顶花园设计与营建时，不可随意种植植物和设置景观小品，对屋顶花园上一切设施及造园材料的重量一定要认真核算，确保其重量在规定范围之内。另外，屋顶花园的防水也是一个重要的方面。一般来说，对于规划了屋顶花园的建筑，在进行施工建造时就已经为屋顶花园的楼板设计建造了防水层，但私人用户进行花园建造时，很可能会破坏这些防水层，从而导致楼板漏水的现象，这样会为修补防水层追加更多的费用，同时给下一层住户的正常生活带来不便，因此在进行花园建造时要特别注意。

其次是住户使用花园时的人身安全。对于住宅建筑上的屋顶花园来说，围合面主要是建筑墙面或栏杆与护栏，这些构建物一般与建筑同步构建，在安全上具有较高的可靠性。但当人们营建屋顶花园后，一些种植设备就摆放在栏杆或护栏的旁边，或放置在栏杆上，从而有从高处跌落、伤害楼下行人的危险，所以对这些设备应该采取必要的加固措施，确保安全。另外，对于小孩的安全要着重考虑，由于孩子年幼好动，喜欢攀爬物体，对于建筑上栏杆或护栏的高度在设计时已经考虑了防护要求，但经过造园后，小孩可能会顺着周围的植箱或植物爬上栏杆，从而有从高空跌下、出现伤亡的危险。因此，家长要看护好小孩，同时在设计时要采取必要的预防措施，使人们能安全放心地使用花园。

4. 以经济、易维护为基础

在进行居住区屋顶花园设计时，要结合自身的经济条件，综合考虑营建、管理、维护等多方面的因素，做好预算，从而使屋顶花园具有实用性与经济性。屋顶花园在营建时不同于地面造园，屋顶花园上某一项工程建造会同时带来一些附带的工程建造，从而使得经济投入增加。所以，在设计屋顶花园时要结合实际情况，做出全面考虑，在经济条件允许的前提下建造出实用、精美、安全的优秀花园。

五、居住区屋顶花园的荷载　FIVE

（一）荷载的含义

荷载是衡量屋顶单位面积上承受的重量的指标。建筑结构承载力直接影响房屋造价的高低，屋顶的允许荷载也受到造价的限制。

荷载是直接关系到建筑物是否安全及屋顶花园建造能否成功的因素。绿化时，要考虑建筑物屋顶能否承受由屋顶花园的各项园林工程所形成的荷载，这关系到安全问题。建筑物的承载能力，受限于屋顶花园下的梁板柱、基础和地基的承重力。屋顶花园的平均荷载只能在一定范围内，特别是对原有未进行屋顶花园设计的楼房进行绿化时，更要注意屋顶允许荷载。要根据不同建筑物的承重能力来确定屋顶花园的性质、园林工程的做法、材料、体量及其尺度。

（二）屋顶花园的荷载取值

相对于普通屋面，屋顶花园屋面的恒荷载和活荷载都有大幅度的增加，从而直接影响下部建筑结构、地基基础的安全性以及建筑工程的造价。因此，合理确定活荷载和恒荷载是屋顶花园结构设计非常重要的问题。

1. 活荷载的确定

建筑屋顶一般可以分为上人屋顶和不上人屋顶，二者的构造方法不尽相同。

不上人屋顶的活荷载为 50 kg/m^2，它是仅考虑施工检修和屋顶少量积水时的荷载；在雪荷载较大的地区，屋顶活荷载达 70～80 kg/m^2。

上人屋顶的活荷载为 150 kg/m^2，该数据是指一般办公居住建筑屋顶、少量居民休息和晒衣物的场所的活荷载。如果要在屋顶建造花园，用来休闲娱乐、小型聚会，屋顶花园的活荷载应至少为 200 kg/m^2，如果该屋顶花园为悬挑式的，其活荷载不应小于 250 kg/m^2。

2. 恒荷载的确定

屋顶花园的恒荷载较为复杂，它包括种植区荷载、盆花和花池荷载、园林水体工程荷载、假山和雕塑荷载、园林小品和园林建筑荷载。其中，后四种荷载可根据实际情况，按现行规范取值。以种植区荷载的确定为例：一般地被式绿化的土层厚 6～10 cm，荷重 200 kg/m^2；种植式绿化的土层厚 20～30 cm，荷重 400 kg/m^2；花园式绿化的土层厚 25～35 cm，荷重 500～1000 kg/m^2。

土层干湿状况对荷载也有很大影响，一般可使荷载增加 25%左右（多的可达 50%）。此外，还应考虑施工时的局部堆土。

（三）屋顶花园的荷载内容

1. 种植区的荷载

种植区的荷载包括种植物、种植土、过滤层和排水层等的荷载。其中，关键是确定种植物及种植土的荷载。

1）地被植物、花灌木和乔木的荷载

目前，国内尚无完整的数据。根据国外数据，地被植物、花灌木的荷载如表 8-1 所示。

表 8-1　地被植物、花灌木荷载一览表

序号	种植物种类	荷载 /（kN/m^2）
1	地被草坪	0.05
2	低矮灌木和小丛木本植物	0.10
3	长成灌木和 1.5 m 高的灌木	0.20
4	3 m 高的灌木	0.30

2）种植土荷载

屋顶花园的种植土关系到植物生长及荷载问题，对屋顶结构的影响最为直接。

种植土层的厚薄，影响土壤水分容量大小。较薄的种植土，如果没有雨水或均衡人工浇灌，则土壤极易迅速干燥，对植物的生长发育不利。一般屋顶花园（绿化）的种植土层较薄，又处于下方建筑形成的高空，受到外界气温以及从下部建筑结构中传来的冷热两方面的温度变化的影响，种植土层的温度也易发生变化。显而易见，屋顶花园（绿化）中，种植土形成的栽植环境与观赏树木、花卉生长发育所需的理想条件相差甚远。

为了使花木生长发育旺盛并减轻屋顶的荷载，种植土宜选用经过人工配制的合成土。合成土既含有促进植物生长的各类元素，又满足重量轻、持水量大、通风排水性好、营养适当、清洁无毒、材料来源广且价格便宜等要求。目前，国内外用于屋顶花园的人工种植土种类较多，一般均采用轻质轻骨料（如蛭石、珍珠岩、泥炭土等）与腐殖土、发酵木屑等混合而成，其干容重一般为 7～15 kg/m^3，经雨水或浇灌后的湿容重将增大 20%～50%，选用时应按实际情况确定。

不同植物生长发育所需土层的最小厚度不同，植物在屋顶由于风载较大，从植物防风角度也需要土壤具有一定的种植深度。综合以上因素，屋顶花园种植区土层厚度与荷载值如表 8-2 所示。

表 8-2 屋顶花园不同植物种植区土层厚度与荷载值

类别	地被	花卉小灌木	大灌木	浅根乔木	深根乔木
植物生存种植土最小厚度 /cm	15	30	45	60	90 ~ 120
植物生育种植土最小厚度 /cm	30	45	60	90	120 ~ 150
排水层厚度 /cm	—	10	15	20	30
植物生存平均荷载 /（kg/m^2）	150	300	450	600	600 ~ 1200
植物生育平均荷载 /（kg/m^2）	300	450	600	900	1200 ~ 1500

3）过滤排水层荷载

过滤排水层通常采用卵石、碎砖、粗砂、煤渣等为材料，其荷载取值为：卵石，2000～2500 kg/m^2；碎砖，1800 kg/m^2；粗砂，2200 kg/m^2；煤渣，1000 kg/m^2。

注意：种植区内除种植土、排水层外，还有过滤层、防水层和找平层等。在计算屋顶花园荷载时，可统一算入种植土的重量，以省略繁杂的小荷载计算工作。

2. 盆花和花池的荷载

在某些地区，屋顶绿化受季节限制，需要摆放一些适时的盆花，其平均荷载为 100～150 kg/m^2。

低矮花池的砖砌池，可按种植土的重量折算。若是较大的乔木种植池，则应分别计算池壁重量与种植土重量，再按其面积算出每平方米面积的平均荷载。

3. 园林水体工程的荷载

许多屋顶花园中会布置小型水池、壁泉、瀑布及喷泉等水景，这些水景工程都会产生一定的荷载，应根据其积水深度、面积和池壁材料等来确定其荷载。每平方米的水，深 10 cm 时，其荷载为 100 kg/m^2；每增加深 10 cm 的水，荷载将递增 100 kg/m^2。如果池壁采用金属或塑料制品，其重量也可以与水一起考虑。若采用砖砌池壁或混凝土池壁，则应根据其壁厚和材料的容重进行计算后，再与水重一起折算成平均荷载。

4. 假山和雕塑的荷载

假山、置石或雕塑也经常被应用于屋顶花园。若是假山石，可以以其山体的体积乘以孔隙系数 0.7～0.8，再按不同石质的单位重(2000～2500 kg/m^2)，求出山体每平方米的平均荷载。若为置石，要按集中荷载考虑。屋顶花园上的雕塑重量由其材料和体量大小而定：重量较轻的雕塑可以不计；较重的雕塑小品，按其体重及台座的面积折算平均荷载。

5. 园林小品和园林建筑的荷载

屋顶花园中的园林小品有园椅、园灯、花钵、游憩设施等。如果不重可忽略不计，否则要另行计算。

屋顶花园中的园林建筑如小亭、廊、花架等，应根据其建筑结构形式及其面积，计算平均荷载。而砖砌花墙的荷载为线荷载（单位：kg/m），布置花墙时应尽量与建筑承重构件相配合，使线荷载作用在钢筋混凝土大梁上或楼板下的承重墙上。

（四）减轻荷载的方法

用于园林造景的屋顶，应采用整体浇筑或预制装配的钢筋混凝土屋面板作结构层。有条件的，还可用隔热防渗透水材料制成的“生态屋顶块”。一般情况下，它可以提供承受350 kg/m^2 以上外加荷载的能力。

屋顶荷载的减轻，一方面要借助于屋顶结构选型，减轻园林构筑物结构自重和解决结构自防水问题；另一方面就是减轻屋顶所需“绿化材料”的自重，包括将排水层的碎石改成轻质的材料等。当然上述两方面若能结合起来考虑，使屋顶建筑的功能与绿化的效果完全一致，既能隔热保温，又能减缓柔性防漏材料的老化，就一举两得了。因此，最好是在建筑设计时统筹考虑屋顶花园的建设，以满足屋顶花园对屋顶承重和减轻构筑物自重的要求。

1. 种植层重量的减轻

屋顶花园多用轻质材料，如人造土、蛭石、珍珠岩、陶粒、泥炭土、草炭土、腐殖土、沙土和泥炭土混合花泥等。另外，还可以使用屋顶绿化专用无土草坪。在生产无土草坪时，可以根据需要调整基质用量，用以代替屋顶绿化所需的同等厚度的壤土层，从而大大减轻屋顶承重。设置草坪、花坛要尽量衬土薄一些。

种植层主要有下面几种常用轻基质：

（1）泡沫有机树脂制品（容重30 kg/m^3）加入腐殖土，约占总体积的50%；

（2）海绵状开孔泡沫塑料（容重23 kg/m^3）加入腐殖土，占总体积的70%~80%；

（3）膨胀珍珠岩（容重60~100 kg/m^3，吸水后重3~9倍）加入腐殖土，约占总体积的50%；

（4）蛭石、煤渣、谷壳混合基质（容重300 kg/m^3）；

（5）空心小塑料颗粒加腐殖土；

（6）木屑腐殖土。

由于土层不厚，植物材料尽量选用一些中小型花灌木及草坪草等地被植物。为满足植物根系生长需要，一般种植土要有30~40 cm厚，局部可设计成60~80 cm厚。地被植物栽培土深16 cm左右；灌木栽培土深40~50 cm；乔木栽培土深75~80 cm，少用大乔木。所以，一般选择浅根的植物，比如灌木、小乔木、小竹子、杜鹃、月季、玫瑰等。

可采用预制的植物生长板，植物生长板采用泡沫塑料、白泥炭或岩棉材料制成，上面挖有种植孔。

2. 过滤层、排水层、防水层重量的减轻

（1）用玻璃纤维布作过滤层比粗砂要轻。

（2）排水层的材料有下列几种，可代替卵石和砾石：①火山渣排水层，容重850 kg/m^3，保水性8%~17%，粒径1.2~5 cm；②膨胀黏土排水层，容重430 kg/m^3，保水性40%~50%，最小厚度5 cm；③空心砖排水层，为40 cm×25 cm×3 cm加肋排水砖，还可用塑料排水板。

（3）减轻防水层重量，如选用较轻的三元乙丙防水布等。

3. 构筑物、构件重量的减轻

（1）可少设置园林小品及选用轻质材料，如空心管、塑料管、轻型混凝土、竹、木、铝材、玻璃钢等制作小品，如凉

亭、棚架、假山、室外家具及灯饰等。

(2)用塑料材料制作排灌系统及种植池。

(3)合理布置承重，把较重物件如亭台、假山、水池安排在建筑物主梁、柱、承重墙等主要承重构件上或这些承重构件的附件，或尽量将这些荷载施加到建筑物的承重构件上，使结构构件能够有足够的承载能力承受屋顶花园传下来的荷载，提高安全系数。

(4)在进行大面积的硬质铺装时，为了达到设计标高，可以采用架空的结构设计，以减轻重量。

在具体设计中，除考虑屋面静荷载外，还应考虑非固定设施、人员数量和流动性及外加自然力等因素。

六、居住区屋顶花园的空间划分 SIX

1. 种植区域的划分

植物种植是营建屋顶花园的必备内容，也是实现屋顶花园绿化的必要条件。在进行种植区域划分时，应该考虑植物的生长条件和花园空间功能组织的要求。屋顶花园主要的规模性种植区域应该设置在具备开放性的围栏、栏杆周围，因为这些区域具备开放性，与外界环境保持联系，能很好地接触日照、风雨、空气，具备很好的植物生长条件。这些区域的植物能围合中部的活动区域，使人们身处于植物群落之中，不影响人们在空间中移动，起到构筑植物群落景观和创造私密空间的作用，同时也对建筑立面起到美化作用。

花园中其余的植物区域，主要用于空间分隔或空间联系，因此会设置在活动区域。这些种植区域要注意规模与体量，在保证其功能与作用的情况下，不能过多占用空间，不能影响活动区域。如图 8-3 所示，种植区域设置在护栏旁，周围种满了植物，当人们坐在坐椅上休息时，不仅可以感受到周围植物的绿意，还可以眺望远处的景观，从而使此处成为一个惬意的休憩场所。

图 8-3　护栏旁种满植物，围合中间的休闲坐椅

在进行屋顶花园空间划分时，要划分出足够的植物种植区域来种植植物，从而形成丰富的植物群落景观，实现美化居住环境、产生生态效益的目的。缺乏植物的屋顶花园，算不上真正意义上的屋顶花园。一般来说，屋顶花园的绿化(包括草本、灌木、乔木)覆盖率最好在 60% 以上，因此种植区域应该根据空间的要求划分确定。如果种植区域划分得过小，则不能实现绿化的目的；如果种植区域划分得过大，则会增加经济投入，使花园被植物淹没，反而影响住户的正常生活。所以，一定要使得种植空间同活动空间相互协调，达到各自的功能目的。

2. 活动区域的划分

活动区域是居住区屋顶花园中通常都具备的一个区域，屋顶花园除了用于观景外，还应该具备必要的活动功能，这对于居住在高层的住户来说非常重要。能在充满绿意花香的高空环境中休憩娱乐，是一件十分舒心惬意的事情。

居住区屋顶花园一般场地有限，进行必要的植物种植之后，剩余的花园场所就更小了，因此居住区屋顶花园一般不可能像陆地庭园一样实现多种活动空间的划分。对于活动空间的划分，宜结合花园场地大小，宁可功能单一，求精求细而不求全。如在花园中设置一些桌椅就可以供人们观景休憩，摆放一些简单的运动设施就可以供人们进行身体锻炼。

总的来说，屋顶花园活动区域的划分受到了屋顶花园特点的限制，所以设计时要根据屋顶花园的实际情况，按照住户的要求来进行。

七、居住区屋顶花园景观小品的选择　SEVEN

景观小品（如水景、雕塑、假山等）是居住区屋顶花园中常见的元素。它同植物相互映衬，为花园营造出精致的景观，并起到点明主题和创造风格的作用。如叠石和假山的设置可以营造中国式园林的氛围，石灯和细沙枯流的搭配可以产生日式枯山水的意境，壁炉和雕塑的摆放可以体现西方式园林的风格。

在选择景观小品时要遵循以下两点：一是景观小品的选择要符合住户的要求，体现住户的情趣爱好，能体现花园的主题和整体风格；二是景观小品的数量要适宜，切不可过多过量。因为景观小品在花园中可以起到画龙点睛、形成景观焦点的作用（见图 8-4），太多的景观小品会使景观琐碎杂乱。

图 8-4　简单而精致的小品起到画龙点睛的作用

八、居住区屋顶花园的植物选配 EIGHT

1. 居住区屋顶花园的植物选择

屋顶花园场地有限，且位于风力强、缺水和少肥的环境，受到的光照强度大、时间长，温差大，这些自然条件对植物生长不利。为了保证植物的正常生长，应该选择生长缓慢、耐旱、耐寒、喜光、抗逆性强、易移栽和病虫害少的植物。另外，植物选择一般以浅根系树木为主，不宜种植高大的乔木。

一般来说，屋顶绿化可供选择的植物品种较丰富，并应根据树木种类确定具体的栽植方式。进行大面积的覆土种植时，由于覆土厚度浅及屋顶负荷有限，加之屋顶日照足、风力大、湿度小、水分散发快等特殊的地理环境，因此植物需要具备阳性、浅根系、耐旱及抗风能力强等特点，体量也不能太大。由于屋顶花园承重的要求，其覆土厚度可能会受到限制，因此一些大灌木、乔木不能成活。例如，当覆土厚度小于 20 cm 时，不适宜栽种大灌木、乔木等，植物品种仅局限于小灌木或地被植物。此时还可以采取盆植方式，通过不同深浅与高度的植箱与盆栽的组合，满足不同植物对土壤深度的需求。土深 30 cm 左右的浅盆可以在楼面均匀密布。盆植方式安全、快捷、造价低，为增强其美化效果，种植容器可大可小、可高可低，可移动可组合。此外，树种要选择便于管理的乡土树种，切勿选择有毒、有刺、有刺激性气味、有飞絮及过于昂贵的名贵树种。

要实现植物的生态性，需要实现植物的规模化种植。若植物绿量太少，则其生态作用不显著。在进行居住区屋顶花园的空间划分时，首先，要规划足够的种植空间用于植物的种植，同时要注重整体建筑立面的绿化效应，使植物绿量大，绿化的范围大，从而更好地实现生态效应。其次，在植物选择上，要选择最适宜屋顶花园栽植的生态型植物，并精心配制种植土，以保证植物的良好生长，增加叶面积指数，增加叶绿体含量。最后，在绿化方式上要充分利用花园的竖向和平面空间，利用棚架植物、攀缘植物、悬垂植物等实现立体绿化，尽可能地增加绿量。

2. 居住区屋顶花园的植物搭配

1）植物高低层次的搭配

居住区屋顶花园在进行高低层次的搭配时，要先确定骨架性植物，然后再用过渡性植物或景观性植物填充。居住区屋顶花园中一般以中等高度灌木作为骨架性植物，以乔木或大型的灌木作为景观性植物，而以小型灌木、草本植物作为过渡性植物，以此实现整体植物群落在高度上的层次变化。

骨架性植物确定后，便撑起了一个基本的骨架，这时应该填充景观性植物和中小型灌木或草本植物来丰富和联系整体空间。不同的植物填充后，可以在高度上和形状上有很多变化，但这种高差不能太突兀，要与结构性种植形成自然的过渡。较高的植物如乔木，可以突出兴趣点并强调竖向空间。地面的植物，包括灌木、草本植物应该大量种植，它们在高大的植物下面起到联系不同种类植物的作用。灌木作为主要的骨架性植物起着控制空间开朗性与私密性的作用，它可以形成空间的垂直围合面，控制人们的视线，从而营造空间私密与开放的感受。此外，许多攀缘植物也有这种作用。如图 8-5 所示，花园一角不同种类的植物在高度上具有层次的搭配，大面积的地被植物种植联系了整个花园，而修剪成规则形状的矮灌木与树形自然的中等灌木相映成趣，从而在外观形态上形成了丰富的美感。

2）植物形状的搭配

在进行植物种植时要考虑植物形成的轮廓。在视觉上植物形成的轮廓应是放松的，如使用竖形的花草，可以在狭小的空间中产生立体感。植物应该起到柔化的作用，掩饰那些墙角突兀的硬边和墙面单调生硬的质地，同时又连接外界环境或邻近的花园,这样可以将外景纳入花园,同时又和整体环境相协调。另外,应该多选择小叶片类型的植物,它们受风力影响小,而且形态轻盈,可以丰富空间。总之,在进行植物选择时要考虑植物的形态,植物的整体形状很重要,通过不同形状的搭配可以形成不同的景观效果。

图 8-5　屋顶花园有层次的搭配

3)植物色彩的搭配

色彩是植物的一个非常显著的特性,它通过植物的树干、枝条、树皮、叶、花、果等呈现出来,能触发人的情感,创造丰富的景观效果。花园里的植物,有的色彩鲜明,有的颜色单一,因而使人产生不同的感觉。引人注目的黄色、红色、橙色等暖色植物具有前进感,而蓝色等彩度低的植物具有后退感。植物色彩的组织方法是将冷色植物置于离人最远的地方,而将暖色植物置于最显眼处,这样可以让暖色植物成为焦点,同时使冷色植物成为深远的背景,使空间产生层次感,从而显得更为宽敞。此外,要注意阳光对颜色的影响,光线越强,对色彩的调节能力越强。一般情况下,在强光下,暖色植物会失去鲜艳,看起来不那么引人注目。因此,可以在光量较大的屋顶花园上使用色彩鲜艳的植物,这样看起来不会显得耀眼;而在较为暗淡的角落使用白色的植物,可以起到强调作用,同时提亮整个区域。如图 8-6 所示,白色的花卉带来了光感,同时也成为景观焦点。

4)植物季相的搭配

植物会随着季节的变化而发生显著的特征变化,这些变化一般表现在树形和色彩上。因此,屋顶花园在进行植物搭配时要选择比较丰富的种类,使花园一年四季均有不同的景致可观。屋顶花园中常见的季相搭配是草本植物与常绿灌木的组合,常绿灌木可以成为整个花园的骨架,而草本植物则能成为过渡者,使花园的整体植物景观统一起来。此外很多草本植物是观花性质的,在冬天会凋零,而在第二年春天则会重新生长。所以,在屋顶花园中应该配置一些常绿灌木和草本植物,这样可以在一年四季欣赏到不同的色彩与植物形态。另外,灌木自身也有多种搭配,灌木有常青的,也有落叶的,许多灌木在一年四季不同时节开花,甚至冬天也有开花的灌木,所以经过植物种类的挑选和搭配可以产生许多丰富的形态。例如,在合适的背景前设置一些落叶灌木,这样可以在春夏欣赏植物的叶形美，而在冬季则可欣赏植物的枝条形态美。

图 8-6 白色花卉加强了整个区域的亮度

任务实施

一、项目概况 ONE

望京新城道路网为环状放射系统，以公建为中心，以中心区的步行花园街为主轴，依次向四周放射，在东、北、西三面呈环状围绕着 A1～A5 五个住宅小区，形成层次分明、向心内聚、灵活而严谨的城市结构布局。其中，A4 区为全高层住宅小区，它的一区、二区屋顶花园由 9 座塔楼围合，坐落在距地面 5 m 高的地下车库屋顶上。一区花园占地面积 1.22 hm^2，二区花园占地面积 1.07 hm^2。整个小区为无障碍设计。该小区为建设部 2000 年跨世纪试点小区，工程规模 22900 m^2，投资金额 300 万元。

二、规划设计构思 TWO

望京新城 A4 区屋顶花园的设计大胆突破了传统种植模式，并采用多种美观、稀有树种造景。

（一）望京 A4 一区

一区园林设计试图通过自然地形、竹林、绿篱，配合建筑小品的矮墙、花池、花架和地面等的竖向变化，形成不同的空间组合，并且通过高低错落且色彩丰富的植物组合形成不同的园林景观，给居民提供丰富多彩的休憩空间，如图 8-7 和图 8-8 所示。

图 8-7 A4 一区屋顶花园鸟瞰图（1）

图 8-8 A4 一区屋顶花园鸟瞰图（2）

(二)望京 A4 二区

二区花园塔台由 2 组电梯井将花园分成 3 个相互独立的空间,分别为西部台地花园、中央下沉式流水广场、东部儿童乐园。园林设计相应地采用 3 种绿化模式,营造不同的园林意境,总体风格简练、大方,注意突出植物的群体效果,重点栽植扫帚油松、红叶李、龙爪槐、迎春、宿根花卉等耐热、耐旱的植物,如图 8-9 所示。

图 8-9 A4 二区屋顶花园局部效果图

任务二 公共游憩性屋顶花园设计

任务提出

以深圳宝明城大酒店屋顶花园设计为例,通过对此案例的分析和练习来学习和掌握公共游憩性屋顶花园的设计方法。

任务分析

该工程是一集饮食、住宿、商务于一体的四星级酒店的屋顶花园，主要用于为住客提供游憩场所及改善城市景观，所以在工程设计过程中既要考虑屋顶细部设计、屋顶植物的选择问题，还要考虑屋顶绿化设计的原则与方法问题。要完成该项任务，必须认真阅读平面图，熟悉平面图设计内容，这样才能更好地掌握公共游憩性屋顶花园的设计原则及方法。

相关知识

一、公共游憩性屋顶花园建设的作用 ONE

（一）节约利用水

1. 储水功能

绿化屋面可以截留雨水，减少地表径流，把大量的降水储存起来。据统计，根据种植基质的持水能力的不同，屋顶绿化能够有效截留60%～70%的天然降水，并且截留的天然降水可以在雨后若干时间内逐步被植物吸收和蒸发到大气中，使屋顶的雨水得到充分利用，这对于水资源非常匮乏的城市和地区来说十分重要。

2. 通过储水减少屋面泄水，减轻城市排水系统的压力

在进行城市建设时，地表水都会因建筑而形成封闭层。降落在建筑表面的水，通过排水装置引到排水沟，再输送到澄清池或直接转送到自然或人工的排水设施中。这种通常的做法没有把屋顶水作为有价值的自然资源利用，而是将其同严重污染的水混合在一起作为废水处理，处理费用相当高，也会造成地下水的显著减少甚至枯竭。屋顶绿化通过其储水功能可以减轻城市排水系统和防洪的压力，显著减少处理污水的费用，可见屋顶绿化是改善城市生态环境的良好开端。

（二）保护建筑构造层

建筑屋顶构造的破坏只有少部分是由承重物件引起的，多数情况下是由迅速变化的温度造成的。如冬天，在寒冷的夜晚建筑都还结着冰，而到了白天，短时间内建筑表面的温度却迅速升高。即使是夏天，在夜晚降温之后，到了白天建筑表面的温度也会很快显著升高。温度的变化，导致屋顶构造的膨胀和收缩，建筑材料将会受到很大的负荷，其强度会降低，进而造成建筑出现裂缝、寿命缩短等现象。而具有不同覆土厚度的绿化屋面，隔热、防渗性能一般会比架空薄板隔热屋面的好得多。

我国《建设工程质量管理条例》明确规定，建筑物屋面防水工程的最低保修期限只有5年。这样就得对屋面防水层进行不断的整修。但绿化的作用，将大大延长屋顶有效使用周期，节省维修费用。

（三）改善城市生态环境

屋顶绿化是国际公认的改善城市生态环境最有效的措施之一。屋顶绿化可以通过植物的蒸腾作用和屋顶绿地的蒸发作用增加湿度，降低环境温度，减少热辐射、保温隔热，节省制冷、制热费用，还具有减渗、减少噪声及屏

蔽放射线和电磁辐射等作用。

1. 调节温度与湿度

屋顶绿化增加绿量，夏季可以有效缓解城市局部热岛效应，降低太阳辐射强度；冬季具有保温作用，降低能源消耗。

绿色屋顶因植物的蒸腾作用和潮湿的土壤而使蒸腾量大大增加，疏松的土壤比密实坚硬的建筑材料进水性好，故绿色屋顶径流量减少，贮存的水量增多，使得绿色屋顶附近空气湿度增加，从而减弱干岛效应。

2. 对风的影响

在屋顶平均高度之上经常出现一个较大的风速区，称为房顶小急流。如果在屋顶上种植了植物，则可加大屋顶粗糙度，增加摩擦，使风速减弱。同时，绿地的降温作用，使气压在同一高度的水平方向上产生了梯度，使弱化了的屋顶上的空气向未绿化区域空间流动，形成局部环流，对城市热岛环流有一定的破坏作用。

3. 减弱光线反射

随着城市高层、超高层建筑的兴起，更多的人工作与生活在城市高空，不可避免地要经常俯视楼下的景物。无论哪种屋顶材料，在强烈的太阳照射下均会产生刺目的眩光，都将损害人们的眼睛。屋顶花园和垂直墙面绿化代替了不受视觉欢迎的灰色混凝土、黑色沥青和各类建筑材料墙面，大大减弱了光线的反射。

4. 减轻城市环境污染

屋顶花园中的植物与平地植物一样，具有改善局部小气候、调节城市的温度和湿度、吸收二氧化碳、释放氧气、吸附污染物、净化大气、吸滞尘埃等作用。此外，与地面植物相比，屋顶植物由于生长地势较高，能在城市空间多层次地净化空气，成为种在城市空间多层次分布的“滤清器”，起到地面绿化所起不到的作用，可以发挥更大的调节功能。

绿色植物像空气的过滤器，使空气透明度增加，减少了凝结核，从而减少城市中云、雾的形成。另外，绿色植物能减轻城市噪声污染，一些植物还能分泌出能杀菌的挥发性物质，这对保护城市环境是有益的。

5. 归还大自然有效的生态面积，保护城市的生物多样性

绿地面积及其空间结构影响着城市的生物多样性。屋顶花园是城市绿色空间的重要组成部分，它可以成为维持和保护生物多样性的重要场所之一。有研究表明，城市生态系统中生物多样性的提高，对城市居民生活质量有正面的影响。

同时，在屋顶上还可以繁养一些濒危的动、植物种类，因为在那里它们可以少受到人为干扰。

（四）景观作用

屋顶花园可以加强景观与建筑的相互结合，增加人与自然联系的紧密度。如日本别子铜山纪念馆（见图8-10），为了更好地取得与环境的协调，建筑沿山坡而建，半埋入地下，屋面全部覆盖花草树木，与自然融为一体，取得了很好的效果。对于身居高层的人们来说，无论是俯视大地还是仰视天空，都如同置身于绿色环抱的园林美景之中。

屋顶花园在为人们提供娱乐休闲空间和绿色环境享受时，对人心理、生理的影响更为深远。以花草树木组成的自然环境透出极其丰富的形态美、色彩美、芳香美和风韵美，能调节人们的神经系统，使紧张、疲劳得到缓解甚至消除，提高人们的生活质量。

图 8-10　日本别子铜山纪念馆

二、公共游憩性屋顶花园的概念 TWO

公共游憩性屋顶花园是指在一切公共性建筑物和构筑物的顶部、桥梁、天台、露台或大型人工假山山体等之上进行绿化装饰及造园所形成的绿地。

三、公共游憩性屋顶花园的设计方法 THREE

公共游憩性屋顶花园的设计方法有自然法、轴线法和综合法。

(一)自然法

自然法即山水法。以中国古典园林为代表的自然山水园就是山水法设计的典范。山水法造园,讲究地形、山水的曲折变幻,即使在平地造园也要挖湖、堆山。在屋顶花园的应用中,突破屋顶空间限制是设计构建山水屋顶花园的关键。

1. 转移注意力

大多数屋顶花园是狭长的,设计中,如果中央是开敞的,一眼就能看到底,也就是所谓的一览无余。但如果在中心设置非常吸引眼球的观赏水池、喷泉或者具有趣味性的雕塑,当人的注意力被中心景物吸引时,就不会太在意空间是否太小。如图 8-11、图 8-12 所示,小面积的种植屋顶上几乎没有空间分隔,但是中心的水池或花坛的布置很奇异,非常吸引人。

如果屋顶的面积容许分隔造景,分隔用的屏障可以简单地由较为高大的植物组成,也可用植篱或爬满植物的棚架。

图 8–11　自然式的山水屋顶庭园

图 8–12　屋顶上引人注目的图案

2. 营造园中园

把屋顶花园分成不同的空间，安排不同的内容也就很容易了。它们之间通过藤架、凉亭或拱架联系，这样从一个空间到另一个空间，给人以别有洞天的感觉。空间的大和小原本就是相向而生的，我们分隔空间，营造空间的变化、有节奏的感觉，在实质上也是为了满足人心理上对大自然神秘、变幻莫测的一种向往和需要，能够让人们在屋顶观望城市的水泥"森林"的同时，在空中的绿洲上有一些惊喜。可通过绿篱、棚架和栅栏来进行空间的分隔，形成"园中有园"的感觉。

屋顶上所分隔的"园"之间以及其中内外，可以有明显的界线，但也要尽量做到你中有我、我中有你，渐而变之，使景物融为一体。景观的延伸通常引起视觉的扩展，可以眺望的景观，加上人心中的无限意境，空间就无所谓大小了。

比如铺地，将墙体的材料使用到地面上，将室内的材料使用到室外，互为延伸，产生连续不断的效果。渗透和延伸经常采用草坪、铺地等的延伸、渗透，起到连接空间的作用，给人在不知不觉中景物已发生变化的感觉，在心理感受上不会“戛然而止”，给人良好的空间体验。

3. 巧妙用“孔”

“孔”是增加空间的深远感的有效手段。如图 8–13 所示，通过廊架的前景看过去，屋顶花园显得更具有透视感。

孔是特定的物体，实质是具有穿透性。因此，它在增强空间感方面有着特殊的含义。对于空间渗透联系的手法，在望的景致相比突然转换的景致在心理上让人感觉更加温和、容易掌控，因而也更适合出现在屋顶花园。孔的理论不仅是在布置时巧借山石的洞、漏窗展现空间的幽深，还可体现在植物的质感安排上——疏密、软硬、色泽深浅。反光感、透光度不同的植物，亦可以产生“庭院深深深几许”的幽静感。

图 8–13　巧妙用“孔”

4. 借景

借景也是景观设计常用的手法，即通过建筑的空间组合或建筑本身的设计手法，将景区外的景致借用过来。屋顶空间是有限的，在横向或纵向上要让人扩展视觉和产生联想，才可以小见大，产生这一效果最重要的一种办法便是借景。如图 8–14 所示，雅典卫城作为 Plaka 旅馆屋顶花园的远景，与园内浑然一体。

以城市景观为借景，可以丰富景观的空间层次，给人极目远眺、身心放松的感觉。甚至可以将屋顶设计成专门的观景平台，也就是说，屋顶上的景完全是为了陪衬远观的城市风景，这时通常的做法是：比较高的乔木选择有下垂枝叶的，灌木选择比较低矮和有柔软枝条的，组织成一个取景框将远景拉伸过来。

5. 添景

一个景观在远方，或自然的山，或人为的建筑，如没有其他景观在中间、近处作过渡，就会显得虚空而没有层次。在观赏景物过程中，近处有小品、乔木作前景，中间是主景，远处是蓝天、白云的背景，景观会显得更有层次美，这些小品和乔木便叫作添景。

6. 障景

“佳则收之，俗则屏之”是我国传统的造园手法之一。在现代景观设计中，也常常采用这样的思路和手法。隔景是将好的景致收到景观中，将乱、差的地方用树木、墙体遮挡起来。障景是直接采取截断行进路线或逼迫其改变方向的办法用实体来完成的。

图 8–14　借景

(二)轴线法

轴线法是规则式园林常用的设计方法。强烈、明显的轴线结构,使园林作品产生庄重、开敞、明确的景观效果。一般的轴线法的创作特点是:由纵横两条相互垂直的直线组成主轴线,成为控制总体构图的“十字架”,再由主轴线派生出若干次要的轴线,或相互垂直,或呈放射状布置,构成图案性非常强烈的整体布局。

轴线法创作产生的规则式屋顶花园,一般适合设置在大型、气氛比较庄重的纪念性场所;但是在现代设计中,规则式布局的屋顶花园也可以营造出活跃、休闲的效果。一般采用如下手法。

1. 利用对角线

对于屋顶花园,轴线最好是利用屋顶场地的对角线。对于矩形和正方形基地来说,绝对景深最深的是其对角线,所以调整轴向也是常用的技法之一。对于正方形来说,轴间角自然是 45°,若是狭长的基地,可以连续使用 45° 的对角线,这样可使园子看上去比实际的大得多。

2. 利用装饰品

屋顶面积不能和地面造园相比,但在屋顶眺望出去,别有一种开阔感,所以在屋顶上营造具有恢宏气势的花园并非没有可能。

瓶饰、雕像、盆树和盆花是可以在屋顶上轻易制造欧陆风格的造景元素,它们体量小、重量轻,并且方便组合摆设。通直的轴线容易暴露出屋顶面积狭小的缺点,在轴线节点上点缀吸引视线的装饰,形成视觉兴奋点,人的注意力会因此转移,削弱空间狭小的感觉。

(三)综合法

所谓综合法,是介于绝对轴线对称法和自然山水法之间的园林设计方法,又称混合式设计法。东西方文化长期交流,相互取长补短,使园林设计方法更加灵活多样。由于文化交流、思想沟通、科学进步和社会发展,现代文化生活趋于近似,并逐渐形成现代自然山水园的风格。如图 8–15 所示,纽约现代艺术博物馆的屋顶花园具有丰富的景观变化,如流畅的曲线道路,有日本枯山水庭院纯净的颜色。

图 8-15 纽约现代艺术博物馆的屋顶花园

四、公共游憩性屋顶花园的细部设计 FOUR

1. 植被、水体——对硬质空间的柔化

屋顶景观设计中，植被、水体的应用对硬质空间的柔化作用是显而易见的。同时，植被、水体自身的特色，为景观提供了富有生机，充满感性、活力的空间。不同形式、不同色彩的组合、搭配，在视觉、听觉上给人以感观的刺激；在形式、色彩上的变化，给景观在时间上以空间的转换，使景观不至于单调、无变化。如图 8-16 所示，屋顶上的水景一般比较小巧，植物是茂密还是疏瘦要由花园的设计风格来定。

2. 台阶——不同高差的转化

台阶是不同高差地面相结合的方式之一。它虽然属于交通性质的过渡空间，但也能创造出动人的“线”造型，产生巨大的艺术魅力。正因如此，台阶在园林设计中往往会摆脱其纯功能性，被夸大并与场地相结合，营造出多功能、极富韵律感的空间，如图 8-17 所示。

3. 小品——视线的引导

城市中的各种设施，如花坛、灯具、雕塑、花架、坐椅等，一般出现在不同空间的连接处，如开放空间与私密空间、自然空间与人工空间、园内空间与城市外空间。小品在此处不仅起着点缀的作用，也起到对视线的引导和汇聚作用，形成焦点，标志着此空间与彼空间的区别，暗示其存在。

4. 铺装——空间的划分

园林设计中地面铺装同样起着对空间进行划分的作用。当然，这里并非单指在材料上的变化，在很大程度上也体现为形式上的变化。卵石模纹、日本的“榻榻米”都因其自身形式的组合，使得所在空间或突出，或连续，在视觉上、心理上都收到了良好的效果。值得注意的是，园林中各要素并非孤立地存在，设计过程中通常会相互穿插、相互渗透，这样才能显出作品的整体协调性。

图 8–16　屋顶上的水景

图 8–17　台阶能在平稳的布局中体现节奏感

五、公共游憩性屋顶花园的种植设计 FIVE

因为受屋顶特殊立地条件的限制，屋顶花园的设计建造，往往不能随心所欲地改造地形、营造水体；道路也因屋顶场地狭小而不能形成多级系统。因而，精心搭配的、生机勃勃的植物景观就成为屋顶花园的主要内容。园林植物的选择和配置决定了屋顶花园观赏效果的好坏和艺术水平的高低。如果不注意花色、花期、花叶和树形等的搭配，随便栽上几株，就会显得杂乱无章，景观大为逊色。

一方面，园林花卉植物花色丰富，观赏价值不尽相同，需要科学地从园林植物特有的观赏性角度考虑，以便创造优美、长效的植物景观。另一方面，设计中不仅要重视植物景观的视觉效果，还要营造出适应当地自然条件、具有自我更新能力、体现当地风貌的植物景观，即自然、文化与植物景观设计相结合。

（一）屋顶植物的选择

种植设计效果往往需要经过一定时间的生长才能实现，刚刚栽种完毕的花园不可能一下子就成型。但很多时候，人们最先设计的景观效果不能完美地呈现，是因为预先考虑的植物效果过于理想化了，从而导致种植设计实施失败。如主景植物对环境不适应而不能成景，甚至死亡；原来处于陪衬地位的植物生命顽强而四处蔓延；外地引进的植物需要高昂的养护费用等。所以，屋顶的植物造景设计，要基于适宜植物的选择。

1. 基于屋顶环境条件的植物选择原则

由于受种植土厚度、光照、承重等因素的制约，屋顶花园植物品种的选择面就较为狭窄。所种植物要求耐阳、耐旱；一些直根系的植物就不宜种植，宜选择浅根系的小乔木，与灌木、花卉、草坪、藤本植物等搭配。

大多数的棕榈科植物是南方屋顶花园的首选；北方则注重耐旱的景天科植物。屋顶花园如果相当于一个公共的庭园，像桂花、九里香等庭园常用植物就都可以使用，底层种植一些耐阴性强的地被植物或小灌木，形成自然型的植物群落。

（1）选择耐旱、抗寒性强的矮灌木和草本植物。

由于屋顶花园夏季气温高、风大、土层保湿性能差，而冬季则保温性差，因此应选择耐干旱、抗寒性强的植物。同时，考虑到屋顶的特殊地理环境和承重的要求，应选择矮小的灌木和草本植物，以利于植物的运输、栽种和管理。

（2）选择阳性、耐瘠薄的浅根系植物。

屋顶花园大部分地方为全日照、直射，光照强度大，植物应尽量选择阳性植物，但在某些特定的小环境中，如花架下面或墙边的地方，日照时间较短，可适当选用一些半阳性的植物种类，以丰富屋顶花园的植物品种。屋顶的种植层较薄，为了防止根系对屋顶建筑结构的侵蚀，应尽量选择浅根系的植物。因施用肥料会影响周围环境的卫生状况，故屋顶花园应尽量种植耐瘠薄的植物种类。

（3）选择抗风、不易倒伏、耐短时积水的植物种类。

在屋顶上空风力一般较地面大，特别是雨季或有台风来临时，风雨交加对植物的生存危害最大；加上屋顶种植层薄，土壤的蓄水性能差，一旦下暴雨，易造成短时积水，故应尽可能选择一些抗风、不易倒伏，同时又能耐短时积水的植物。

（4）选择以常绿树种为主，冬季能露地越冬的植物。

营建屋顶花园的目的是增加城市的绿化面积，美化“第五立面”。屋顶花园的植物应尽可能以常绿树种为主，宜用叶形和株形秀丽的品种，为了使屋顶花园更加绚丽多彩、体现花园的季相变化，还可适当栽植一些彩叶树种；另外，在条件许可的情况下，可布置一些盆栽的时令花卉，使花园四季有花。

（5）尽量选用乡土植物，适当引种绿化新品种。

适地适树是植物造景的基本原则，因此应大力发展乡土树种，适当引进外来树种。乡土植物对当地的气候有高度的适应性，在环境相对恶劣的屋顶花园，选用乡土植物有事半功倍之效。同时，考虑到屋顶花园的面积一般较小，为将其布置得较为精致，可选用一些观赏价值较高的新品种，以提高屋顶花园的档次。

（6）选择能抵抗空气污染并能吸收污染物的品种。

在屋顶绿化中，应优先选用既有绿化效果又能改善环境的品种，这些植物会对烟尘、有害气体有较强的抗性，并且起到净化空气的作用，如桑、合欢、皂荚、圆柏、广玉兰、棕榈、夹竹桃、女贞、大叶黄杨等。

（7）选择容易移植、成活率高、耐修剪、生长较慢的品种。

屋顶花园的植物一般是从苗圃移植而来的，所以最好选择已经移植培育过、根系不深但是须根发达的植株。由于屋顶承重的限制，植物的未来生长量要算在活荷载中，生长慢并且耐修剪的植物能够较长时间地维持成景的效果。

（8）选择具有较低的养护管理要求的品种。

需要正视的现实是，几乎没有植物能够符合以上所有的要求。比如，耐寒的能在屋顶自然生长的植物，往往具有发达的容易对屋顶结构产生破坏力的根系；浅根系的植物需要较多的水分，并且需要人为地固定才能抵挡屋顶大风的侵袭。所以，人们只能选择尽可能合适的植物，同时协调造景与造价、效益的关系。

2. 从造景的角度选择屋顶花园的植物

1）造景上对植物选择的要求

进行屋顶花园的种植设计，在视觉上对植物材料有诸多要求。在平面上，要求植物生长丰茂，并且不蔓延出原本划定的界线，要求植物具有丰富的质感和颜色，以及足够长的观赏期来体现设计的意图；在立体上，要求植物有从地面到空中的高低层次，要求植株具有饱满或特异的形态；在时间上，要求植物的观感最好能随季节发生变化，呈现丰富的季相。

2）屋顶花园植物的观赏特性

在屋顶的有限空间里，植物的群体成景效果集中在较低的草坪地被层。对于乔灌类以及较高的地被植物来说，个体的观赏特性往往更为突出，比如单一植株的株形姿态，花、叶、果实的观赏。

（二）种植设计的原则与手法

1. 种植设计的原则

（1）符合屋顶花园的性质和功能要求。

进行种植设计，必须从屋顶花园的性质和主要功能出发。屋顶园林从属于特定功能的建筑物，具体到某一花园，总有其具体的主要功能，如办公、观赏或餐饮服务。

（2）考虑园林艺术的需要。

根据屋顶花园总体布局的要求，采用适当的种植形式。规则式布局的花园，种植配置多孤植、对植、列植；在自然式布局中，则多采用不对称的自然式配置，注重发挥植物的自然美，从而创造出协调、多彩的景观。

观赏植物的景色随季节而有变化，应注意在统一中求变化。可在屋顶上分区、分段配置植物，使每个分区或地段突出一个季节植物景观主题；在重点地区，在四季游人集中的地方，应使四季皆有景可赏。在以一个季节景观为主的地段，还应点缀其他季节的植物，否则一季过后，就显得景观极为单调。

在平面上，要注意配置的疏密和轮廓线；在竖向上，要注意树冠线，树丛中要组织透视线。要重视植物的景观层次，远、近观赏效果。远观常看整体、大片效果（如较大面积的秋叶），近观才欣赏单株树形、花、果、叶等姿态。同时，配置植物要处理好与建筑、地形、水、道路的关系。

（3）选择适合的植物种类，满足植物生理要求。

（4）创建屋顶特色种植风格。

屋顶花园会表现出一定的特色，但风格的把握与表现较为复杂。所以，创造屋顶庭园的植物景观风格，要以植物的生态习性为基础，以创造地方风格为前提，以人们熟悉的艺术为蓝本。

2. 种植设计的手法

1）利用灌丛来柔化建筑屋顶的硬质感

屋顶花园可以不设乔木，但灌木则是不可或缺的。花灌木是屋顶花园中植物造景最容易出彩的部分。花灌木的群体景观配置，如块状、片状与条带状围边或花篱等，这些色彩靓丽的色块与色带和起伏的地形一起，营造出了开阔的空间格局。图 8-18 所示为北京中关村广场空中花园，灌木几何规则式的修剪与高大的自然冠形的乔木和直线的道路及硬质的广场相结合，与城市环境是统一的。

图 8-18　北京中关村广场空中花园

2）协调色彩的手法

这里说的色彩，不仅仅是植物的色彩，园林里的水、土、石，屋顶的建筑物、城市中一望无际的灰色，变幻的天空、霓虹灯，凡是屋顶上目力所及的，都有自己的色彩。

色彩的美感能提供给人精神、心理方面的享受，人们都按照自己的偏好与习惯，去选择乐于接受的色彩，以满足各方面的需求。就狭义的色彩调和标准而言，要求提供不带刺激感的色彩组合群体，但这种群体仅提供视觉舒适。因为过分调和的色彩组配，效果会显得模糊、平板、乏味、单调，视觉可辨度差，多看容易使人产生厌烦、疲劳等不适应感。

3）观赏期的组合

本地区出色的植物配置组合，可以在屋顶花园中广泛应用。

(1)丁香品种组合。这是一个春季的组合。多个品种的丁香组合,花期可达一个半月。可配置于花园入口或建筑物墙旁,在开花期十分漂亮。注意在配置时,灌丛间要留有空间。

(2)绣线菊、报春花和雏菊组合。欣赏花期从春到夏长达 3 个月,可用于灌丛边缘的装饰。

(3)茶条槭、荚蒾、忍冬、黄栌和卫矛组合。这是一组秋季的灌木组合,花期一个多月。荚蒾的红果一直可保持到深秋,黄栌形成美丽的紫玫瑰色圆锥花序,忍冬、卫矛在秋季悬挂着果实,茶条槭在深秋红叶艳丽。它们组合在一起构成了美丽的景观。

(4)云杉和月季组合。云杉深灰色的叶子和月季缤纷的花朵形成十分鲜艳的对比色调。

总之,在植物配置中,常绿植物占 1/4 ~ 1/3 比较合适;枝叶茂密比枝叶少效果好;阔叶树比针叶树效果好;乔灌木搭配比只种乔木或灌木效果好;有草坪比无草坪效果好;多样种植植物比纯林效果好。另外,也可选用一些药用植物、果树等有经济价值的植物来配置。

任务实施

一、现场踏勘 ONE

宝明城大酒店位于深圳市某镇,是一座集饮食、住宿、商务等为一体的四星级酒店。其屋顶花园主要为住客提供游憩场所及改善城市景观。深圳市地处华南地区,属亚热带海洋气候,年平均气温 20 ℃,年平均降雨量为 1926.7 mm,雨量充足,气候温和,四季常青,适合多种苗木生长,可更有效地运用各种园林植物进行规划设计(见图 8-19、图 8-20)。

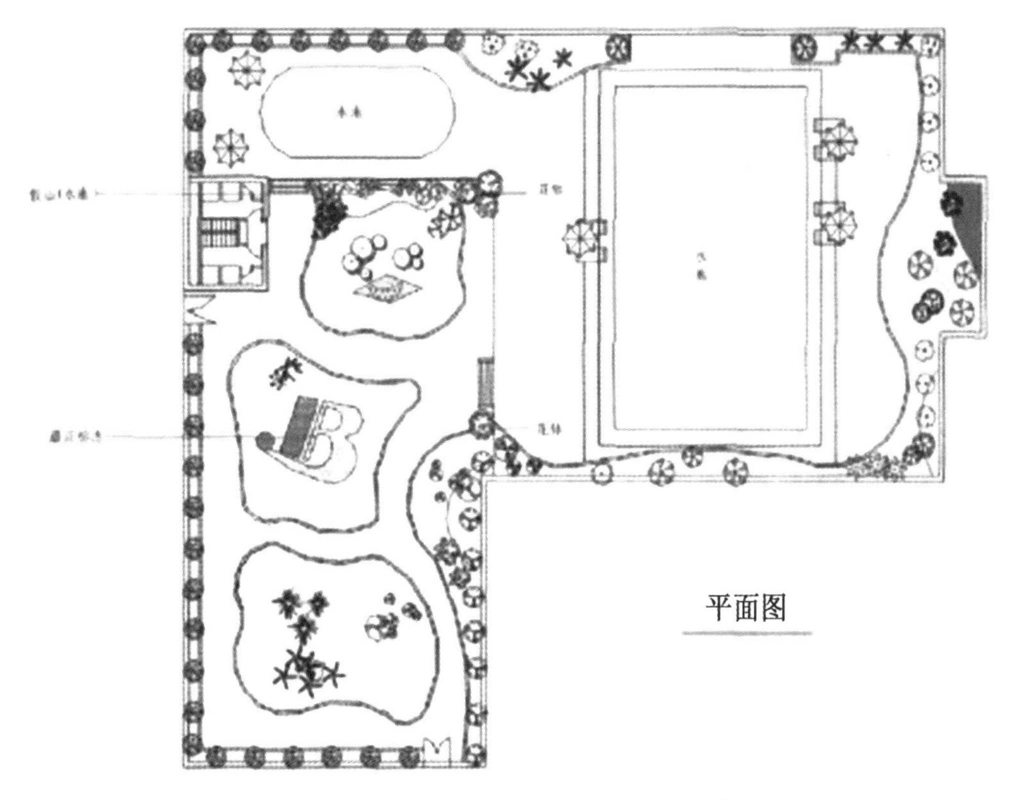

图 8-19　宝明城大酒店屋顶花园平面图

图 8-20 宝明城大酒店屋顶花园立面效果图

二、规划设计构思 TWO

（一）总体设计

该屋顶花园在规划创作中，将风景构图和景观立意有机地结合起来，表现出现代西方园林的形式美和环境美，如图 8-21 所示，给酒店旅客提供舒适、愉悦和休闲的环境，也给人们提供自我感受和自我创造的空间，这也是现代人对生活质量提高所提出的新目标。

图 8-21 构图与立意结合

1. 采用现代图形组合

该规划设计根据屋顶的实际情况和使用的需要，在总构思的平面布局中采用了一种现代图形组合方式，以曲线和直线有机组合，曲直相济，体现抽象的风格和现代流行的景观元素（如花钵、坐凳、游泳池、遮阳亭等），意在用圆弧曲线的重复变化软化原有四方屋顶形态生硬的性格，顺应环境和实际使用的需要，使平面布局表现出强烈的空间逻辑性。

2. 采用庭园式布置

利用两部分屋顶的高差，分成两个区域。在入口部分（较低处）以绿地为主，运用现代图形组合，以曲折的道路为引导，扩展了绿地空间；在高处部分主要以两个大小不一的水池为主，在四周以曲直相接，创造不同形式的绿地，体现休闲、健身的主题。

运用铺装、植物种植等手段进行创造，形成不同尺度和氛围的空间。在不同的观赏点，利用图形的视觉关系，使人们产生不同的心理效果，感受不同的层次变化和不同的情趣。在水池里游泳，享受现代庭园风情，坐在遮阳亭下小憩，可欣赏中国园林的韵味和造园手法，得到心灵上独特的环境渲染。人们在空间活动中可以感知图形艺术的节奏、韵律、流动和酒店的变化。

（二）技术设计

1. 植物造景

采用具有南方特色的树种，如叶子花、桂花、石榴、散尾葵、含笑花、美丽针葵、鸡蛋花、黄蝉等，使四季有花。用黄、红、绿等各种色块营造景观，既有酒店的标志感，又有自然式的种植；在自然式的总体构思中，有中国传统的造园方式，又有西方的造园风格，使整体环境达到净化和丰富的境界，如图 8-22 所示。

图 8-22　植物造景

2. 防渗漏新技艺的应用

本设计中的屋顶防水处理如下：用 1：25 的水泥砂浆做好厚 20～30 mm 的找平层，用 3 mm 厚的 APP 聚酯卷材和 3 mm 厚的抗根卷材做好防水层，用 1：3 的水泥砂浆做好厚 30 mm 的保护层，用 10～15 cm 厚的卵石做好排水层，用 250～300 g/m^2 的聚酯无纺布做好过滤层，最后是 25 cm 厚的植物土壤层。如此选材和施工，就可解决屋顶花园的渗漏问题。

任务三 屋顶花园设计实训

任务提出

以学校所在城市某屋顶花园设计任务为实训课题，以小组为单位，完成现场踏勘、方案构思、方案设计的过程。

成果要求

1. 绘制 CAD 总平面图一张。

2. 绘制效果图。

考核标准

本次考核以小组为单位进行，表 8–3 为考核表。

表 8–3　考核表

考核项目		分值	考核标准	得分
现场踏勘		20	现场调查内容科学合理，分工合作，工作效率高	
设计作品	图面表现能力	20	按要求完成设计图纸，图面整洁美观、布局合理，图例、比例、指北针、文字标注等要素齐全	
	功能性	20	能根据屋顶花园特点合理选择种植方式和植物种类，合理配置园林建筑、小品，满足屋顶花园的使用功能	
	特色	20	能提炼内涵，或营造意境	
思政内容		20	团队合作性强，分工合理，能在规定时间内完成设计任务；能表现出一定的探索创新精神，求真务实、精益求精的职业操守，吃苦耐劳的能力和效率意识	

知识链接

屋顶绿化规范（摘录）
DB11/T 281—2015

1　术语和定义

1.1　屋顶绿化　roof greening

在高出地面以上，底部及周边不与自然土层相连接的各类建筑物、构筑物等的顶部以及天台、露台上的绿化。

1.2 花园式屋顶绿化 intensive roof greening

屋顶种植荷载不小于 3.0 kN/m^2，利用小型乔木、灌木和草坪、地被植物进行植物配置，设置园路、座椅和园林小品等，提供一定的游览和休憩活动空间的绿化。

1.3 简单式屋顶绿化 extensive roof greening

屋顶种植荷载不小于 1.0 kN/m^2，利用地被植物或低矮灌木进行植物配置，不设置园林小品等设施，一般不允许非维修人员进入的绿化。

1.4 种植容器 planting container

预先种植好植物，方便组合并能快速拼装的贮存器。

1.5 永久荷载 permanent load

在结构使用期间，其值不随时间变化，或其变化与平均值相比可以忽略不计，或其变化是单调的并能趋于限值的荷载。

[GB 50009—2012，定义 2.1.1]

1.6 种植荷载 planting load

指种植区因耐根穿刺防水层、保护层、排（蓄）水层、过滤层、水饱和种植基质层和植被层等总体产生的荷载。

1.7 荷重 weight

单位面积受力物体能承受的重量。

1.8 水饱和容重 water saturation density

指种植基质吸持最大水量时单位体积的重量。

1.9 耐根穿刺防水层 root resistant waterproof layer

具有防水和阻止植物根系穿刺功能的防水构造层。

[JGJ 155—2013，定义 2.0.6]

1.10 种植基质 planting medium

具有一定渗透性、蓄水能力和稳定性，提供屋顶植物生长所需养分的有机或无机材料。总体分为以下两种类型：

——改良土 improved soil

由田园土、轻质骨料（草炭和经处理的木屑、稻壳等植物残体或珍珠岩、蛭石、陶粒等）和有机或无机肥料等混合而成的种植基质。

——无机基质 inorganic matrix

由纯天然矿物质，包括珍珠岩、蛭石、陶粒、砂石、浮石等与无机肥料按一定比例混合而成的种植基质。

2 类型

2.1 花园式屋顶绿化

2.1.1 应以植物种植为主，采用小乔木、灌木、地被植物结合的复层植物配置方式。小型乔木、园亭、花架、山石等荷重较大的物体应设置在建筑承重墙、柱、梁的位置。

2.1.2 新建公共建筑或住宅建筑宜采用花园式屋顶绿化。

2.1.3 花园式屋顶绿化建议性指标见表 1。

表1　屋顶绿化建议性指标

绿化类型	项目	指标
花园式屋顶绿化	绿化面积占屋顶总面积	≥ 60%
	种植面积占绿化面积	≥ 85%
	铺装园路面积占绿化面积	≤ 12%
	园林小品面积占绿化面积	≤ 3%
简单式屋顶绿化	绿化面积占屋顶总面积	≥ 80%
	绿化种植面积占绿化面积	≥ 90%
	铺装园路面积占绿化面积	≤ 10%

2.2　简单式屋顶绿化

2.2.1　宜以耐旱性宿根地被或匍匐生长的攀缘植物进行覆盖式绿化。荷载满足相应要求时，可少量配置低矮灌木、适当设置维护通道。

——可进行草毯式铺设或以地被植物为主的满覆盖种植。

——可根据屋顶荷载和使用要求，在屋顶周边女儿墙内侧设置固定种植池，利用植物直立、悬垂或匍匐的特性，种植低矮灌木或攀缘植物。

——可利用种植容器在屋顶上种植地被植物或低矮灌木。

2.2.2　简单式屋顶绿化建议性指标见表1。

3　基本要求

3.1　荷载

3.1.1　新建建筑绿化屋顶结构承载力设计应包括种植荷载。既有建筑屋顶改造成屋顶绿化时，荷载应在屋顶结构承载力允许的范围内。荷载安全应符合 GB 50009 中的相关规定。

3.1.2　花园式屋顶绿化应预先全面调查建筑的相关指标和技术资料，根据屋顶的设计荷载，准确核算各项施工材料的重量和同时容纳人员的数量。

3.1.3　屋顶种植荷载、园林小品、园路铺装等应计入永久荷载。种植基质的荷载应按水饱和容重计算。

3.2　防水

绿化屋顶应按一级防水设计，防水层应不少于两道，其中上道应设置为耐根穿刺防水层。

3.3　排水

3.3.1　排水系统应与建筑排水坡度方向一致并确保连续畅通。

3.3.2　屋顶水落口应保持排水通畅和位置醒目。不得堵塞或覆土种植。

3.3.3　花池、水池应合理设置排水口，以便瞬时降雨时快速排水。

3.4　防护

3.4.1　屋顶绿化应设置独立出入口和安全通道，可设置专门的疏散楼梯。

3.4.2　应在屋顶周边设置高度 1.20 m 以上的防护围栏。

3.5　垂直运输

3.5.1　屋顶施工应符合 JGJ 80 中的相关规定。

3.5.2　高空垂直运输中，应采取确保人员安全和防止施工材料坠落的措施。

3.6　防风

3.6.1　高度大于 2.00 m 的小型乔木和灌木均应采取防风稳固措施。

3.6.2　主风向不应种植枝叶密集、冠幅较大的植物。

3.6.3　建筑规划设计有屋顶绿化时，应预先设计相关防风设施。

3.7　防火

3.7.1　应设置安全防火设施。

3.7.2　冬、春干旱季节应及时清理枯枝落叶，并适当喷水。

3.8　防雷

3.8.1　既有建筑屋顶绿化施工中，不宜改动原有建筑的防雷设施，确需改造的应符合相关规定。

3.8.2　屋顶设置花架、园亭等构筑物的防雷设施，应与建筑的整体防雷设施相互连通，并确保接地，电阻应符合 GB 50057 中的相关规定。

3.8.3　新增构筑物高于原构筑物防雷设施的，接闪器应高于覆盖范围内最高物体高度。

4　材料

4.1　耐根穿刺防水材料

4.1.1　耐根穿刺防水材料应由相关检测机构出具耐根穿刺性能检测合格报告。

4.1.2　弹性体(SBS)改性沥青防水卷材和塑性体(APP)改性沥青防水卷材应采用复合铜胎基、聚酯胎基，涂盖料中应含有化学阻根剂，卷材厚度均不应小于 4.0 mm，其主要性能应符合 JGJ 155 中的相关规定。

4.1.3　聚氯乙烯(PVC)防水卷材、热塑性聚烯烃(TPO)防水卷材、高密度聚乙烯土工膜、三元乙丙橡胶(EPDM)等耐根穿刺高分子防水卷材使用厚度不应小于 1.2 mm，其主要性能应符合 JGJ 155 中的相关规定。

4.1.4　喷涂聚脲防水涂料作为耐根穿刺防水层，其厚度不应小于 2.0 mm，其主要性能应符合 JGJ 155 中的相关规定。

4.1.5　聚乙烯丙纶防水卷材和聚合物水泥胶结料复合耐根穿刺防水材料，其中聚乙烯丙纶复合防水卷材的聚乙烯膜层厚度不应小于 0.6 mm，聚合物水泥胶结料的厚度不应小于 1.3 mm。其主要性能应符合 JGJ 155 中的相关规定。

4.1.6　以压型钢板为基层的屋面设计为种植屋面时，耐根穿刺防水层选用的聚氯乙烯防水卷材、热塑性聚烯烃防水卷材的厚度不应小于 2.0 mm，并应符合 JGJ/T 316 中的相关规定。

4.1.7　耐根穿刺防水材料的性能指标应符合附录 A 的规定。

4.2　排(蓄)水材料和过滤材料

4.2.1　屋顶绿化排(蓄)水层材料应选用抗压强度大、耐久性好的轻质材料，并应符合下列规定:

a) 凹凸型排(蓄)水板和网状交织排水板的主要性能应符合 JGJ 155 中的相关规定。

b) 陶粒的粒径宜为 10 mm～25 mm，堆积密度不宜大于 500 kg/m^3，铺设厚度不宜小于 100 mm。

c) 荷载允许时，采用级配碎石作为排(蓄)水材料，粒径宜为 15 mm～30 mm。卵石的粒径宜为 25 mm～40 mm，铺设厚度均不宜小于 100 mm。

4.2.2 过滤材料宜选用聚酯无纺布，单位面积质量不宜小于 200 g/m^2。

4.3 种植基质

4.3.1 种植基质应具有质量轻、养分适度、清洁无毒和安全环保等特性。

4.3.2 改良土有机质材料体积掺入量不宜大于 20%；有机质材料应充分腐熟灭菌。

4.3.3 屋顶绿化常用种植基质理化指标见表 2。

表 2 常用种植基质理化指标

理化性状	要求
水饱和容重（kg/m^3）	650 ～ 1300
非毛管孔隙度（%）	≥ 10
pH 值	6.5 ～ 8.0
含盐量（%）	≤ 0.12
全氮量（g/kg）	≥ 1.0
全磷量（g/kg）	≥ 0.6
全钾量（g/kg）	≥ 17

4.3.4 屋顶绿化常用种植基质主要性能指标见表 3。

表 3 常用种植基质主要性能指标

类型	水饱和容重（kg/m^3）	EC 电导率（μS/cm）	pH 值
改良土	750 ～ 1300	500 ～ 1500	6.5 ～ 8.0
无机基质	450 ～ 650	500 ～ 900	7.0 ～ 8.0

4.3.5 常用改良土的配比宜符合表 4 的规定。

表 4 常用改良土配比

主要配比材料	配比比例	水饱和容重（kg/m^3）
田园土：轻质骨料	1 ： 1	≤ 1200
腐叶土：蛭石：沙土	7 ： 2 ： 1	780 ～ 1000
田园土：草炭：（蛭石和肥料）	4 ： 3 ： 1	1100 ～ 1300
田园土：草炭：松针土：珍珠岩	1 ： 1 ： 1 ： 1	780 ～ 1100
田园土：草炭：松针土	3 ： 4 ： 3	780 ～ 950
轻沙壤土：腐殖土：珍珠岩：蛭石	2.5 ： 5 ： 2 ： 0.5	≤ 1100
轻沙壤土：腐殖土：蛭石	5 ： 3 ： 2	1100 ～ 1300

4.4　植物

4.4.1　屋顶绿化植物材料应选择耐旱、抗风、耐热、生长缓慢、耐修剪、滞尘能力强、低维护管理的植物种类。

4.4.2　乡土植物比例不应小于 70%，不得使用入侵物种。

4.4.3　乔灌木应符合下列规定：

a）植株生长健壮、株形完整。

b）植物胸径、株高、冠径、主枝长度和分枝点高度应符合 DB11/T 211 中的相关规定。

c）枝干无机械损伤、无冻伤、无毒无害、无污染。

4.4.4　绿篱植物应选择株形丰满、耐修剪的三年生以上苗木。

4.4.5　攀缘植物应选择覆盖、攀缘能力强的三年生以上苗木。

4.4.6　屋顶绿化常用植物材料参见附录 B。

4.5　种植容器

4.5.1　容器的外观质量、物理机械性能、承载能力、排水能力、耐久性能等应符合产品标准，并由相关检测机构提供产品检测合格报告。

4.5.2　容器材质无毒、无污染，耐紫外线老化，使用年限不应低于 10 年。

4.5.3　容器应具有排水、蓄水、阻根和过滤功能。

4.5.4　容器高度不应小于 50 mm。

4.6　灌溉

4.6.1　滴灌、微喷灌工程相关材料应符合 GB 50485 中的相关规定。

4.6.2　喷灌工程相关材料应符合 GB 50085 中的相关规定。

4.7　电气材料

电气和照明材料应符合 GB 16895.27 和 JGJ/T 16 中的规定。

4.8　其他

4.8.1　屋面普通防水层、绝热材料应符合 GB 50345 中的相关规定。

4.8.2　铺装材料、非植物造景用材料应符合 DB11/T 212 中的相关规定。

5　设计

5.1　设计原则

5.1.1　安全性：应在满足屋顶荷载的前提下进行屋顶绿化设计。

5.1.2　生态性：植物选择应遵循适地适树原则，植物配置应遵循生物多样性原则，应以改善生态环境为目标，宜选用生态环保材料。

5.1.3　景观性：体现植物造景特色。突出植物的群落效应和季相变化，达到景观与生态的和谐统一。

5.1.4　经济性：应充分考虑降低施工及后期养护成本。

5.2　设计内容

5.2.1　现场勘查及环境分析：包括建筑周边环境、屋面面积、屋面高程、屋面防水设计及使用状况、室内外高差、建筑朝向、给排水、风荷载等。

5.2.2　方案设计：应根据屋顶荷载、面积大小，水落口、檐沟、变形缝、屋顶构筑物等的位置进行设计。包括：

——掌握结构荷载；

——分析功能要求;

——确定屋顶绿化类型;

——平面布局和初步设计;

——设计选材;

——概算。

5.2.3 施工图设计包括:

——确定屋顶构造层次;

——防水层设计,确定耐根穿刺防水材料和普通防水材料的品种规格和性能;

——排水材料选择及系统设计;

——确定种植基质类型;

——种植设计,种植形式和植物种类;

——树木防风固定设计;

——灌溉系统设计;

——电气照明设计;

——园林小品设计;

——构造节点设计;

——预算。

5.3 基本要求

5.3.1 种植荷载应包括初栽植物荷重和植物生长期增加的荷重。初栽植物荷重见表 5。

表 5 初栽植物荷重

项目	小乔木(带土球)	大灌木	小灌木	地被植物
植物高度或面积	2.0 m ~ 2.5 m	1.5 m ~ 2.0 m	1.0 m ~ 1.5 m	1.0 m^2
植物荷重	80 kg/ 株 ~ 120 kg/ 株	60 kg/ 株 ~ 80 kg/ 株	30 kg/ 株 ~ 60 kg/ 株	15 kg/m^2 ~ 30 kg/m^2

5.3.2 新建建筑屋顶绿化宜设计为花园式屋顶绿化,屋顶基本构造层次包括:基层、绝热层、找坡(找平)层、普通防水层、耐根穿刺防水层、保护层、排(蓄)水层、过滤层、种植基质层和植被层等,基本构造层次见附录图 C.1。

5.3.3 既有建筑屋顶改造前应检测鉴定结构的安全性,应以结构鉴定报告作为设计依据,确定屋顶绿化类型及种植形式。

5.3.4 有檐沟的屋顶应砌筑独立种植挡墙。挡墙距离檐沟边沿不宜小于 300 mm,总高度不宜大于 350 mm,并应高出种植基质 50 mm。种植挡墙构造见附录图 C.2,其基本要求如下:

a)挡墙应设置在过滤层之上,以保证屋面的整体有组织排水;

b)挡墙与檐沟之间应设置缓冲带,宽度宜大于 300 mm。

5.3.5 屋顶绿化的排水坡度不宜小于 2%;天沟、檐沟的排水坡度不宜小于 1%。

5.3.6 排(蓄)水层应根据屋顶的水落口位置,进行分区设置和有组织排水。

5.3.7 过滤材料搭接宽度不应小于 150 mm。

5.3.8　过滤层应沿种植挡墙向上铺设，与种植基质高度一致。

5.3.9　采用种植池种植高大植物时，其基本构造层次见附录图 C.3，种植池设计应符合下列规定：

a）池内应设置耐根穿刺防水层、排（蓄）水层和过滤层；

b）池壁底部应设置排水口或排水管，并应设计有组织排水；

c）根据种植植物高度，应在池内设置固定植物用的金属预埋件。

5.3.10　采用种植容器进行屋顶绿化时，防水层上应设置一道保护层，并应符合下列规定：

a）容器应轻便，易搬移，连接点稳固便于组装、维护，抗风揭；

b）容器应有组织排水，种植基质厚度应满足植物生存土深的营养需求，不宜小于 100 mm。

5.4　种植基质及植被层设计

5.4.1　根据建筑荷载和功能要求及植物种类确定种植基质厚度，种植基质厚度参考见表 6。

表 6　种植基质厚度参考表

植物种类	种植基质			
	草坪、地被	小灌木	大灌木	小乔木
厚度（mm）	≥ 100	≥ 300	≥ 500	≥ 600

5.4.2　树木定植点与女儿墙的安全距离应大于树高。

5.4.3　屋顶绿化乔灌木高度大于 2.0 m，应采取固定措施。树木地上支撑固定法见附录图 C.4，地上牵引固定法见附录图 C.5，地下锚固法见附录图 C.6。

5.5　细部构造

5.5.1　屋顶绿化防水层的设计，其女儿墙的泛水应收口到压顶以下，构造层次图见附录图 C.7。

5.5.2　屋顶绿化宜采用外排水方式，水落口宜结合缓冲带设置，节点构造图见附录图 C.8。

5.5.3　水落口位于绿地内时，水落口上方应设置雨水观察井，并应在周边设置不小于 300 mm 的卵石缓冲带，节点构造图见附录图 C.9。

5.5.4　水落口位于铺装内时，基层应满铺排水板，上设雨篦子，下设过滤网，节点构造图见附录图 C.10。

5.5.5　硬质铺装应向水落口处找坡，找坡应符合 GB 50345 中的规定。

5.5.6　屋顶女儿墙、周边泛水部位、屋顶檐口部位、变形缝和竖向穿过屋顶的管道周围，应设置缓冲带，其宽度不应小于 300 mm。缓冲带可结合卵石带、园路或排水沟等设置。

5.5.7　变形缝的设计应符合 GB 50345 的规定。种植基质应低于变形缝侧墙 50 mm，变形缝上方不应覆土种植。

5.5.8　屋顶排水沟上可铺设盖板作为园路，侧墙应设置排水孔，节点构造图见附录图 C.11。

5.6　设施

5.6.1　屋顶绿化的设施设计应符合相关规范，还应符合下列规定：

a）水电管线等宜铺设在防水层之上；

b）大面积种植宜采用固定式自动微喷或滴灌、渗灌等节水技术，并宜设计雨水回收利用系统；小面积种植可设取水点进行人工灌溉；

c）宜选用体量小、质量轻的小型设施和园林小品。

5.6.2 屋顶上应设置导引标识牌，并标注警示标志、出入口、紧急疏散口、水电路由、雨水观察井、消防设施和水电警示等。

5.6.3 屋顶设置花架、园亭等休闲设施时，应采取防风固定措施。

5.6.4 屋顶景观水池应设计单独防水和排水构造。

5.6.5 屋顶绿化宜根据景观和使用要求，适当选择节能照明电器和设施。

5.6.6 屋顶设置太阳能设施时，各类设计的构筑物及植物等不应遮挡太阳能采光设施。

5.6.7 在屋顶通风口或其他设备周围进行绿化时应设置装饰性遮挡。

参考文献

YUANLIN GUIHUA SHEJI

CANKAO WENXIAN

[1]胡长龙.园林规划设计[M].2版.北京:中国农业出版社,2002.

[2]周初梅.园林规划设计[M].3版.重庆:重庆大学出版社,2015.

[3]刘新燕.园林规划设计[M].北京:中国劳动社会保障出版社,2009.

[4]黄东兵.园林规划设计[M].北京:高等教育出版社,2002.

[5]董晓华.园林规划设计[M].北京:高等教育出版社,2005.

[6]赵建民.园林规划设计[M].北京:中国农业出版社,2001.

[7]任有华,李竹英.园林规划设计[M].北京:中国电力出版社,2009.

[8]卢新海.园林规划设计[M].北京:化学工业出版社,2005.

[9]尤川宝.现代居住区私家屋顶花园的景观艺术设计探索[D].昆明:昆明理工大学,2007.

[10]金涛,杨永胜.居住区环境景观设计与营建[M].北京:中国城市出版社,2003.

[11]陈晓娟,范美珍.居住小区宅旁绿地植物景观设计研究[J].安徽农业科学,2010(2).

[12]华怡建筑工作室.住宅小区环境设计[M].北京:机械工业出版社,2002.

[13]张鎏.现代城市纪念性广场景观设计[D].长沙:湖南大学,2009.

[14]潘巍.小城镇广场设计探析——以高桥休闲广场为例[J].中外建筑,2008,(06):97-98.

[15]张艳锋,张明皓,张振.新世纪的休闲娱乐广场设计[J].天津城市建设学院学报,2003,(03):159-162,176.

[16]余道明.城市火车站站前广场城市设计研究[D].合肥:合肥工业大学,2006.

[17]徐峰,封蕾,郭子一.屋顶花园设计与施工[M].北京:化学工业出版社,2007.

[18]黄金锜.屋顶花园:设计与营造[M].北京:中国林业出版社,1994.

[19]陈敬忠.建筑中屋顶花园建设应注意的几个技术问题[J].广西土木建筑,2000(4):182-184.

[20]毛学农.试论屋顶花园的设计[J].重庆建筑大学学报,2002(3):10-13,23.

[21]王晓俊.风景园林设计(增订本)[M].南京:江苏科学技术出版社,2000.

[22]王绍增.城市绿地规划[M].北京:中国林业出版社,2005.

[23]王浩.城市生态园林与绿地系统规划[M].北京:中国林业出版社,2003.

[24]贾建中.城市绿地规划设计[M].北京:中国林业出版社,2000.

[25]潘谷西.中国建筑史[M].4版.北京:中国建筑工业出版社,2001.

[26]吴家骅.环境设计史纲[M].重庆:重庆大学出版社,2002.

[27]王晓俊.西方现代园林设计[M].南京:东南大学出版社,2000.

[28]周武忠.城市园林艺术[M].南京:东南大学出版社,2000.

[29]杨赉丽.城市园林绿地规划[M].2版.北京:中国林业出版社,2006.

[30]陈雷,李浩年.园林景观设计详细图集 2[M].北京:中国建筑工业出版社,2001.

[31]郑强,卢圣,等.城市园林绿地规划[M].北京:气象出版社,1999.

[32]封云.公园绿地规划设计[M].2版.北京:中国林业出版社,2004.

[33]孟刚,等.城市公园设计[M].上海:同济大学出版社,2003.

[34]王浩,等.观光农业园规划与经营[M].北京:中国林业出版社,2003.

[35]刘少宗.中国优秀园林设计集(二)[M].天津:天津大学出版社,1997.

[36]周初梅,等.园林建筑设计[M].北京:中国农业出版社,2008.

[37]朱建达.小城镇住宅区规划与居住环境设计[M].南京:东南大学出版社,2001.

[38]林其标,林燕,赵维稚.住宅人居环境设计[M].广州:华南理工大学出版社,2000.

[39]方咸孚,李海涛.居住区的绿化模式[M].天津:天津大学出版社,2001.

[40]中华人民共和国住房和城乡建设部.城市绿地分类标准:CJJ/T 85—2017[S].北京:中国建筑工业出版社,2018.

[41]中华人民共和国住房和城乡建设部.风景园林基本术语标准:CJJ/T 91—2017[S].北京:中国建筑工业出版社,2017.

[42]中华人民共和国住房和城乡建设部.城市道路绿化设计标准:CJJ/T 75—2023[S].北京:中国建筑工业出版社,2023.

[43]中华人民共和国住房和城乡建设部.城市居住区规划设计标准:GB 50180—2018[S].北京:中国建筑工业出版社,2018.

[44]建设部住宅产业化促进中心.居住区环境景观设计导则(2006版)[M].北京:中国建筑工业出版社,2006.

[45]北京市质量技术监督局.居住区绿地设计规范:DB11/T 214—2016[S].

[46]中华人民共和国住房和城乡建设部.公园设计规范:GB 51192—2016[S].北京:中国建筑工业出版社,2016.

[47]风景园林网.

[48]土人设计网.

[49]景观中国.